山东省技能型特色名校建设工程成果系列教材

工程测量技术

主　编　赵树青　孟凡涛
副主编　吕安岭　张　磊
编　委　赵树青　刘志前　任俐璇　孟凡涛
张　磊　西文端　吕安岭　曾宪宝

山东大学出版社

图书在版编目(CIP)数据

工程测量技术/赵树青,孟凡涛主编. —济南:山东大学出版社,2015.2(2018.3 重印)
山东省技能型特色名校建设工程成果系列教材
ISBN 978-7-5607-5239-6

Ⅰ.①工… Ⅱ.①赵… ②孟… Ⅲ.①工程测量—职业教育—教材 Ⅳ.①TB22

中国版本图书馆 CIP 数据核字(2015)第 035258 号

责任策划:刘　彤
责任编辑:李　港
封面设计:牛　钧

出版发行:山东大学出版社
社　址　山东省济南市山大南路 20 号
邮　编　250100
电　话　市场部(0531)88364466
经　销:山东省新华书店
印　刷:泰安金彩印务有限公司
规　格:787 毫米×1092 毫米　1/16
17.75 印张　409 千字
版　次:2015 年 2 月第 1 版
印　次:2018 年 2 月第 3 次印刷
定　价:39.00 元

总 序

为加强对山东省内高等学校的分类指导，强化内涵和特色发展，提高人才培养质量，发挥名校带动作用，增强高等教育服务我省经济社会发展的能力，2011 年，山东省教育厅、财政厅联合组织实施了山东省高等教育名校建设工程。山东交通职业学院是山东省技能型特色名校首批立项建设单位之一，共有汽车运用技术、道路桥梁工程技术、物流管理、机械设计与制造、工程机械运用与维护、轮机工程技术 6 个专业成为省财政重点支持建设专业和工程造价、公路运输与管理、机电一体化、航海技术 4 个专业列入非省财政重点支持建设专业。

项目建设初期，学院牵头成立了山东省交通运输职业教育专业建设指导委员会，邀请省内外教育专家和行业企业的技术骨干，对名校工程 10 个专业的建设方案及任务书进行了充分论证。我院项目建设期间，各专业主动适应行业企业加快经济发展方式转变、产业结构调整和优化升级的需要，主动服务山东半岛蓝色经济区和黄河三角洲高效生态经济区两个国家战略的实施，以提高质量为核心，不断创新校企合作体制机制，大力推进人才培养模式转型，优化课程体系构建，全面提升了学校的专业建设水平和人才培养质量。

经过三年建设，10 个专业积累形成了一批紧密结合生产实际、独具行业企业特色的专业教材，成为"山东省高等教育名校建设工程"建设项目的重要成果之一，也是"课程体系构建与核心课程建设"内容的重要载体。为了该系列教材的出版，各专业多次召开教材编写会议，组织各课程负责人及参编人员认真学习领会"山东省高等教育名校建设工程"建设精神，深入行业企业进行专业调研和分析，以培养适应区域经济社会发展的高素质技能型人才和我省行业企业急需的高级技能型人才。根据各专业实际需求，重新架构、设计教材体系，以力求做到理论知识学习和职业技能训练的合二为一。

衷心希望名校工程的建设成果，能为我省交通运输主干专业建设和人才培养起到积极的推动和引导作用。

陈留彬

2015 年 2 月

前　言

本书按照高等职业教育技能型人才培养的特点，以岗位核心职业能力构建教材体系，打破了传统的按学科体系编写教材的模式，按照项目化教学的组织形式编写。内容上体现概念准确、方法简单、注重实用的特点，重点介绍道路桥梁工程建设生产一线的最新测量技术。本书既可作为高等职业院校道路桥梁工程技术及相关专业的教学用书，也可作为成人教育及相关专业工程技术人员的职业岗位培训教材和参考书。

本书共分九个项目，内容有：测量基础知识，水准测量，角度测量，距离测量与坐标测量，控制测量，数字化地形图测绘，道路中线测量，路线纵、横断面测量和施工测量，每个项目含有若干任务。教材按照国家最新的测量标准和规范编写。

本书内容按“必需、够用”的原则选取，重点讲述测量仪器的操作和使用以及在实际工程中的测量方法，删减了一些不必要的理论推导。项目中有具体的学习目标、职业能力训练和同步测试等。

本书由山东交通职业学院赵树青和孟凡涛任主编，山东职业学院吕安岭和山东省交通运输学校张磊任副主编，全书由潍坊市公路勘察设计院（山东华远公路勘察设计有限公司）曾宪宝高级工程师负责统稿。具体分工为：项目一和项目八由赵树青编写，项目二由刘志前编写，项目三由任俐璇编写，项目四和项目五由孟凡涛编写，项目六由张磊编写，项目七由山东森迈图测绘地理信息有限公司高级工程师西文端编写，项目九由吕安岭和曾宪宝编写。

本书在编写过程中得到了各兄弟院校同行、行业企业专家以及山东大学出版社的大力支持。编写过程中还参考了许多院校的优秀教材，也参阅了国内外一些专家和学者的研究成果及相关文献，在此一并表示感谢！

由于编者水平有限，书中错误和疏漏在所难免，恳请广大读者及同行不吝赐教。

编　者

2015 年 2 月

目　录

项目一　测量基础知识

项目描述

本项目主要介绍测量学的任务及作用、地面点位置的确定和测量误差的基本知识。

学习目标

1.熟悉道路工程测量的任务与作用。
2.熟悉测量工作的程序和原则。
3.熟悉常用的测量坐标系,掌握大地水准面。
4.熟悉高程系统,掌握高程的计算方法。
5.理解并掌握用水平面代替水准面的限度。
6.掌握测量误差的基本知识。

任务一　测量学的任务及作用

一、测量学的概念

测量学是研究测定地面点的平面位置和高程,将地球表面的形状及其他信息测绘成图,以及确定地球形状和大小的科学。它的任务包括测绘和测设两个方面。

测绘又称"测定",是指运用测量仪器和工具,通过实地测量和计算,将地面上物体的位置、大小、形状和地面的高低起伏状态等信息,按规定的符号,依照一定的比例尺绘制成地形图或以数字形式编制成数据资料,为科学研究和工程建设的规划、设计、管理等工作提供图纸和资料。

测设又称"放样",是指把图纸上规划、设计好的建筑物、构造物的位置按照设计要求在地面上用特定的方式标定出来,作为施工的依据。

随着现代测量技术的发展和不同学科的交叉融合,现代测量产生了许多分支学科:大地测量学、地形测量学、摄影测量学、工程测量学、地图制图学、遥感(Remote Sensing,RS)、全球定位系统(Global Positioning System,GPS)和地理信息系统(Geographic Information System,GIS)等。

1.大地测量学

大地测量学是研究和测定地球的形状、大小和重力场,地球的整体与局部运动和测定地面点的几何位置以及它们的变化的理论和技术的科学。现代大地测量学包括几何大地测量学、物理大地测量学和卫星大地测量学。

2.地形测量学

地形测量学是研究将地球表面局部地区的自然地貌、人工建筑和行政权属界线等测绘成地形图、地籍图等的基本理论和方法的科学。

3.摄影测量学与遥感(RS)

摄影测量学与遥感是研究利用摄影或遥感的手段获取目标物的影像数据,从中提取几何的或物理的信息,并用图形、图像和数字形式表达目标物空间分布及相互关系的科学。这一科学过去称为“摄影测量学”。摄影测量本身已完成了“模拟摄影测量”与“解析摄影测量”的发展历程,现在正进入“数字摄影测量”阶段。由于现代航天技术和计算机技术的发展,当代遥感技术可以提供比光学摄影所获得的黑白相片更丰富的影像信息,因此,在摄影测量中引进了遥感技术。目前,遥感技术不仅自身在飞速发展,而且与卫星定位技术和地理信息技术集成,成为地球空间信息的科学与技术。

4.地图制图学与地理信息系统(GIS)

地图制图学与地理信息系统是研究利用地图图形来科学、抽象、概括地反映自然界和人类社会各种现象的空间分布、相互关系及其动态变化,并对空间信息进行获取、智能抽象、存储、管理、分析、处理、可视化及其应用的科学。

5.工程测量学

工程测量学是研究工程建设和自然资源开发中各个阶段进行的控制测量、地形测绘、施工放样和变形监测的理论和技术的科学。它是测量学在国民经济和国防建设中的直接应用,包括规划设计阶段的测量、施工兴建阶段的测量、竣工验收阶段的测量和运营管理阶段的测量。每个阶段的测量工作,其内容、方法和要求也不尽相同。

现代工程测量的发展趋势和特点可概括为“六化”和“十六字”。

(1)“六化”:测量内外业作业的一体化;数据获取及处理的自动化;测量过程控制和系统行为的智能化;测量成果和产品的数字化;测量信息管理的可视化;信息共享和传播的网络化。

(2)“十六字”:精确、可靠、快速、简便、连续、动态、遥测、实时。

本教材主要介绍测量技术在道路工程建设中的应用。

二、道路工程测量的任务和作用

在工程建设过程中,工程项目一般分规划与勘测设计、施工、运营管理三个阶段,测量工作贯穿于工程项目建设的全过程。根据不同的施测对象和阶段,工程测量有以下任务:

1.测绘大比例尺地形图

把工程建设区域内的各种地面物体的位置、形状以及地面的高低起伏状态,依据规定的符号和比例绘制成地形图,为工程建设的规划、设计提供必要的图纸和资料。

2. 施工测量

把图纸上已设计好的各种工程构筑物的平面位置和高程，按设计要求在地面上标定出来，作为施工的依据并配合施工，进行各种施工标志的测设工作，确保施工质量。

3. 变形观测

对于一些重要的工程项目，在施工和运营期间，为了确保安全，还需要进行变形观测，以监视其安全施工和运营，并为以后改进设计、优化施工和加强管理提供资料。

道路工程测量工作在道路工程建设中起着重要的作用。在公路建设中，为获得一条最经济、最合理的路线，首先要进行路线勘测，绘制带状地形图和纵、横断面图，进行纸上定线和路线设计，并将设计好的路线平面位置、纵坡及路基边坡等在地面上标定出来，以便指导施工。当路线跨越河流时，拟设置桥梁之前，应测绘河流两岸的地形图，测定桥轴线的长度及桥位处的河床断面，为桥梁方案选择及结构设计提供必要的数据。当路线穿越高山，采用隧道时，应测绘隧址处的地形图，测定隧道的轴线、洞口、竖井等的位置，为隧道设计提供必要的数据。

总之，道路、桥梁、隧道的勘测、设计、施工等各个阶段都离不开测量技术。因此，作为一名从事道桥专业的技术人员，必须掌握测量学的基本理论、基本知识和基本技能，才能为我国的交通建设事业做出贡献。

三、测量工作的原则和方法

测量工作由观测人员采用一定的仪器和工具在野外进行。在观测过程中，人为因素、仪器精度及外界条件的影响，都有可能使观测结果产生误差。

为了避免误差积累及消减其对测量结果的影响，测量工作应遵循以下原则：在测量布局上要“先整体后局部”、在测量程序上要“先控制后碎部”、在测量精度上要“由高级到低级”。即首先在待测区域选择若干特殊的“控制点”，用较精密的仪器设备准确地把这些点的平面位置和高程测量出来，然后再根据测量出来的这些“控制点”去确定其他的地面点的位置。

采用上述原则和方法进行测量，可以有效地控制误差的传递和累积，使整个测区的精度较为统一和均匀。

任务二　地面点位置的确定

一、地球的形状和大小

测量工作是在地球的自然表面上进行的，所以必须知道地球的形状和大小。而地球的自然表面十分复杂，有高山、丘陵、平原和海洋等，其形状是高低不平、很不规则的。为了确定地面点的位置和绘制地形图，就有必要把直接观测的数据结果归化到一个参考面上，而这个参考面必须尽可能与地球形体的表面相吻合，因此，我们有必要认识地球的形体和与测量有关的坐标系的问题。

1. 大地水准面

地球的表面高低不平，极不规则，甚至高低相差较大，如最高的珠穆朗玛峰高出海平面达 8844.43 m，最低的太平洋西部的马里亚纳海沟低于海平面达 11034 m。尽管有这样大的高低起伏，但相对于半径近似为 6371 km 的地球来说是很小的，故对地球总的形状的影响可以忽略不计。又由于海洋面积约占整个地球表面的 71%，陆地面积仅占 29%，因此，可以把海水面延伸至陆地所包围的地球形体看作地球总的形状。

地球上的任意一点，都同时受到两个作用力：一是地球自转产生的离心力，二是地心引力。这两个力的合力称为“重力”。重力的作用线称为“铅垂线”。

处于自由静止状态的水面称为“水准面”。由物理学可知，这个面是一个重力等位面。水准面处处与重力方向（铅垂线方向）垂直。在地球引力起作用的空间范围内，通过任何高度的点都有一个水准面，因而水准面有无数个。

在测量工作中，我们假想有一个自由静止的海水面，向陆地延伸且包围整个地球而形成一个封闭曲面，这个曲面我们称之为“水准面”。水准面作为流体的水面是受地球重力影响而形成的重力等位面，是一个处处与重力方向垂直的连续曲面。由于海水有潮汐，海水面时高时低，因此，水准面有无数个，我们将其中一个与平均海平面相吻合的水准面称为“大地水准面”，如图 1-1(a)所示。由大地水准面所包围的地球形体，称为“大地体”。

大地水准面是测量工作的基准面。另外，我们将重力的方向线也称为“铅垂线”，铅垂线是测量工作的基准线。

由于海水面受潮汐和风浪的影响，是个动态的曲面，平均静止的海水面实际在大自然中是不存在的。为此，我国在青岛设立验潮站，长期观察和记录黄海海水面的高低变化，取其平均值作为我国的大地水准面的位置（其高程为零），并在青岛建立了水准原点。

2. 旋转椭球面

用大地体表示地球的形状是比较恰当的，但是由于地球内部质量分布不均匀，引起局部重力异常，导致铅垂线的方向产生不规则的变化，使得大地水准面上也有微小的起伏，如图 1-1(b)所示，成为一个复杂的曲面，因此无法在这个复杂的曲面上进行测量数据的处理。

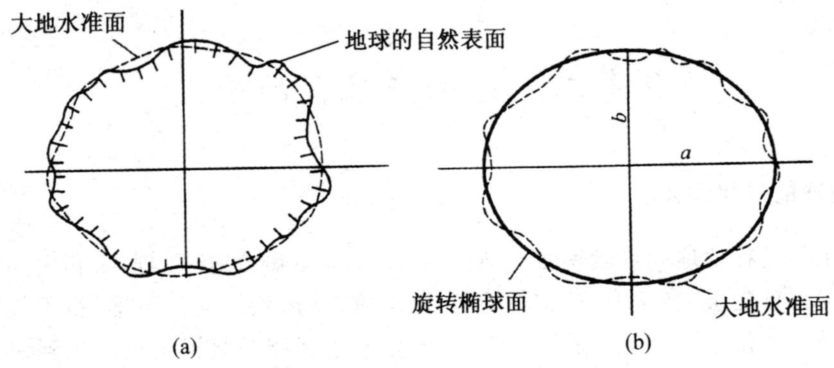

图 1-1　地球的自然表面、大地水准面和旋转椭球面

长期的测量实践研究表明，地球形状极近于一个两极稍扁的旋转椭球。即一个椭圆绕其短轴旋转而成的球体，如图 1-1(b)所示。这样，测量工作的基准面为大地水准面，而测量计算工作的基准面为旋转椭球面。

世界各国均采用旋转椭球代表地球的形状，并称为“地球椭球”。测量工作中把与大地体最接近的地球椭球称为“总地球椭球”；把与某个区域如一个国家大地水准面最为密合的椭球称为“参考椭球”，其椭球面称为“参考椭球面”。由此可见，参考椭球有许多个，而总地球椭球只有一个。

旋转椭球的形状和大小可由其长半轴 a(或短半轴 b)和扁率 α 来表示。我国 1980 年国家大地坐标系采用了 1975 年国际椭球，该椭球的基本元素为：

长半轴：$a=6378.140$ km

短半轴：$b=6356.755$ km

扁率：$\alpha=\dfrac{a-b}{a}\approx\dfrac{1}{298.253}$

由于旋转椭球的扁率很小，因此当测区范围不大时，可近似地把旋转椭球看作圆球，其半径近似值为：$R=\dfrac{1}{3}(2a+b)\approx6371$ km。

二、测量坐标系

为了确定地面点的空间位置，需要建立测量坐标系。在一般工程测量中，确定地面点的空间位置，通常需用三个量，即该点在一定坐标系下的三维坐标，或该点的二维球面坐标或投影到平面上的二维平面坐标，以及该点到大地水准面的铅垂距离(高程)。为此，我们必须研究测量中常用的坐标系。

1. 大地坐标系

用大地经度 L 和大地纬度 B 表示地面点投影到旋转椭球面上位置的坐标，称为“大地坐标系”，亦称为“大地地理坐标系”。该坐标系以参考椭球面和法线作为基准面和基准线。

如图 1-2 所示，NS 为地球的自转轴(或称“地轴”)，N 为北极，S 为南极。过地面任一点与地轴 NS 所组成的平面称为该点的“子午面”。子午面与球面的交线称为“子午线”或“经线”。国际公认通过英国格林尼治天文台的子午面，是计算经度的起算面，称为“首子午面”。

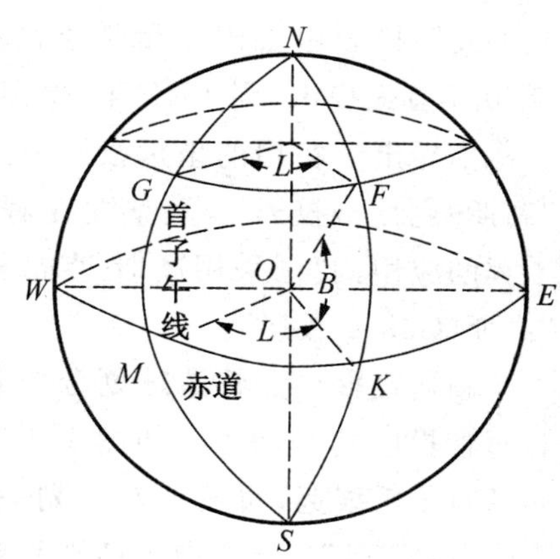

图 1-2 大地坐标系

过 F 点的子午面 $NFKSON$ 与首子午面 $NGMSON$ 所成的两面角，称为 F 点的“大地经度”。它自首子午线向东或向西由 0°起算至 180°，在首子午线以东者为东经或写成 0°～180°E，以西者为西经或写成 0°～180°W。

垂直于地轴 NS 的平面与地球球面的交线称为

“纬线”;通过球心 O 并垂直于地轴 NS 的平面,称为“赤道平面”。赤道平面与球面相交的纬线称为“赤道”。过 F 点的法线(与旋转椭球面垂直的线)与赤道面的夹角,称为 F 点的“大地纬度”。在赤道以北者为北纬或写成 0°~90°N,以南者为南纬或写成 0°~90°S。

例如,我国首都北京位于北纬 40°、东经 116°,也可用 $B=40°\mathrm{N}$、$L=116°\mathrm{E}$ 表示。

用大地坐标表示的地面点,统称“大地点”。一般而言,大地坐标由大地经度 L、大地纬度 B 和大地高 H 三个量组成,用以表示地面点的空间位置。

我国于 20 世纪 50 年代和 80 年代,分别建立了国家大地坐标系统——1954 北京坐标系和 1980 西安坐标系,测制了各种比例尺地形图,为国民经济和社会发展提供了基础的测绘保障。

我国从 2008 年 7 月 1 日起启用 2000 国家大地坐标系(简称为 CGCS2000)。2000 国家大地坐标系与现行的 1980 西安坐标系转换、衔接的过渡期为 8~10 年。现有各类测绘成果,在过渡期内可沿用现行 1980 西安坐标系。2008 年 7 月 1 日后新生产的各类测绘成果应采用 2000 国家大地坐标系。现有地理信息系统,在过渡期内应逐步转换到 2000 国家大地坐标系。2008 年 7 月 1 日后新建的地理信息系统,应采用 2000 国家大地坐标系。

2. 地心坐标系

地心坐标系属于空间三维直角坐标系,用于卫星大地测量。由于人造地球卫星围绕地球运动,地心坐标系取地球质心为坐标原点 O。X,Y 轴在地球赤道平面内,首子午面与赤道平面的交线为 X 轴,Z 轴与地球自转轴相重合,如图 1-3 所示。地面点 A 的空间位置用三维直角坐标 X_A,Y_A 和 Z_A 表示。

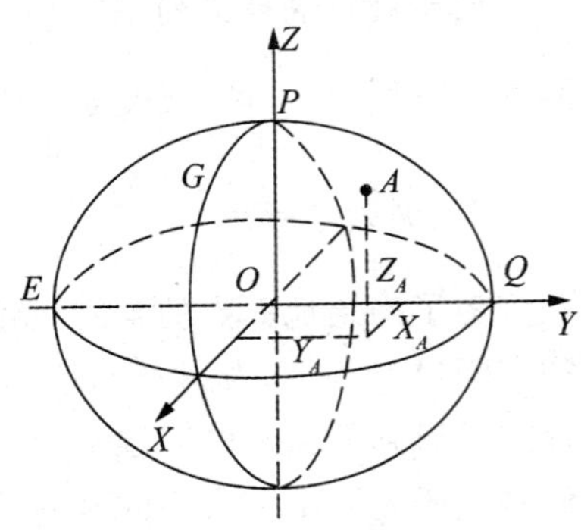

图 1-3 地心坐标系

地心坐标和大地坐标可以通过一定的数学公式进行换算。

3. 高斯平面直角坐标系

高斯平面直角坐标系采用高斯投影方法建立。高斯投影由德国测量学家高斯于 1825~1830 年首先提出,到 1912 年,德国测量学家克吕格推导出了实用的坐标投影公式,所以又称“高斯-克吕格投影”。为满足工程测量及其他工程的应用,我国采用高斯-克吕格投影,简称“高斯(Gauss)投影”。

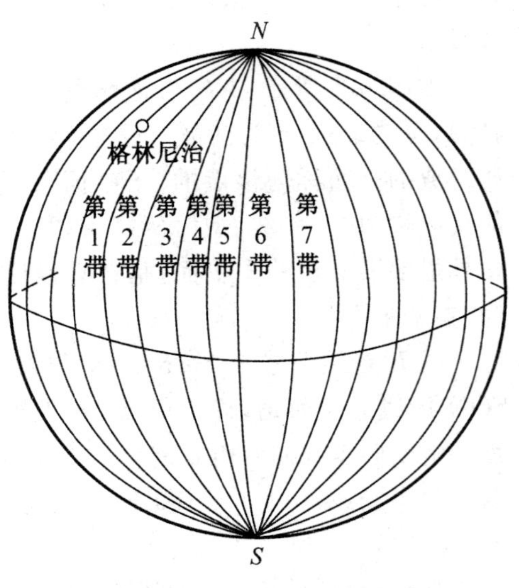

图 1-4 高斯投影分带

高斯投影法是将地球划分成若干带,然后将每带投影到平面上。如图 1-4 所示,投影带是从首子午线起,每隔经差 6°划一带(称为“六度带”或“6°带”),自西向东将整个地球划分成经差相等的 60 个带,各带从首子午线起自西向东依次编号,用数字 1,2,3,…,60 表示。位于各带中央的子午线，称为该带的“中央子午线”。第一个六度带的中央子午线的经度为 3°，任意带的中央子午线的经度 L 可按下式计算：

$$L=6N-3° \tag{1-1}$$

式中：N——六度带的号数。

反之，已知地面任一点的经度 L，要计算该点所在的六度带编号的公式为：

$$N=\mathrm{Int}(\frac{L+3}{6}+0.5) \tag{1-2}$$

式中：Int——取整函数。

按上述方法划分投影带后，即可进行高斯投影。如图 1-5(a)所示，设想用一个平面卷成一个空心椭圆柱，把它横着套在旋转椭球外面，使椭圆柱的中心轴线位于赤道面内并通过球心，且使旋转椭球上某六度带的中央子午线与椭圆柱面相切。

在椭球面上的图形与椭圆柱面上的图形保持等角的情况下，将整个六度带投影到椭球柱面上。然后将椭圆柱沿着通过南北极的母线切开并展成平面，便得到六度带在平面上的影像，如图 1-5(b)所示。中央子午线经投影展开后是一条直线，以此直线作为纵轴，即 X 轴；赤道是一条与中央子午线相垂直的直线，将它作为横轴，即 Y 轴；两直线的交点作为原点，则组成了高斯平面直角坐标系。

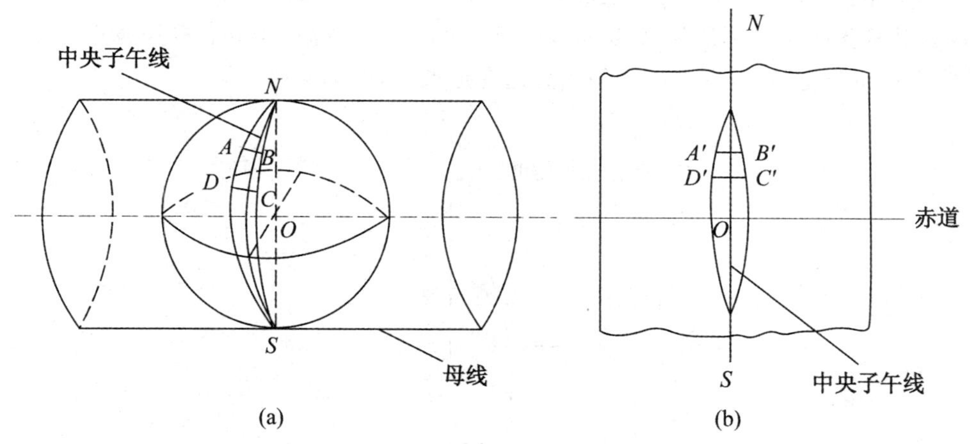

图 1-5 高斯投影

当测绘大比例尺图要求投影变形更小时，可采用三度分带投影法。它是从东经 1°30′起，自西向东每隔经差 3°划分一带，将整个地球划分为 120 个带，每带中央子午线的经度 L_0 可按下式计算：

$$L_0=3n \tag{1-3}$$

式中：n——三度带的号数。

反之，已知地面任一点的经度 L_0，要计算该点所在的统一三度带编号的公式为：

$$n=\mathrm{Int}(\frac{L_0}{3}+0.5) \tag{1-4}$$

将投影后具有高斯平面直角坐标系的六度带一个个拼接起来，便得到如图 1-6 所示的图形。

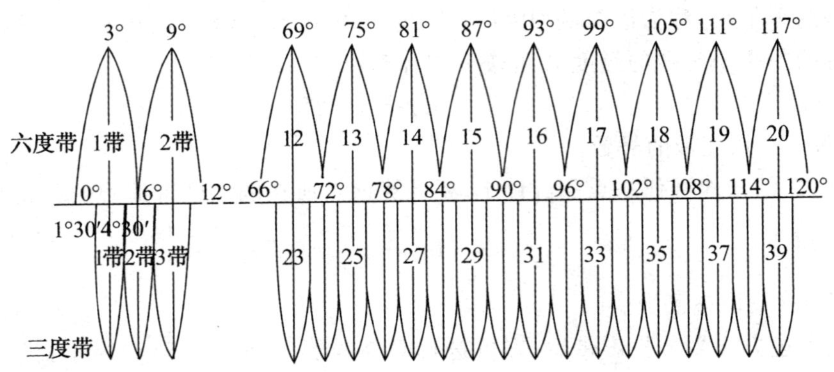

图 1-6　六度带和三度带高斯投影

我国领土所处的概略经度范围为东经 73°27′～东经 135°09′，根据式(1-2)和式(1-4)求得的统一六度带投影和统一三度带投影的带号分别为 13～23、24～45，在我国领土范围内，统一六度带与统一三度带的投影带号不重叠。

我国位于北半球，X 坐标均为正值，而 Y 坐标有正有负。为避免横坐标 Y 出现负值，故规定把坐标纵轴向西平移 500 km，如图 1-7 所示。另外，为了能根据横坐标确定该点位于哪一个投影带内，还规定在横坐标值前冠以带号。例如，$Y_A=20225760$ m，表示 A 点位于第 20 带内，其真正的横坐标值为：225760 m－500000 m＝－274240 m。高斯投影中，离中央子午线近的部分变形小，离中央子午线愈远变形愈大，两侧对称。

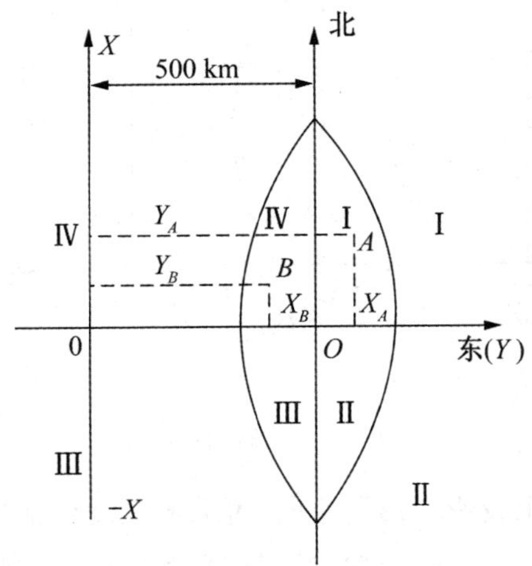

图 1-7　高斯平面直角坐标系

4. 独立平面直角坐标系

大地水准面虽然是曲面，但当测量区域较小(如半径不大于 10 km 的范围)时，可以用测区中心点 C 的切平面来代替曲面，如图 1-8 所示。地面点在切平面上的投影位置就可以用平面直角坐标来确定。测量工作中采用的平面直角坐标如图 1-9 所示。以两条互相垂直的直线为坐标轴，两轴的交点为坐标原点，规定南北方向为纵轴，并记为 X 轴，X 轴向北为正，向南为负；以东西方向为横轴，并记为 Y 轴，Y 轴向东为正，向西为负。地面

上某点 P 的位置可用 X_P 和 Y_P 表示。平面直角坐标系中象限按顺时针方向编号。

X 轴与 Y 轴和数学上规定的互换，其目的是为了定向方便(测量上习惯以北方向为起始方向)，且将数学上的公式直接照搬到测量的计算工作中，不需作任何变更。原点 O 一般选在测区的西南角，如图 1-9 所示，使测区内各点的坐标均为正值。

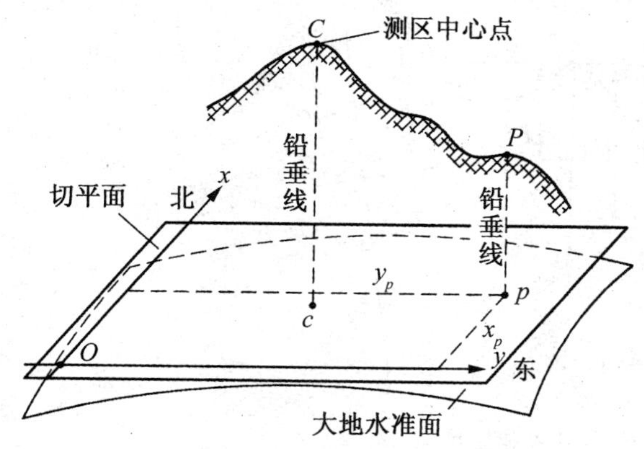

图 1-8 以切平面代替曲面假定平面直角坐标系原理

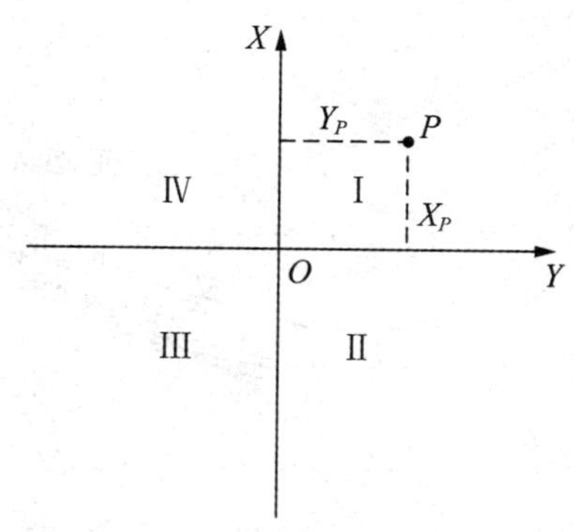

图 1-9 独立平面直角坐标系

5. 高程系统

为了确定地面点的空间位置，除了要确定其在基准面上的投影位置，还应确定其沿投影方向到基准面的距离，即确定地面的高程。

为了建立全国统一的高程系统，必须确定一个高程基准面。通常采用平均海水面代替大地水准面作为高程基准面，平均海水面的确定是通过验潮站多年验潮资料来求定的。我国确定平均海水面的验潮站设在青岛，根据青岛验潮站 1950～1956 年 7 年验潮资料求定的高程基准面，称为“1956 年黄海平均高程面”，以此基准面建立了 1956 年黄海高程系。我国自 1959 年开始，全国统一采用 1956 年黄海高程系。

由于海洋潮汐长期变化周期为 18.6 年，经对 1952～1979 年验潮资料的计算，确定了新的平均海水面，称为“1985 国家高程基准”。经国务院批准，我国自 1987 年开始采用 1985 国家高程基准。

为维护平均海水面的高程，必须设立与验潮站相联系的水准点作为高程起算点，这个水准点叫“水准原点”。我国水准原点设在青岛市观象山上，全国各地的高程都以它为基准进行测算。1956 年黄海高程系的水准原点高程为 72.289 m，1985 国家高程基准的水准原点高程为 72.260 m。

在一般测量工作中，均以大地水准面作为高程基准面。地面点到大地水准面的铅垂距离，称为该点的“绝对高程”，或称“海拔”，通常以 H_i 表示。如图 1-10 所示，H_A 和 H_B 即为 A 点和 B 点的绝对高程。

当个别地区引用绝对高程有困难时，可采用假定高程系统，即采用任意假定的水准面作为高程起算的基准面。如图 1-10 所示，地面点到假定水准面的铅垂距离，如 H'_A 和 H'_B，称为“假定高程”。

地面上两个点之间的高程差称为“高差”，通常用 h_{ij} 表示。如地面点 A 与点 B 之间的高差为 h_{AB}，即：

$$h_{AB}=H_B-H_A=H'_B-H'_A \tag{1-5}$$

由此可见,两点间的高差与高程起算面无关。

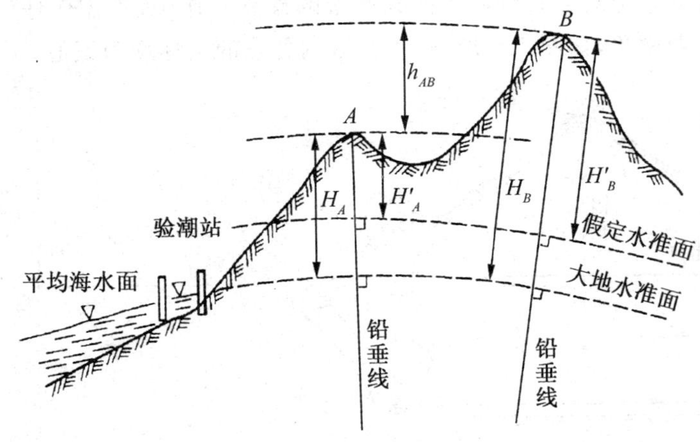

图 1-10 高程和高差

三、用水平面代替水准面的限度

水准面是一个曲面。从理论上讲,即使将极小的水准面当作平面看待,也是要产生变形的。若将小范围的水准面当作平面看待,其产生的误差不超过测量和绘图过程中产生的误差,那么这样做是可以的,而且也是合理的。

下面来讨论以水平面代替水准面时对距离和高程的影响,以便明确用水平面代替基准面的范围。在分析过程中,将大地水准面近似看成圆球,半径 $R=6371$ km。

1. 水准面曲率对距离的影响

如图 1-11 所示,A,B,C 是地面点,它们在大地水准面上的投影点是 a,b,c,用该区域中心点的切平面代替大地水准面后,地面点在水平面上的投影点是 a',b',c'。现分析由此而产生的影响。设 A,B 两点在大地水准面上的距离为 D,在水平面上的距离为 D',则两者之差为 ΔD,即用水平面代替水准面所引起的距离差异。在推导公式时,近似地将大地水准面视为半径为 R 的球面,则有:

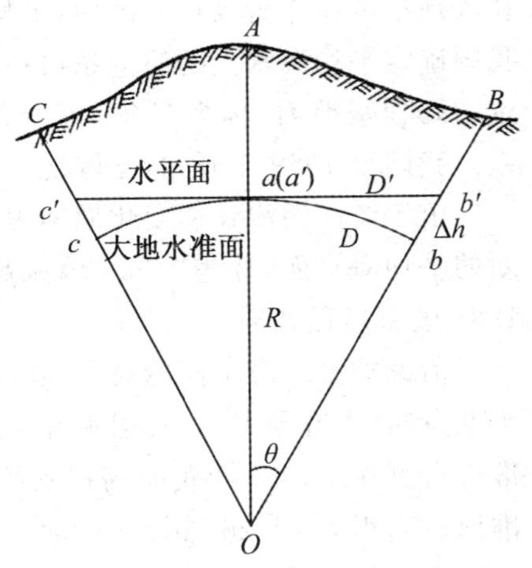

图 1-11 水平面代替水准面的影响

$$\Delta D=D'-D=R(\tan\theta-\theta) \tag{1-6}$$

将 $\tan\theta$ 展开成级数:

$$\tan\theta=\theta+\frac{1}{3}\theta^3+\frac{2}{15}\theta^5+\cdots$$

由于 θ 角很小,因此可略去三次方以上的高次方项,只取其前两项代入式(1-6)中,得:

$$\Delta D=R(\theta+\frac{1}{3}\theta^3-\theta)$$

又因 $\theta=\frac{D}{R}$，故

$$\Delta D=\frac{D^3}{3R^2} \tag{1-7}$$

或

$$\frac{\Delta D}{D}=\frac{D^2}{3R^2} \tag{1-8}$$

在以上两式中，取地球半径 $R=6371$ km，当距离 D 取不同的值时，则得到不同的 ΔD 和 $\Delta D/D$，其结果列入表 1-1 中。

表 1-1　　用水平面代替水准面的距离误差和相对误差

距离 D (km)	距离误差 ΔD (cm)	相对误差 $\Delta D/D$	距离 D (km)	距离误差 ΔD (cm)	相对误差 $\Delta D/D$
10	0.8	1∶1250000	50	102.6	1∶49000
25	12.8	1∶200000	100	821.2	1∶12000

从表 1-1 可以看出，当 $D=10$ km 时，所产生的相对误差为 1∶1250000，这样小的误差，对精密量距来说也是允许的。因此，在半径为 10 km 的面积之内进行距离测量时，用水平面代替水准面所产生的距离误差可以忽略不计，即可不考虑地球曲率对距离的影响。

2. 水准面曲率对高程的影响

在图 1-11 中，地面上点 B 的高程应是铅垂距离 bB，如果用水平面作基准面，则 B 点的高程为 $b'B$，两者之差为 Δh，即为对高程的影响。从图中可得：

$$\Delta h=bB-b'B=Ob'-Ob=R\sec\theta-R=R(\sec\theta-1) \tag{1-9}$$

将 $\sec\theta$ 展开成级数：

$$\sec\theta=1+\frac{1}{2}\theta^2+\frac{5}{24}\theta^4+\cdots$$

因 θ 角很小，因此只取其前两项代入式(1-9)，又因 $\theta=\frac{D}{R}$，则得：

$$\Delta h=R(1+\frac{1}{2}\theta^2-1)=\frac{1}{2}R\theta^2=\frac{D^2}{2R} \tag{1-10}$$

取 $R=6371$ km，用不同的距离 D 代入式(1-10)，便得表 1-2 所列的结果。

表 1-2　　用水平面代替水准面的高程误差

D(km)	0.1	0.2	0.3	0.4	0.5	1.0	2.0	5.0	10
Δh(cm)	0.08	0.31	0.71	1.26	1.96	7.85	31.39	196.20	784.81

从表 1-2 可以看出，用水平面作基准面对高程的影响是很大的。例如，距离为 200 m 时就有 0.31 cm 的高程误差，在 500 m 时高程误差达 1.96 cm，这在测量中是不允许的。因此，就高程测量而言，即使距离很短，也必须用水准面作为测量的基准面，即应考虑地球曲率对高程的影响。

任务三　测量误差的基本知识

一、测量误差及其产生的原因

在测量工作中，观测的未知量是角度、距离和高程，用仪器观测未知量而获得的数值叫作“观测值”。实践证明，当对某个量进行多次重复观测时，不论测量仪器有多么精密，观测多么认真细致，观测值之间总是存在差异。例如，对某一三角形的内角进行观测，三内角的观测值之和不等于180°(三角形内角和的理论值)；又如，观测某一闭合水准路线，其高差闭合差的观测值不等于零(理论值)。这些结果都说明测量成果不可避免地存在误差。

我们把某一量值的观测值与真值或应有值之间的差异称为“测量误差”，简称“误差”。在测量过程中，测量误差是不可避免的。但要注意，在测量中会因各种原因出现某些错误，而错误不属于误差，因为错误是粗心大意或操作错误所致。尽管错误难以完全杜绝，但是在测量中可以通过观测与计算中的步步校核，把它从成果中剔除掉，保证成果的正确可靠。

测量过程是测量员操作测量仪器设备，在一定外界条件下进行的。因此，测量误差产生的原因归纳起来可分为以下三个方面：

1. 观测者

观测者的感觉器官有一定的限度，特别是人的眼睛分辨能力的局限性，在仪器的安置、对中、整平、照准、读数等方面都会给测量成果带来误差。同时，在观测过程中操作的熟练程度、习惯都有可能给测量成果带来误差。

2. 测量设备

测量设备的精密程度对测量成果也有影响，测量仪器设备引起的误差称为“仪器误差”。仪器误差与测量仪器、工具的精密性相关，比如，很难利用普通的量角器将一个角度的分和秒部分精确测量出来。

3. 外界条件

各种观测都在一定的自然环境下进行。外界条件的影响是指观测过程中不断变化着的大气温度、湿度、风力以及能见度等给观测结果带来的误差，比如，由于温度升高致使丈量距离的钢尺膨胀变长而引起的误差，由于大气折光给测角带来的误差。

二、测量误差的分类

测量误差按其产生的原因和性质可分为系统误差和偶然误差两类。

1. 系统误差

在相同的观测条件下，进行一系列的观测，如果误差出现的符号和大小不变，或按一定的规律变化，这种误差称为“系统误差”。系统误差有积累的特性，符号与数值大小有一定的规律。例如，用名义长度为50 m，而实际长度为50.010 m的钢尺量距，每量50 m就会累积0.010 m的误差。对于系统误差，可采用两种办法加以消除或抵消。第一种方法是通过计算改正加以消除，如在用钢尺量距时进行尺长、温度和倾斜的改正。第二种方法是在观测时采取适当措施加以抵消,如在水准测量中,前后视距相等可以抵消水准轴管不完全平行于视准轴的误差,同时也可以抵消地球曲率和大气折光的影响。另外,尽量提高观测者的技能与熟练程度,以最大限度地减少人为影响。

2. 偶然误差

在相同的观测条件下,对某一量进行一系列观测,如果误差出现的符号和大小从表面看没有一定的规律性,这种误差称为“偶然误差”。偶然误差是由人力所不能控制的因素或无法估计的因素(如人眼的分辨率等)引起的,其数值的大小、符号的正负具有偶然性。例如,我们用望远镜照准目标,由于大气的能见度和人眼的分辨率等因素使我们照准时有时偏左,有时偏右。在水准标尺上读数时,估读的毫米位有时偏大,有时偏小。

设某一量值的真值为 X,对此量进行了 n 次观测,得到的观测值为 $l_1, l_2, \cdots, l_n$,在每次观测中产生的偶然误差(又称“真误差”)为 $\Delta_1, \Delta_2, \cdots, \Delta_n$,则定义:

$$\Delta_i = X - l_i \tag{1-11}$$

在大量实践中,通过研究分析、统计计算,可以得出偶然误差的四个特性:

(1)在一定观测条件下,偶然误差的绝对值有一定的限度,或说超出某一定限值的误差出现的概率为零。

(2)绝对值较小的误差比绝对值较大的误差出现的概率大。

(3)绝对值相等的正、负误差出现的概率几乎相同。

(4)同一量的等精度观测,其偶然误差的算术平均值,随着观测次数 n 的无限增加而趋于零,即

$$\lim_{n \to \infty} \frac{[\Delta]}{n} = 0 \tag{1-12}$$

式中:n——观测次数;

$[\Delta]$——误差总和,$[\Delta] = \Delta_1 + \Delta_2 + \cdots + \Delta_n$。

利用偶然误差的第四个特性,增加观测次数,取其平均值可以减弱偶然误差的影响。

在测量中有时存在读错数、记错数等情况,由此产生的错误称为“粗差”。粗差是不应出现的,应当避免。

三、衡量观测值精度的标准

为了衡量观测结果的优劣,通常用中误差、相对误差和容许误差来衡量。

1. 中误差

在测量工作中,通常是以各个真误差的平方和的平均值再开方作为每一组观测值的精度标准,称为“中误差”或“均方根误差”,即

$$m = \pm\sqrt{\frac{\Delta_1^2 + \Delta_2^2 + \cdots + \Delta_n^2}{n}} = \pm\sqrt{\frac{[\Delta\Delta]}{n}} \tag{1-13}$$

式中:$[\Delta\Delta]$——真误差的平方和,即

$$[\Delta\Delta] = \Delta_1^2 + \Delta_2^2 + \cdots + \Delta_n^2 \tag{1-14}$$

从式(1-13)中可以看出:测量误差大,中误差就大;测量误差小,中误差就小。一般说来,中误差大精度就低,中误差小精度就高。

【例 1.1】 对一个三角形的内角各分别进行了两组观测，每组在相同条件下观测 10 次，分别求每次观测所得三角形内角和及真误差，结果列于表 1-3 中。

表 1-3 中误差计算示例

次序	第一组观测			第二组观测		
	观测值 l	真误差 Δ	Δ^2	观测值 l	真误差 Δ	Δ^2
1	180°00′03″	−3″	9	180°00′00″	0″	0
2	180°00′02″	−2″	4	179°59′59″	1″	1
3	179°59′58″	2″	4	180°00′07″	−7″	49
4	179°59′56″	4″	16	180°00′02″	−2″	4
5	180°00′01″	−1″	1	180°00′01″	−1″	1
6	180°00′00″	0″	0	179°59′59″	1″	1
7	180°00′04″	−4″	16	179°59′52″	8″	64
8	179°59′57″	3″	9	180°00′00″	0″	0
9	179°59′58″	2″	4	179°59′57″	3″	9
10	180°00′03″	−3″	9	180°00′01″	−1″	1
$\sum \lvert\cdot\rvert$		24″	72		24″	130
中误差	$m_1=\pm\sqrt{\frac{[\Delta\Delta]}{10}}=\pm2.7''$			$m_2=\pm\sqrt{\frac{[\Delta\Delta]}{10}}=\pm3.6''$		

显然，从表 1-3 中可以看出，第一组的中误差比第二组的数值要小，第一组的精度高于第二组。

2. 相对误差

在距离丈量中，只依据中误差并不能完全说明测量的精度，必须引入相对误差的概念。相对误差是距离丈量的中误差与该段距离之比，且化为分子是 1 的形式，用$\frac{1}{M}$表示。分母值 M 越大，则说明这段距离的丈量精度越高。

【例 1.2】 用钢尺丈量了两段距离，第一段长度为 200.000 m，第二段长度为500.000 m，两段距离的中误差相等：$m_1=m_2=m=\pm0.020$ m，求它们的相对误差。

解：相对误差用 K 表示，则

$$K_1=\frac{0.020\ \text{m}}{200.000\ \text{m}}=\frac{1}{10000}$$

$$K_2=\frac{0.020\ \text{m}}{500.000\ \text{m}}=\frac{1}{25000}$$

从例 1.2 的计算结果可以看出，虽然中误差是一样的，但第二段距离较长，所以它的相对误差较小，精度较高。

3. 容许误差

偶然误差特性的第一条指出，在相同观测条件下，偶然误差的值不会超过一定的限度。为了保证测量成果的正确可靠，就必须对观测值的误差进行一定的限制。某一观测值的误差超过一定的限度，就认为是超限，其成果应舍去，这个限度值就是容许误差。

对大量的同精度观测进行分析研究以及统计计算可以得出如下的结论：在一组同精度观测的偶然误差中，误差的绝对值超过 2 倍中误差的机会为 5%；误差的绝对值超过 3 倍中误差的机会仅为 0.3%。所以，在实际测量中，会规定偶然误差的限差为 2 倍的中误差，也有人将 3 倍的中误差作为容许误差，即：

$$\Delta_{容许}=2m \tag{1-15}$$

或

$$\Delta_{容许}=3m \tag{1-16}$$

在观测值中如果出现了大于容许误差的偶然误差，则认为该观测值不可靠，应舍去。

四、测量平差计算及精度评定

1. 进行测量平差的原因

在测量中，为了发现粗差并削弱偶然误差的影响，通常进行重复观测，使得观测值的数量多于必要量的观测量，形成多余观测。由于测量误差的存在，多个观测量往往不会相同，或观测量不会满足理论值。比如，对同一条边观测两次，其结果不等；测量同一个三角形三个内角，其和不等 180°。这样就产生了观测数据矛盾，到底选用哪一个观测值呢？为了消除这些矛盾，就必须依据一定的数据处理原则，采用适当的计算方法对有矛盾的观测值加以必要而合理的调整，求得观测量的最佳估值。这一数据处理过程称为“测量平差”，平差结果即为平差值。根据误差理论，当观测次数无限增加趋于无穷大时，平差值就趋于真值，改正数的数值也就趋于真误差（但符号相反）。而在观测次数有限时，认为平差值是最可靠的结果，被称为“最或然值”（或“最或是值”）。

对某一未知量进行多次观测，每次观测值互有差异。这些观测值称为“直接观测值”，对直接观测值进行平差称为“直接观测平差”。

2. 等精度观测和不等精度观测的定义

在相同观测条件下进行的观测是等精度观测。等精度观测得到的观测值称为“等精度观测值”。

如果使用的仪器精度不同，或观测方法不同，或外界条件差别大，观测条件就不同，所获得的观测值称为“不等精度观测值”。

3. 等精度观测平差值计算及测量精度评定

设对某量进行了 n 次等精度观测，观测值分别为 $l_1, l_2, \cdots, l_n$，则该量的平差值即为观测值的算术平均值：

$$\bar{l}=\frac{l_1+l_2+\cdots+l_n}{n}=\frac{[l]}{n} \tag{1-17}$$

平差值与观测值之差称为“改正数”，记为 v_i，即

$$v_i=\bar{l}-l_i \quad (i=1,2,\cdots,n) \tag{1-18}$$

由于在测量中真值在通常情况下是不知道的，而是使用平差值作为最终的测量成果，

所以在计算中误差时，采用观测值的改正数 v 代替观测值的真误差 Δ。在此情况下，观测值中误差用下式计算（在此不做推导）：

$$m=\pm\sqrt{\frac{[vv]}{n-1}} \tag{1-19}$$

将上式与式(1-13)比较不难发现，式中$[vv]$取代了$[\Delta\Delta]$，n 换成了 $n-1$。

除了计算观测值中误差对观测值进行精度评定，还需要对平差值进行精度评定。公式如下：

$$m_{\bar{l}}=\pm\frac{m}{\sqrt{n}}=\pm\sqrt{\frac{[vv]}{n(n-1)}} \tag{1-20}$$

4. 不等精度观测平差值计算及测量精度评定

如果对某未知量的各次观测不是等精度观测，各观测值的中误差就不相同。例如，同一条边长用两种不同精度的仪器来测量，精度高的仪器所测量的结果人们的认可程度较高，因而在计算平差值时希望高精度观测值起到更大作用。那么，如何确定精度高的仪器所占的比例呢？为此需要引入权，通过权来确定观测值在平差值中所占的份额，也就是通过权来确定观测值对平差值的影响程度。观测值精度愈高，其权愈大。

(1)权的定义

由于观测值精度愈高，其中误差愈小，权愈大，为此我们可以根据中误差来定义权。

设 n 个不等精度观测值的中误差分别为 $m_1,m_2,\cdots,m_n$，则权可以定义如下：

$$p_1=\frac{m_0^2}{m_1^2},p_2=\frac{m_0^2}{m_2^2},\cdots,p_n=\frac{m_0^2}{m_n^2} \tag{1-21}$$

式中：m_0——单位权中误差，即权为 1 的观测值所对应的中误差。

权对一组观测值而言是相对的，由式(1-21)可以看出，如果某一观测值的权定下来，其他观测值的权也就跟着定了。如果假定 $m_0=1$，则

$$p_1=\frac{1}{m_1^2},p_2=\frac{1}{m_2^2},\cdots,p_n=\frac{1}{m_n^2} \tag{1-22}$$

(2)加权平均值的计算

如果对某一未知量进行 n 次不等精度观测，观测值为 $l_1,l_2,\cdots,l_n$，其相应的权为 p_1，$p_2,\cdots,p_n$，则加权平均值$\bar{l}$为：

$$\bar{l}=\frac{p_1l_1+p_2l_2+\cdots+p_nl_n}{p_1+p_2+\cdots+p_n}=\frac{[pl]}{[p]} \tag{1-23}$$

将加权平均值作为不等精度观测时的平差值。平差值与观测值之差，即改正数为：

$$v_i=\bar{l}-l_i \quad (i=1,2,\cdots,n) \tag{1-24}$$

不等精度观测值与平差值的精度评定必须考虑权的影响，计算公式如下：

单位权中误差：

$$m_0=\pm\sqrt{\frac{[pvv]}{n-1}} \tag{1-25}$$

平差值中误差：

$$m_{\bar{l}}=\pm\frac{m_0}{\sqrt{[p]}} \tag{1-26}$$

【例 1.3】 对某角进行了 5 次等精度观测，观测结果分别为：$l_1=35°18'28''$，$l_2=35°18'25''$，$l_3=35°18'26''$，$l_4=35°18'22''$，$l_5=35°18'24''$。求观测值的平差值。

解：因为是等精度观测，根据式(1-17)得到

$$\bar{l}=\frac{l_1+l_2+l_3+l_4+l_5}{5}=35°18'25''$$

$\bar{l}$是算术平均值，也是我们所求的平差值。利用算术平均值计算改正数分别为：

$$v_1=-3'',v_2=0'',v_3=-1'',v_4=+3'',v_5=+1''$$

由式(1-19)可计算其观测值中误差为：

$$m=\pm\sqrt{\frac{[vv]}{n-1}}=\pm\sqrt{\frac{(-3'')^2+(-1'')^2+(+3'')^2+(+1'')^2}{5-1}}=\pm 2.2''$$

由式(1-20)可计算平差值中误差为：

$$m_{\bar{l}}=\pm\frac{m}{\sqrt{n}}=\pm\sqrt{\frac{[vv]}{n(n-1)}}=\pm\sqrt{\frac{(-3'')^2+(-1'')^2+(+3'')^2+(+1'')^2}{5\times(5-1)}}=\pm 1''$$

由此可见，通过多次观测后，平差值的精度高于观测值的精度，因而重复多次观测可以提高测量精度。

【例 1.4】 对某角进行了 3 次不等精度观测，各观测值分别为 $l_1=35°18'26''$，$l_2=35°18'22''$，$l_3=35°18'24''$，其中误差分别为 $m_1=\pm 2.0''$，$m_2=\pm 3.0''$，$m_3=\pm 6.0''$。求观测值的平差值。

解：利用式(1-22)计算各观测值的权分别为：

$$p_1=\frac{1}{m_1^2}=\frac{1}{4},p_2=\frac{1}{m_2^2}=\frac{1}{9},p_3=\frac{1}{m_3^2}=\frac{1}{36}$$

加权平均值为：

$$\bar{l}=\frac{p_1l_1+p_2l_2+p_3l_3}{p_1+p_2+p_3}=35°18'24.7''$$

$\bar{l}$是我们所求的平差值。利用平差值计算改正数分别为：

$$v_1=-1.3'',v_2=+2.7'',v_3=+0.7''$$

由式(1-25)可计算本次观测的单位权中误差为：

$$m_0=\pm\sqrt{\frac{[pvv]}{n-1}}=\pm\sqrt{\frac{\frac{1}{4}\times(-1.3'')^2+\frac{1}{9}\times(+2.7'')^2+\frac{1}{36}\times(+0.7'')^2}{3-1}}=\pm 0.79''$$

由式(1-26)可计算出本次观测平差值中误差为：

$$m_{\bar{l}}=\pm\frac{m_0}{\sqrt{[p]}}=\pm\frac{0.79''}{\sqrt{\frac{1}{4}+\frac{1}{9}+\frac{1}{36}}}=\pm 1.27''$$

同步测试

一、填空题

1. 测量的三项基本工作是________、________、________。

2. 测量工作的基准线是________，基准面是________。

3. 测量学中的平面直角坐标系，横轴为________轴，向北为正，纵轴为________轴，向东为正，象限按________时针方向编号。

4. 中误差越大，观测精度越________。

二、单选题

1. 地面点的空间位置是用(　　)来表示的。

A. 地理坐标　B. 平面直角坐标　C. 坐标和高程　D. 绝对高程

2. 下面选项中不属于测量学任务范围的是(　　)。

A. 公路运营管理　B. 测图　C. 变形观测　D. 放样

3. 下列说法错误的是(　　)。

A. 在室外进行的测角、量距和测高差称为“外业工作”

B. 将外业成果在室内进行整理、计算和绘图称为“内业工作”

C. 将观测结果记录在测量手簿上的工作属于测量内业工作

D. 无论是外业还是内业，都必须遵循“边工作、边校核”的工作原则

4. 测量工作的基准线是(　　)。

A. 法线　B. 铅垂线　C. 大地线　D. 法截线

5. 测量工作的基准面是(　　)。

A. 水平面　B. 水准面　C. 大地水准面　D. 参考椭球面

6. 设想一个静止的海水面，向陆地延伸而形成的一个封闭曲面称为(　　)。

A. 水平面　B. 水准面　C. 大地水准面　D. 参考椭球面

7. 水准面的特点是处处与(　　)垂直。

A. 法线　B. 法截线　C. 大地线　D. 铅垂线

8. 参考椭球的形状和大小通常用两个量来表示，分别是(　　)。

A. 长半轴、短半轴　B. 长半轴、扁率

C. 第一偏心率、扁率　D. 第二偏心率、短半轴

9. 我国的大地原点在(　　)。

A. 陕西省　B. 山东省

C. 甘肃省　D. 新疆维吾尔自治区

10. 在高斯平面直角坐标系中，三度分带的第 38 带的中央子午线为(　　)。

A. 114°　B. 117°　C. 111°　D. 120°

11. 某点的经度为东经 123°30′，则该点在高斯投影六度带的第(　　)带。

A. 19　　B. 20　　C. 21　　D. 22

12. 已知 A 点的高程 H_A，B 点的高程 H_B，则 B，A 两点之间的高差为(　　)。

A. H_A-H_B　　B. H_B-H_A

C. $\frac{H_A-H_B}{2}$　　D. $\frac{H_B-H_A}{2}$

13. 我国统一规定是用(　　)指标来衡量测量精度的。

A. 偶然误差　　B. 系统误差

C. 中误差　　D. 权

14. 丈量一正方形的 4 条边长，其观测中误差均为±2.5 cm，则该正方形周长的中误差为(　　)cm。

A. ±0.26　　B. ±2.5　　C. ±5.0　　D. ±10.0

15. 设对某角观测一测回的中误差为±9″，要使该角的观测精度达到±5″，至少需观测(　　)个测回。

A. 2　　B. 3　　C. 4　　D. 5

16. 钢尺的尺长误差对距离测量产生的影响属于(　　)。

A. 偶然误差　　B. 可能是偶然误差也可能是系统误差

C. 既不是偶然误差也不是系统误差　　D. 系统误差

三、多选题

1. 确定地面点位的三个基本要素是(　　)。

A. 水平角　　B. 竖直角　　C. 水平距离　　D. 高差

2. 下列有关测绘和测设的区别的描述正确的是(　　)。

A. 测绘是指将实际地物地貌按一定的比例和法则反映到图纸上

B. 测设是指将图纸上设计好的数据放样到实地上去

C. 测绘和测设意义一样

D. 测设又称"放样"

3. 我国使用的高程系的标准名称是(　　)。

A. 1956 国家高程基准　　B. 1956 年黄海高程系

C. 1985 年黄海高程系　　D. 1985 国家高程基准

四、简答题

1. 什么是绝对高程？

2. 什么是相对高程？

3. 简述测量工作应该遵循的基本原则。

4. 产生测量误差的原因有哪些？说明测量误差的来源。在测量中如何对待粗差和误差？

5. 什么是系统误差？什么是偶然误差？偶然误差有什么特性？

6. 什么是中误差、相对误差和容许误差？分别用来描述什么精度？

项目二　水准测量

项目描述

本项目讲述了水准仪的使用、普通水准测量、微倾式水准仪的检验与校正，以及DL07型电子水准仪的使用。

学习目标

1. 熟练掌握水准仪的操作和使用方法。
2. 掌握高程测量的相关知识。
3. 熟悉水准测量的基本原理，能够利用仪器测定地面上两点间的高差。
4. 利用所学知识，能够进行普通水准路线的测量，能进行相应的内业处理工作。
5. 了解电子水准仪的操作及使用方法。

任务一　水准仪的使用

为了测绘地形图和进行道路工程的设计与施工放样，必须测定一系列地面点的高程。高程测量按使用的仪器和方法分为水准测量、三角高程测量和GPS高程测量。在这里，将主要介绍水准测量的原理、仪器的使用及操作方法。水准测量是利用水准仪和水准尺根据水平视线测定两点间的高差，进而推算点的高程，是高程测量中最常用的方法，一般适用于平坦地区。

一、高程测量

在工程的勘测设计与施工放样中，都必须测定地面点的高程。高程测量是根据一点的已知高程，测定该点与未知点的高差，然后计算出未知点的高程的一种方法。它是测量工作的重要组成部分，是进行各种比例尺测图、工程测量及建筑放样的基础。

1. 建立高程控制网的方法

建立高程控制网的方法有：水准测量、三角高程测量、GPS高程测量、物理高程测量等。

(1)水准测量

水准测量是利用水准仪提供的水平视线,借助于带有分划的水准尺,直接测定地面上两点间的高差,然后根据已知点高程和测得的高差,推算出未知点高程的过程。

(2)三角高程测量

三角高程测量是测量已知点与未知点之间的水平距离和竖直角,计算未知点高程的方法。

(3)GPS 高程测量

GPS 高程测量是利用 GPS 测量数据,计算未知点高程的方法。

(4)物理高程测量(气压高程测量、重力水准测量)

物理高程测量是通过测量气压、重力的变化,计算未知点高程的方法。

2. 国家高程控制网

国家高程控制网是用水准测量的方法建立起来的,也称“国家水准网”,是确定地面点高程的基础。国家高程控制网采用由高级到低级、由整体到局部的办法分四个等级,逐级控制、加密。

一等水准网是国家高程控制网的骨干,是进行有关科学研究的主要依据,水准路线应沿地质构造稳定、路面坡度平缓的交通路线布设成环形,如图 2-1 所示。环形周长在平原和丘陵地区应为 1000～1500 km,一般山区应在 2000 km 左右。

二等水准测量是国家高程控制网的基础,应沿铁路、公路、河流布设成环形,周长一般为 500～750 km。

三、四等水准测量直接为地形测量和工程建设提供所必需的高程控制点,应在高等级水准网内加密成闭合环线或附合路线,周长不超过 300 km 或 80 km。

为了进一步满足工程施工和测绘大比例尺地形图的需要,以三、四等水准点为起始点,尚需再用普通水准测量即五等水准测量的方法布设和测定工程水准点或图根水准点的高程。

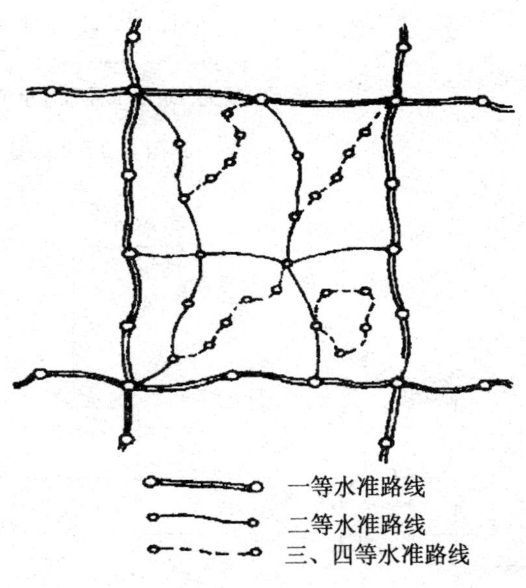

图 2-1 水准网的布设

3. 水准点

为了满足公路在勘测设计阶段和施工阶段工程建设的需要,施工测量人员要在公路沿线适当的位置,在国家高程控制网的基础上,进行水准点的设置和加密。

(1)水准点位置选定要求

①水准点应选在能长期保存,便于施测,坚实、稳固的地方;

②水准路线应尽可能沿坡度小的道路布设,尽量避免跨越河流、湖泊、沼泽等障碍物;

③在选择水准点时，应考虑到高程控制网的进一步加密；

④应考虑到便于与国家水准点进行连测；

⑤水准网应布设成附合路线、闭合网和支线网。

(2)公路水准点设置要求

①水准点间的距离

对于公路工程专用水准点，应选在公路路线两侧距中线 50～100 m 的范围内，水准点间距一般为 1～1.5 km，山岭重丘区可适当加密；大桥两岸、隧道两端、垭口及其他大型构造物附近亦应增设水准点。

②水准点的类型

水准点可分为永久性水准点和临时性水准点两种。永久性水准点一般用混凝土或钢筋混凝土制成，其顶部嵌入半球形的金属标志，如图 2-2 和图 2-3 所示。

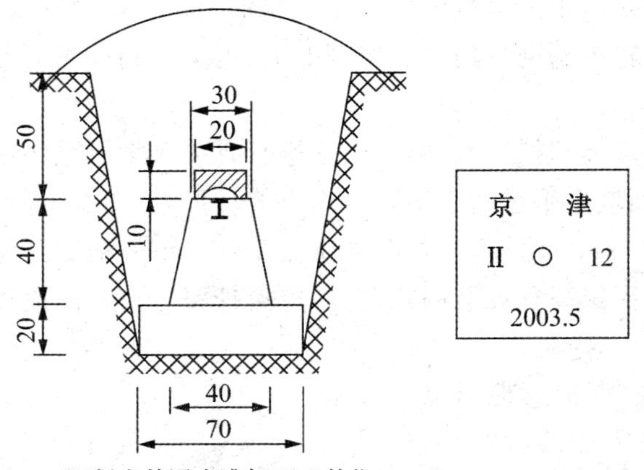

图 2-2　永久性水准点 1

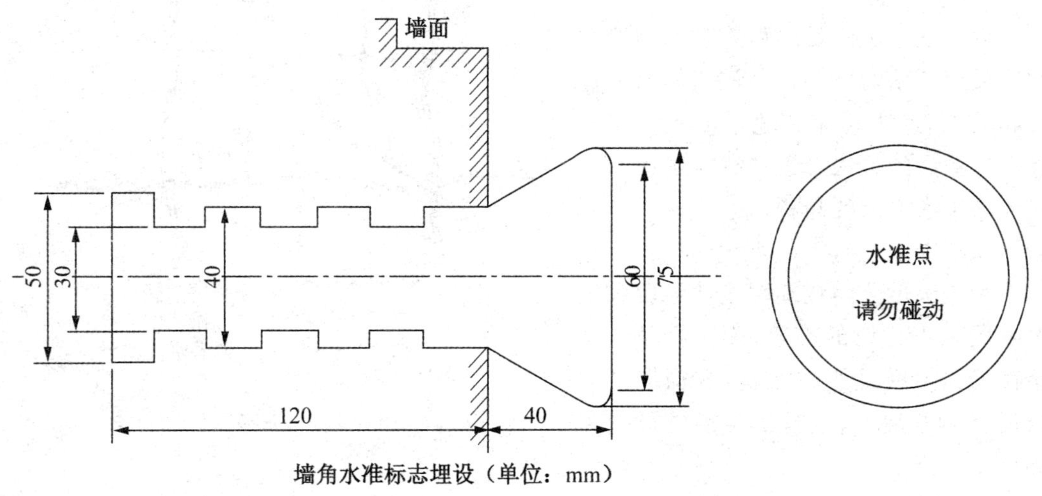

图 2-3　永久性水准点 2

临时性水准点可利用地面上突出的坚硬岩石，或在建筑物的棱角处、电线杆上、大枯树上以及其他固定的、明显的、不易破坏的地物上，用红油漆标记。做好水准点标志后，绘制水准点附近的草图或对点周围的情形加以说明，注明水准点的编号 i，一般在编号前加 BM 作为水准点的代号，如图 2-4 所示。

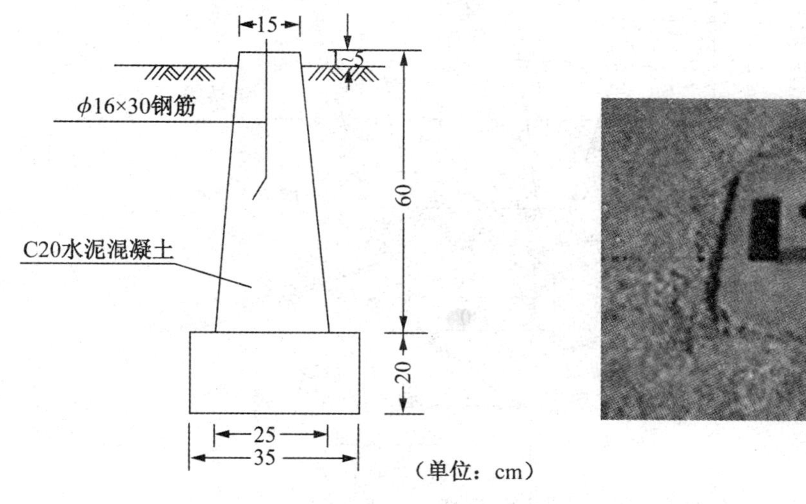

（单位：cm）

图 2-4　公路水准标石

(3)水准点的埋设方法与步骤

水准点的高程是指嵌入标石中心的瓷质或不易腐蚀的金属的标志顶面的高程。国家高程控制点为水准点，国家水准测量规范将标石分为基本水准标石和普通水准标石。《公路勘测规范》(JTG C10—2007)规定，水准点桩应为混凝土桩，水准点桩也可利用坚硬稳固的整体岩石凿成凸面，或在永久性建筑物的棱角及顶面凸出处设置。

下面介绍公路勘测和施工时永久性水准点和加密的临时性水准点的设置要求和方法。

①水准点标石的结构形式和埋设要求

根据地质条件的不同，水准点标石可埋在基岩内，或深埋于原状土内，决不允许埋在人工土(如大堤、建筑废弃土或地表土等)内，这种人工土有时可深达数米，故埋设时应谨慎勘察。对于重要的特大桥工程，水准点标石应力求埋于基岩中。常用的水准点标石的结构形式如下：

a. 混凝土标石结构(见图 2-5)。这种水准点的结构由柱石及与之相连接的底盘组成，柱石顶面安装一水准标志。若作为水准基点，还须在底盘正北加设一水准标志，作为副点，每个水准标志上均需用混凝土标志盖覆盖。标石的柱石和底盘全部用混凝土灌注，标志则用铜、不锈钢或圆钢车制而成，用圆钢车制的标志头应镀锌或铜以防锈蚀。混凝土标志盖制作时，在其顶面宜用字模压印桥名、等级、水准点号、埋设日期。

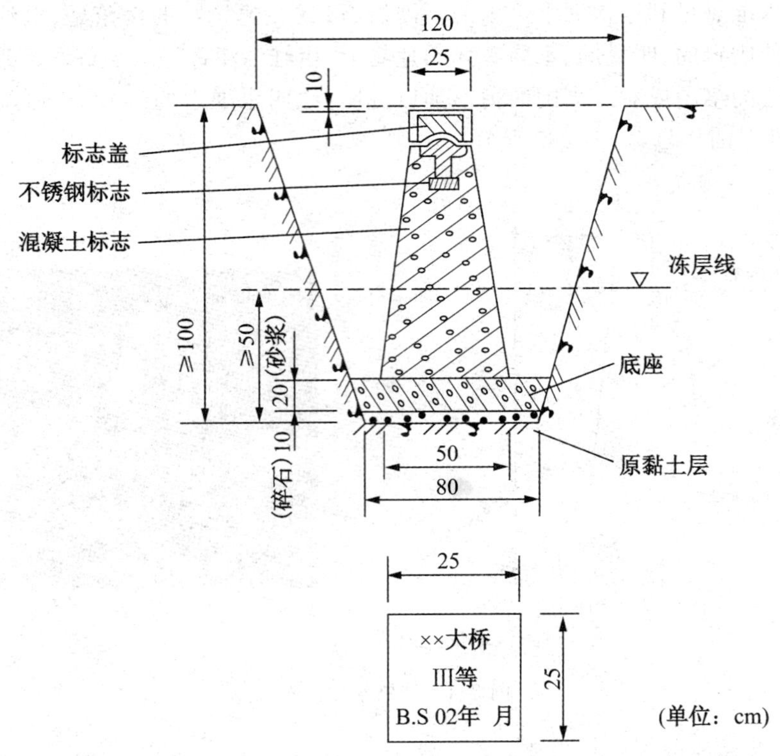

图 2-5　混凝土标石结构

b. 钢筋混凝土标石结构(见图 2-6)。当最大冻土深度大于 0.5 m 时，其底盘深度应埋在冻层线以下大于 65 cm 处。埋石筑在地面以下时，宜在其周围砌成砖石井圈，四周须修建排水沟，保护盖上再加适当的覆盖物。

c. 钢管结构的水准标石(见图 2-7)。在桥址线附近若有完整基岩露头时，可埋设岩层水准基点。埋设前，首先对岩层外部的覆盖土及风化层进行彻底清理，然后在基岩层上开凿一适当深度的岩坑，此坑内再凿成两个高差约为 0.1 m 的岩孔，岩孔内必须用水洗

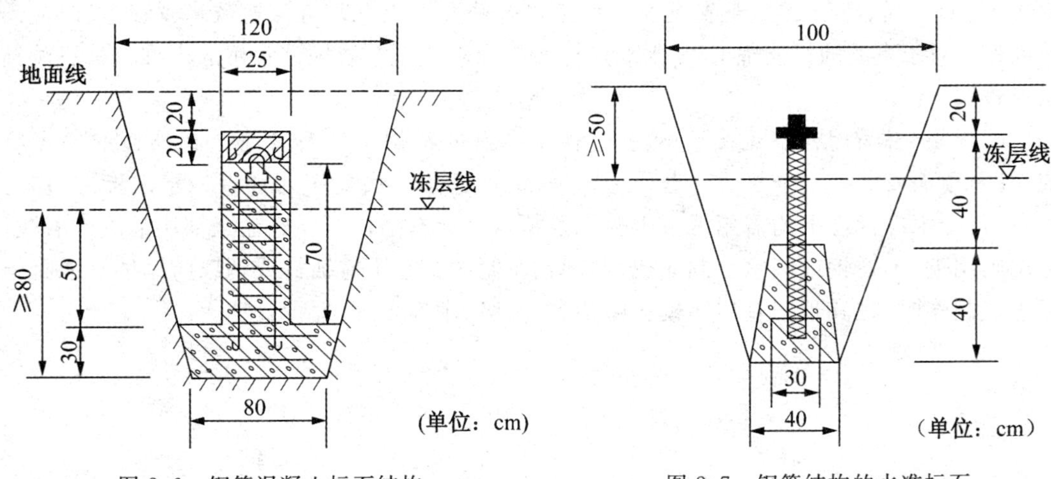

图 2-6　钢筋混凝土标石结构

图 2-7　钢管结构的水准标石

净石粉，以水泥砂浆灌注，并分别埋入两个水准标志，每个水准标志上均以混凝土标志盖覆盖。另对副点及其岩坑均盖以混凝土盖板，然后在四周再修建挡水或排水设备。

②水准点的标志

水准标志可参阅《国家水准测量规范》中的几种形式。一般按材质分，有陶瓷水准标志和金属水准标志两种；按用途分，则有墙上水准标志和平埋水准标志两种。任何水准基点、施工水准点、观测沉降标志点或临时性水准点都必须埋设水准标志，以作为高程测算的标准点。用一、二等水准测量的水准基点，必须采用不锈钢或铜质标志；三、四等以下的水准测量用水准点标志，则可用瓷质的或镀锌(圆头部分)的钢标志。

此种标志一般用不锈钢的圆钢车制，若无此尺寸圆钢，也可用散件焊制，顶板则宜刻印字记。若有困难，则必须在标石面上做出标记，内容为点的等级、统一编号，桥名，埋设年、月等。

若无不锈钢或铜的材料，则圆端头部必须镀铜或锌。

③临时性水准点的设置和埋设要求

一般高速公路和高等级公路的临时性水准点都与平面控制点一起设置，按照规范要求，如果平面控制点同时作为高程控制点使用，标石应按水准点标石的要求埋设。水准点制作所需材料的准备包括制作所需要的钢筋和埋设所需要的混凝土。

a. 钢筋材料。一般选用直径为 14～18 mm，长度为 40 cm 的钢筋。钢筋选择好之后，再用切割机进行切割，切割好后，在砂轮上磨成光面，使得中间部分凸起，如图 2-8 所示。

图 2-8　不易腐蚀的钢筋的标志制作过程

b. 水泥混凝土。一般采用拌和好的水泥混凝土混合料，如图 2-9 所示。

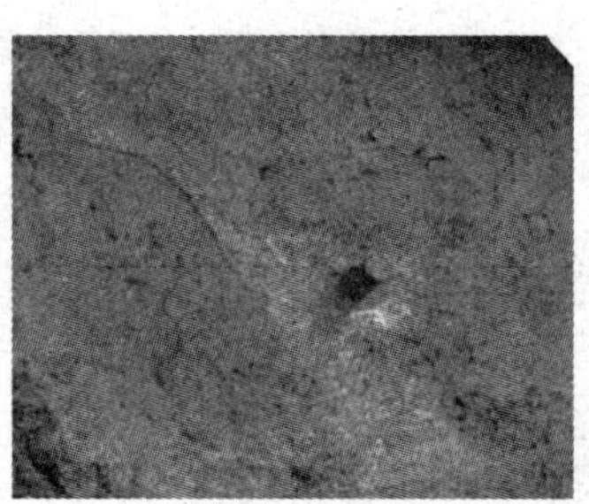

图 2-9　拌和好的水泥混凝土

在水准点的位置选择好后，就可以进行基坑的开挖。基坑一般要求长、宽均为40 cm，深度根据实际地质情况而定，一般不小于 40 cm。基坑开挖好后，就可以进行混凝土填筑，如图 2-10 所示。

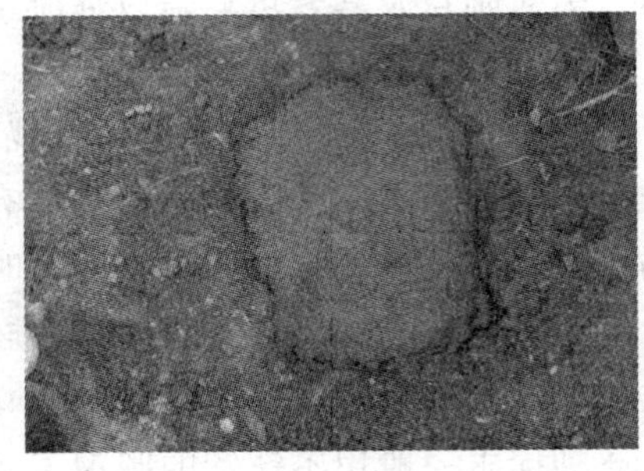

图 2-10 基坑的开挖及混凝土填筑

水泥混凝土填筑好后，就可以在上面抹平，并将编号写在上面，如图 2-11 所示。

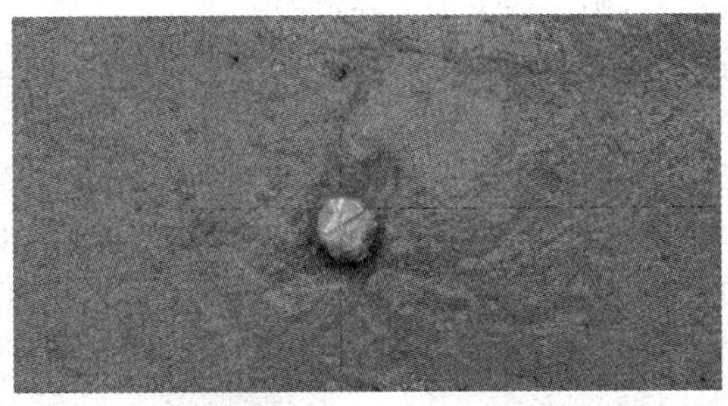

图 2-11 抹平并编号

二、水准测量的原理

水准测量的原理是利用水准仪提供的水平视线，直接读取竖立在两点的标尺上的读数，以测定两点间的高差，从而由已知点的高程推算未知点的高程。测定待定点高程的方法有两种：高差法和仪高法。

1. 高差法

如图 2-12 所示，设已知点 A 的高程是 H_A，欲求 B 点的高程 H_B，在 A，B 两点之间安置水准仪，在 A，B 两点竖立水准标尺，标尺的零点朝下，用水准仪的水平视线照准 A，B 标尺并读数。设读数分别为 a，b，则 B 点对 A 点的高差为：

$$h_{AB}=a-b \tag{2-1}$$

B 点的高程为：

$$H_B= H_A+ h_{AB} \tag{2-2}$$

在水准测量中，是从已知高程点 A，测向待定高程点 B，故以此为前进方向，因而 A 点称为“后视点”，B 点称为“前视点”。a 称为“后视读数”，b 称为“前视读数”。

用文字表述为：两点间的高差＝后视读数－前视读数。

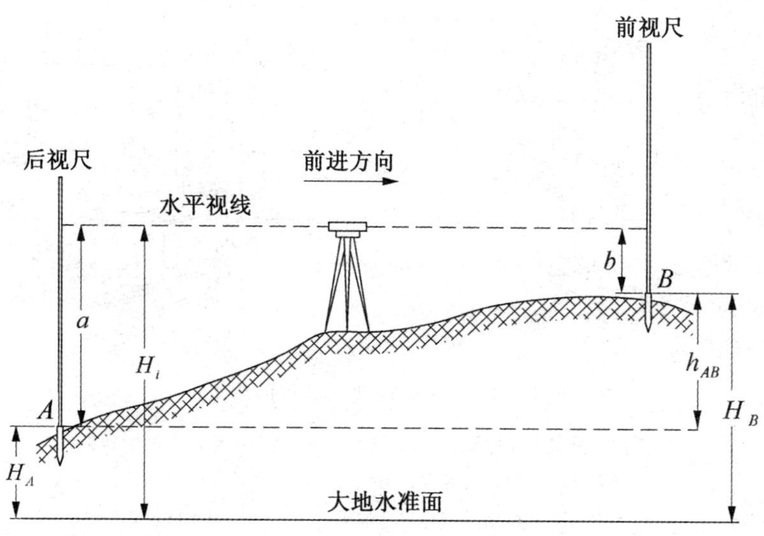

图 2-12　水准测量的原理

高差值有正负，若 $a>b$，高差为正值，表示前视点高于后视点，如图 2-12 所示的情况；若 $a<b$，高差为负值，表示前视点低于后视点。高差一般用 h 加注两个下标字母表示，如 h_{AB} 表示 B 点对 A 点的高差，h_{BA} 表示 A 点对 B 点的高差，它们的数值相等，符号相反。

2. 仪高法

仪高法又称“视线高法”，前视点的高程也可以通过仪器的视线高 H_i 求得。如图 2-12所示，B 点高程可用下式计算：

$$H_B=H_i-b \tag{2-3}$$

$$H_i=H_A+a \tag{2-4}$$

后视点的高程加后视读数称为“视线高”，即 H_i，前视点的高程则通过视线高减前视读数求得。此法利用一个已知点的高程，能较简便地测出数个前视点的高程。

三、水准测量的仪器和工具

水准仪和水准尺是水准测量的主要仪器，按其精度和安平方式不同分为多种类型。我国将大地测量仪器的总代号规定为“D”，水准仪的代号规定为“S”，即汉语拼音的首字母。按精度，我国的水准仪目前有 $DS_{0.5}$，DS_1，DS_3 等，其中 0.5，1，3 代表每千米往返测高差中数的偶然中误差，以 mm 计。按安平方式，可分为微倾式水准仪（title level）和自动安平水准仪（compensator level）。

1. 水准仪

（1）DS_3 微倾式水准仪

如图 2-13 所示，微倾式水准仪主要由望远镜、水准器和基座组成。

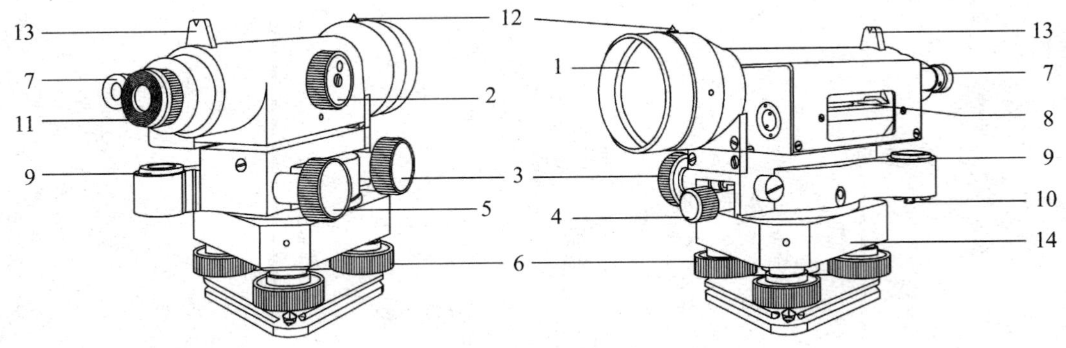

图 2-13　DS_3 微倾式水准仪的构造

1—物镜；2—物镜对光螺旋；3—微动螺旋；4—制动螺旋；5—微倾螺旋；
6—脚螺旋；7—符合气泡观察镜；8—管水准器；9—圆水准器；
10—校正螺丝；11—目镜；12—准星；13—照门；14—连接板

①望远镜

望远镜由物镜、目镜、对光螺旋和十字丝分划板组成，它的作用就是使观测者能看清远处的目标，并从其提供的一条水平视线读出水准尺的读数。图 2-14(a)所示是 DS_3 微倾式水准仪内对光式倒像望远镜构造图。

十字丝分划板是在一块圆形平板玻璃上刻有互相垂直精细的横丝(中丝)与竖丝组成的十字丝，在横丝上、下各有一根短视距丝(上丝和下丝)，由上丝和下丝在标尺上的读数可求得仪器到标尺的距离。物镜的光心与十字丝中心交点的连线称为“视准轴”。分划板装在一个金属环内，如图 2-14(b)所示。十字丝分划板的作用是提供照准目标的标志，横丝则是读数的位置线。

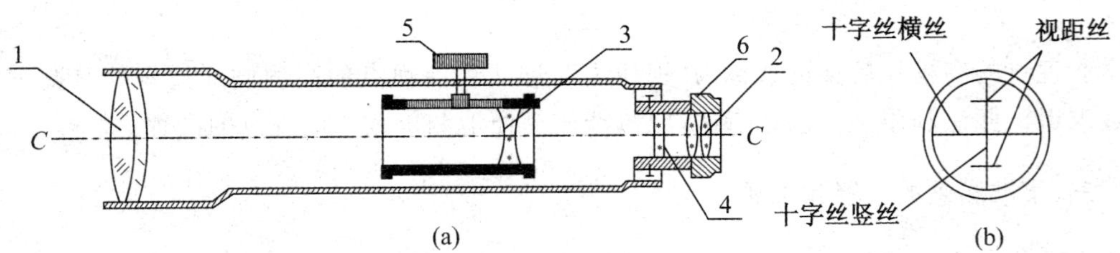

图 2-14　对光式倒像望远镜的构造

1—物镜；2—目镜；3—对光凹透镜；4—十字丝分划板；5—对光螺旋；6—目镜筒

②水准器

水准器是用来表征视准轴是否水平，仪器的竖轴是否铅垂的。水准器分为圆水准器和管水准器两种。

圆水准器又称“水准盒”，是一内壁光滑的玻璃球面与玻璃圆盒的固联体，其内注有冰点低、附着力小、流动性强的液体，并形成一个真空气泡，再用石膏固定在金属架上，如图 2-15所示。圆水准器顶部中心 O 为零点，过零点与球面垂直的直线($L'L'$)，称为“水准轴”。当气泡居中时，水准轴处于垂直方向，过零点的切面为水平面。为了便于判断气泡的居中程度，通常以 O 点为圆心，刻有间隔为 2 mm 的同心圆。当气泡不居中时，气泡中心偏移零点 2 mm，轴线所倾的角值，称为“圆水准器的分划值”，一般为 $8'\sim60'$，精度较低，故用作概略置平之用。圆水准器的座架上有三个成“品”字形分布的螺丝，作校正之用。

管水准器又称“水准管”，是一内壁具有一定曲率半径的光滑玻璃管，其内也充有液体，留有一个真空气泡，亦称“水准气泡”，如图 2-16 所示。通常用石膏将其固定在金属支架内，并在一端设置有可调升降的改正螺丝。管水准器纵断面内壁的中点 O，称为“管水准器的零点”，过该点作圆弧的切线 LL，称为“管水准器的水准轴”。在重力的作用下，静止的液面是一个水平面，且气泡总是居于最高处，故当气泡中心与水准器的零点重合时，表明水准轴 LL 已处于水平位置。因此，可以气泡居中作标志，用以安置面、线水平。

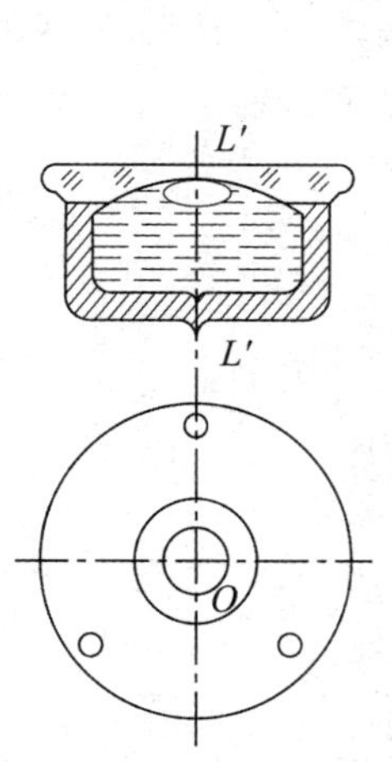

图 2-15 圆水准器

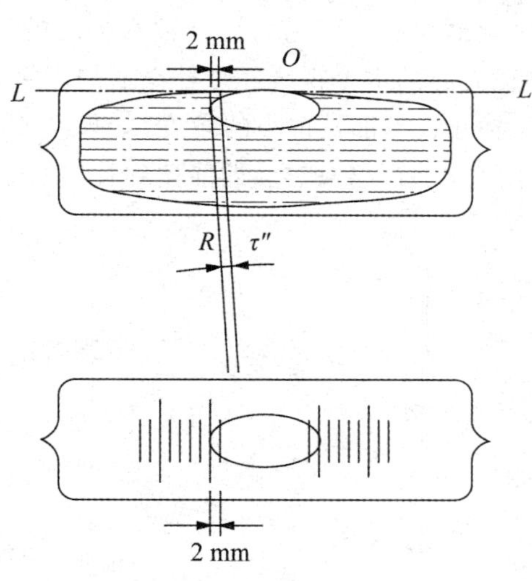

图 2-16 管水准器

由于气泡很长，为准确判断气泡的居中程度，通常不刻出 O 点，而以 O 点为中心在两端刻出对称的分划线，如图 2-17 所示，并以气泡两端是否与对称分划线相切，作为判断气泡是否居中以及倾斜程度的依据。水准器相邻两分划的弧长一般为 2 mm，它所对的圆心角 τ''，称为“管水准器的分划值”。水准管分划愈小，水准管灵敏度愈高，用其整平仪器的精度也愈高。DS_3 型水准仪的水准管分划值为 $20''$，记作 $20''/2$ mm。

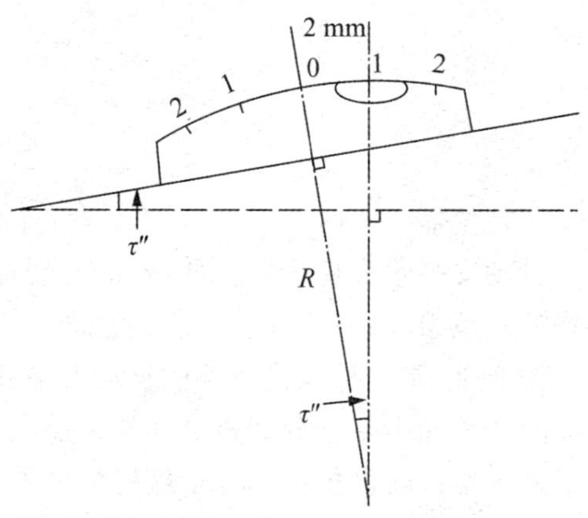

图 2-17 管水准器分划值

③基座

基座的作用是用来支撑仪器的上部，并通过连接螺旋将仪器与三角架连接。基座有三个可以升降的脚螺旋，转动脚螺旋可以使圆水准器的气泡居中，将仪器粗略整平。

(2)自动安平水准仪

自动安平水准仪的特点是没有水准管和微倾螺旋，而只需根据圆水准器将仪器整平。安置仪器时，圆水准器的气泡居中后，借助于一种补偿装置，使视线自动处于水平状态。因此，使用这种水准仪，不仅操作简便，而且能大大缩短观测时间，也可对由于水准仪整置不当、地面有微小震动或脚架的不规则下沉等影响视线水平的因素作迅速调整，从而得到正确的读数值，提高水准测量的精度。

①自动安平原理

自动安平水准仪的基本原理是：在水准仪望远镜的光学系统中，设置一种利用地球重力作用的补偿器，以改变光路。如图 2-18 所示，视准轴水平时在水准尺上的读数为 a，当视准轴倾斜了一个小角度 α 时，此时按视准轴读数为 a'，显然，a' 不是水平视线的读数。为了能使十字丝横丝的读数仍为视准轴水平时的读数 a，在望远镜的光路中加一个补偿器，使通过物镜光心的水平视线经过补偿器的光学元件后偏转一个 β 角，使成像仍然位于十字丝中心。由于 α,β 都是很小的角度，如果 $f \cdot \alpha = d \cdot \beta$($f$ 为物镜到十字丝的距离；d 为补偿器到十字丝的距离)成立，即能达到补偿的效果。

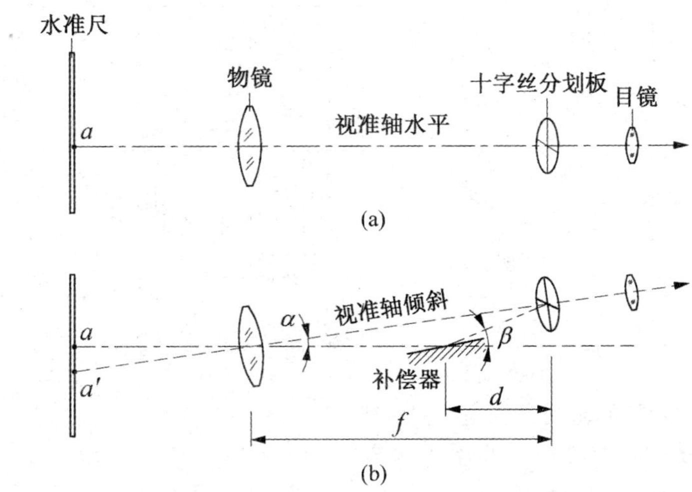

图 2-18　自动安平水准仪安平原理

②补偿器

自动安平水准仪的补偿器，目前比较常见的有两种：一种是悬挂的十字丝板；一种是悬挂的棱镜组。

图 2-19 是一种有代表性的自动安平补偿器装置的结构示意图。在该仪器的望远镜内部的物镜和十字丝分划板之间装置一个补偿器。当视准轴水平时，如图 2-19(a)所示，水平视线经过转向棱镜和补偿棱镜的反射，最后不改变原来的方向，射向十字丝的中心，即水平视线与视准轴重合。当视准轴有微小倾斜时，如图 2-19(b)所示，水平视线原来与视准轴不重合，但是，经过转向棱镜和受重力作用而改变原来位置的补偿棱镜的反射，最后仍能恢复到与视准轴相重合，达到自动整平的目的。

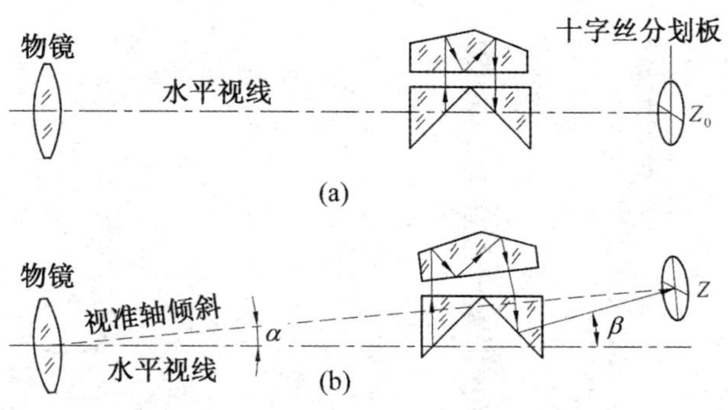

图 2-19　自动安平补偿器的结构原理

补偿器既要灵敏地反映望远镜倾斜的变化，又要使视准轴迅速稳定，便于读数。因此，补偿器通常由补偿元件、灵敏元件和阻尼元件三部分组成。

a. 补偿元件。当望远镜视准轴倾斜后，能使水平视线的目标物像经折射后仍然落在十字丝分划板中心的一组光学元件，称为“补偿元件”。也就是确定 α 和 β 关系所需的一组棱镜、透镜、光楔、平面镜等。

b. 灵敏元件。在望远镜倾斜时，能使补偿元件作相应倾斜或位移的元件，称为“灵敏元件”，常用的有吊丝、弹簧片、纽丝、滚珠轴承等。

c. 阻尼元件。补偿器通常处于悬挂状态，在微倾时产生摆动，为尽快使其稳定，采用制动系统进行快速制动，这种快速制动系统称为“阻尼元件”。在一般的自动安平水准仪中，补偿器的稳定时间在 2 s 以内。

2. 水准尺和尺台

水准尺是与水准仪配合进行水准测量的工具，常用干燥的优质木料、玻璃钢、铝合金等材料制成。水准尺有双面尺、折尺和塔尺，如图 2-20(a)所示。

塔尺仅用于等外水准测量，有 3 m 和 5 m 两种，分两节或三节套接而成。塔尺可以伸缩，尺底为零点，尺上黑白格相间，每格宽度为 1 cm，有的为 0.5 cm，在米和分米处注有数字。数字有正字和倒字两种。

双面尺多用于三、四等水准测量。其长度为 3 m，两根尺为一对。尺的两面均有刻划，一面为红白相间称“红面”，一面为黑白相间称“黑面”，两面的刻划均为 1 cm，并在分米处注字。两根尺的黑面底部均为零，而红面底部，一根为 4687 mm，一根为 4787 mm。

尺台又称“尺垫”，用生铁铸成，一般为三角形，中央有一凸起的半球体，下部有三个支脚，如图 2-20(b)所示。水准测量时，将支脚牢固地踩在地下，然后将水准尺立于半球顶上，用以保持尺底高度不变。尺台仅在转点处竖立水准尺时使用。

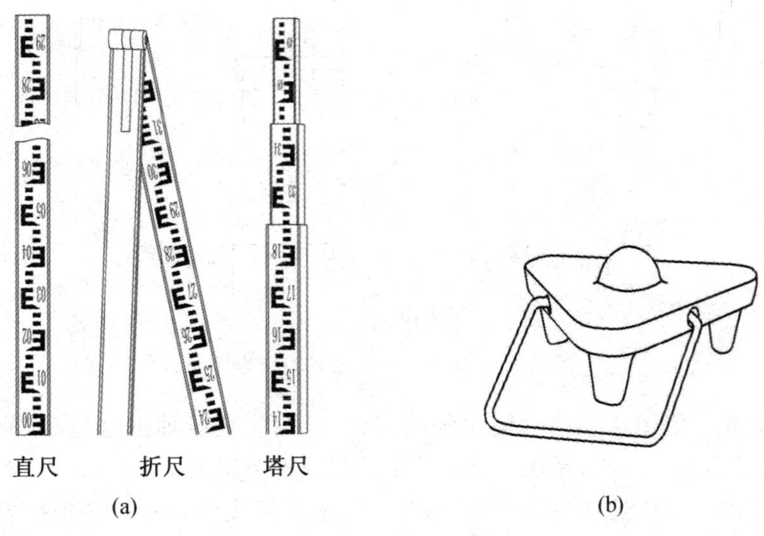

图 2-20　水准尺和尺台

3. 水准仪的技术操作

DS_3 水准仪的技术操作步骤分为安置仪器、粗平、照准、精平和读数。

(1)安置仪器

先将木制三脚架架腿上的紧固螺旋松开，抽出第二节，使其高度适中，拧紧松开了的紧固螺旋。然后张开三条腿，置于地面上，三条腿张开的角度不应过大或过小，否则脚架不稳，易碰倒。用脚将三条腿的铁脚尖踩入土中，踩时应注意使架头大致水平。检查三脚架是否安设牢固，然后打开仪器箱取出仪器，置于架头上。一只手扶住仪器，一只手将脚架中心螺旋旋入仪器的连接板的螺母中，把仪器安置在测站上。

(2)粗平

粗平就是通过调整脚螺旋，将圆水准气泡居中，使仪器竖轴处于铅垂位置，视线概略水平。具体做法是：用两手同时以相对方向分别转动任意两个脚螺旋，此时气泡移动方向和左手大拇指旋转方向相同，如图 2-21(a)所示。然后再转动第三个脚螺旋使气泡居中，如图 2-21(b)所示。如此反复进行，直至在任何位置水准气泡均位于分划圆圈内为止。

在操作熟练之后，不必将气泡的移动分解为两步，可视气泡的具体位置而转动任两个脚螺旋，使气泡居中。

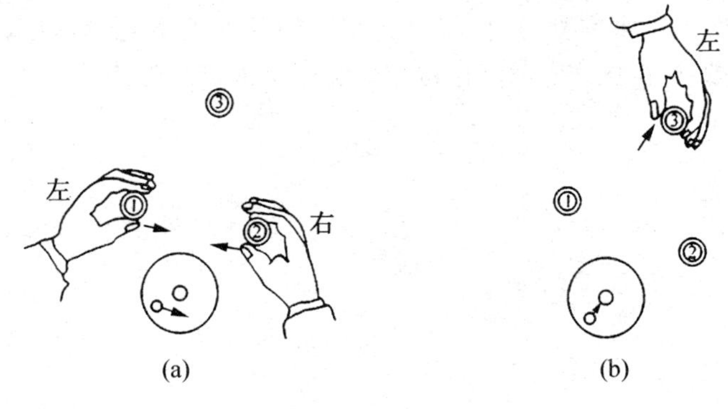

图 2-21　圆水准器居中

(3)照准

①目镜调焦。在用望远镜之前,必须首先转动目镜对光螺旋,使十字丝成像清晰。

②初步瞄准。松开水平制动螺旋,转动望远镜,通过望远镜镜筒上方的照门和准星瞄准水准尺,基本照准后旋紧制动螺旋。

③物镜调焦。转动物镜对光螺旋,调节对光凹透镜的位置,使水准尺在望远镜中成清晰倒立影像。

④精确瞄准。转动微动螺旋,使望远镜筒微小移动,将水准尺的影像移至纵丝,使十字丝的竖丝瞄准水准尺边缘或中央,如图 2-22 所示。如尺歪斜,应指挥扶尺者扶正。

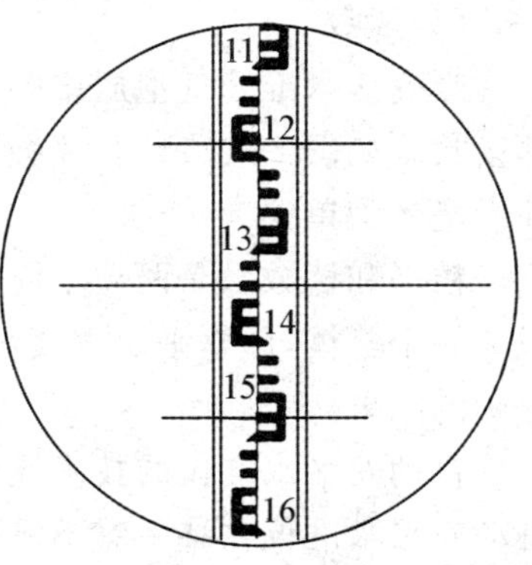

图 2-22 十字丝瞄准与读数

⑤消除视差。眼睛在目镜端上下移动,有时可看见十字丝的中丝与水准尺影像之间相对移动,这种现象叫“视差”,如图 2-23 所示。产生视差的原因是水准尺的尺像与十字丝平面不重合。视差的存在将影响读数的正确性,必须予以消除。消除视差的方法是仔细地转动物镜对光螺旋,直至尺像与十字丝平面重合。

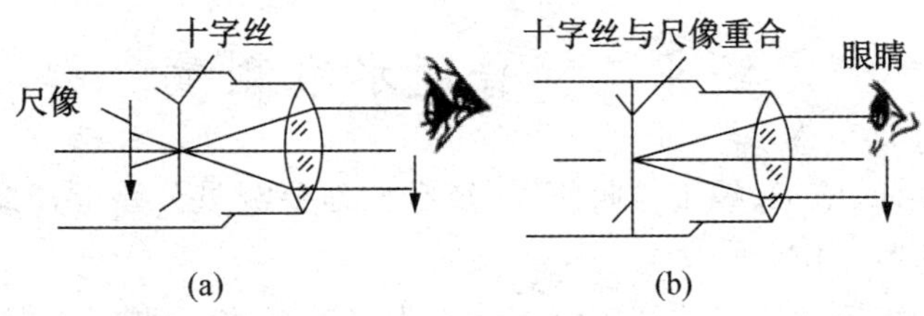

图 2-23 十字丝视差

(4)精平

精平就是转动微倾螺旋将水准管气泡居中,从观察窗中看到气泡的影像如果成一条弧线,则此时管水准器轴位于水平。操作时,观测者右手转动微倾螺旋,同时用单眼注视观察孔中影像的移动,转动微倾螺旋的速度不能快,两端影像将要对齐符合时,更应缓慢微小转动,当弧线稳定吻合时,即获得水平视线。每次读数前均进行此项操作。

用微倾螺旋调整的规律是观察孔左侧的像移动方向与微倾螺旋方向一致,如图 2-24 所示。

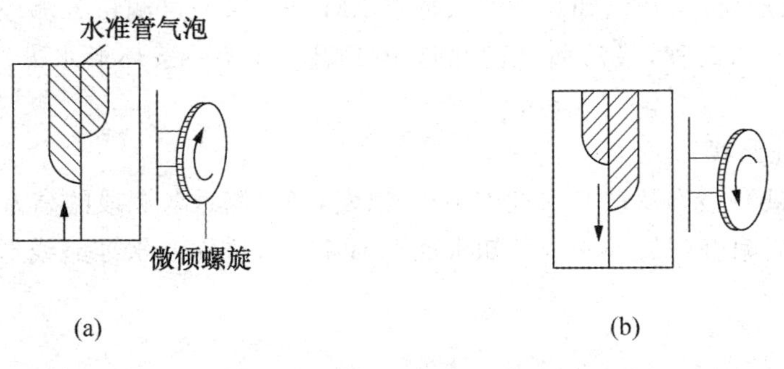

图 2-24 水准管居中

(5)读数

当确认水准管气泡居中时,应立即根据中丝在尺上读数,先估读毫米数,然后报出全部读数。如图 2-22 所示,读数为 1.337 m。但习惯上只念“1337”四位数而不读小数点,即以毫米为单位。

精平和读数虽是两项不同的操作步骤,但在水准测量实施过程中,却把这两项的操作视为一个整体,即整平后再读数,读数后还要检查水准气泡是否符合,只有这样才能取得正确的结果。

自动安平水准仪的技术操作与一般的微倾式水准仪的操作方法基本相同,不同的是自动安平水准仪在整平时不需要精平。自动安平水准仪仅有圆水准器,因此,安置自动安平水准仪时,只转动脚螺旋,使圆水准器气泡居中即可,补偿器能使其自动安平。

有的仪器装有揿钮,具有检查补偿器功能是否正常的作用。按下揿钮,轻触补偿器,待补偿器稳定后,看标尺读数有无变化。如无变化,说明补偿器正常。若无揿钮装置,可稍微转动脚螺旋,如标尺读数无变化,同样说明补偿器作用正常。

此外,在使用仪器前,还应重视对圆水准器的检验和校正,因为补偿器的补偿功能有一定限度。若圆水准器不正常,致使气泡居中时,仪器竖轴仍然偏斜,当偏斜角超过补偿功能允许的范围时,将使补偿器失去补偿作用。

任务二　普通水准测量

公路在勘测设计、施工、竣工验收阶段,经常性地要测量公路上任意点的高程。这是公路水准测量的基本工作。

高程测量的方法按使用仪器和施测方法分为水准测量、三角高程测量、气压高程测量和 GPS 定位测量等。根据已知水准点,采用水准仪器、水准尺等测量工具,测量任何一点的高差,并依此推算该点的高程,这种方法称为“水准测量”。

一、水准点和水准路线

水准点是测区的高程控制点,一般缩写为“BM”。水准点有永久性水准点和临时性水准点两种。

水准路线依据工程的性质和测区的情况,可布设成以下几种形式:

1. 闭合水准路线

如图 2-25(a)所示,从已知高程的水准点 BM_1 出发,经过测量各测段的高差,测定路线上未知点 1,2 的高程,最后回到已知点 BM_1 上,这样一条环形水准路线即闭合水准路线。

2. 附合水准路线

如图 2-25(b)所示,从已知水准点 BM_1 出发,经过测量各测段的高差,求得沿线 1,2,3 点的高程,最后附合到另外一个已知水准点 BM_2 上,这样的水准路线形式称为“附合水准路线”。

3. 支水准路线

如图 2-25(c)所示，从已知水准点 BM_1 出发，沿选定的路线施测到高程未知的水准点 A，其最终既不闭合也不附合，这样的水准路线称为“支水准路线”。支水准路线一般要求往返各测一次以进行检核。

水准路线采用哪种路线形式，是根据已知水准点的多少和待定点的分布情形而选择的。附合水准路线需要两个以上的已知水准点，待定点多沿一条延伸线分布，此种形式最为理想，检查条件严密。闭合水准路线一般布设在只有一个已知水准点，待定点分布连成环状的情况。此种形式也有检查条件，但如果出发点高程用错或起始点点位找错，则这类错误无法检查，因而要核对点位与高程。

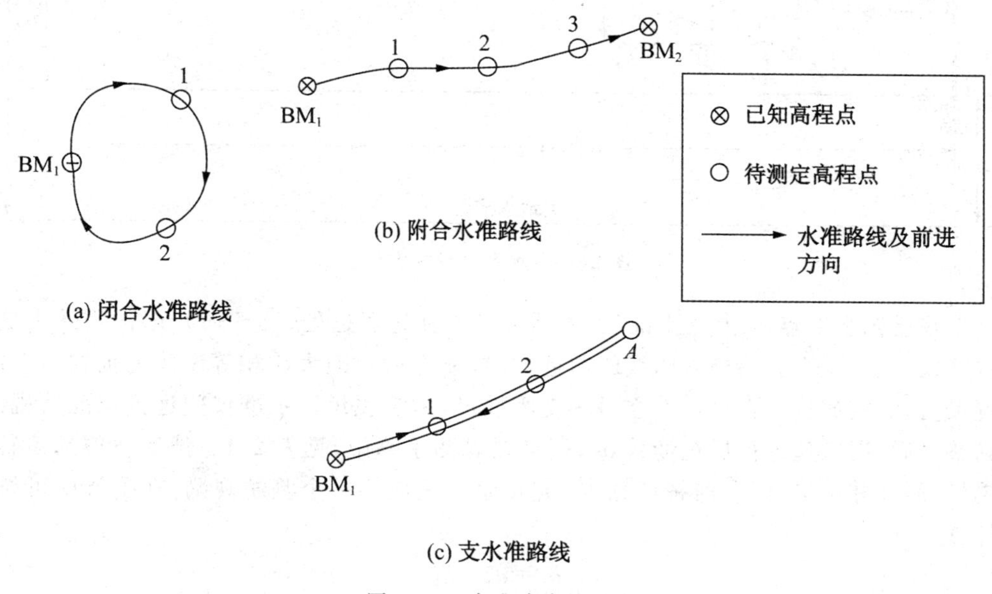

图 2-25 水准路线的形式

二、施测方法

普通水准测量通常用经检校后的 DS_3 型水准仪施测。水准尺一般采用塔尺，测量时水准仪应置于两水准尺的中间，并使前后视距尽可能相等。

1. 施测程序

图 2-26 所示是一条水准观测路线示意图，由已知水准点 A 起始，经待定点 TP_3，最后附合到另一个已知水准点 B 上(如为闭合水准路线，则最后回到起始点，施测情况相似)，具体施测方法如下：

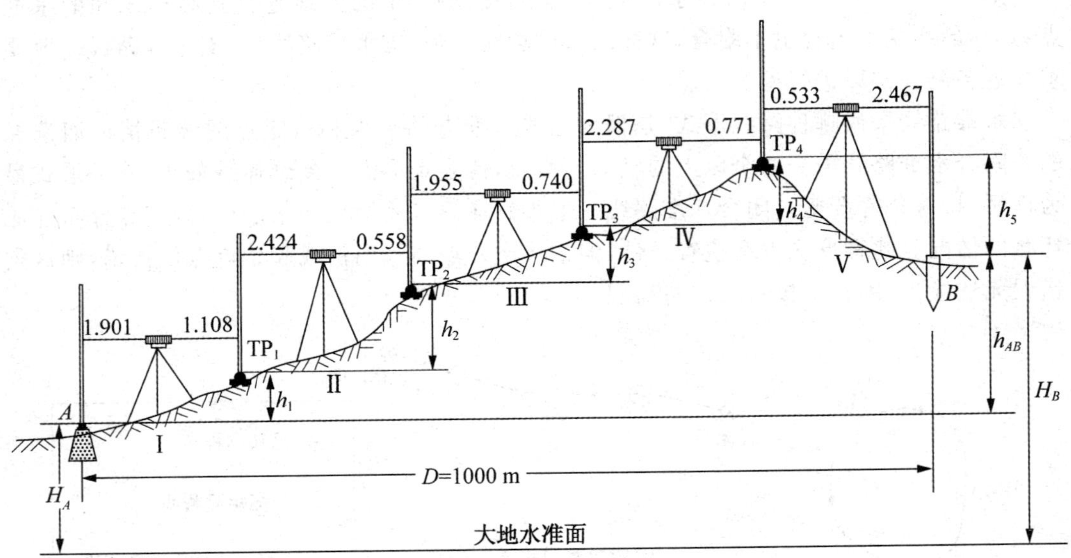

图 2-26　水准测量的实施

①在已知水准点 A 上立水准尺，为后视尺。在适当远处(50～100 m)的测站Ⅰ处安置水准仪，进行粗平。沿施测路线的前进方向，取与后视距大约相等距离的前视点 TP_1，放置尺台，踩实放稳。在尺台上立另一支水准尺，为前视尺。水准仪望远镜照准后视尺，精确整平后，用横丝读得后视读数 a_1，记录在观测手簿中，见表 2-1。然后将望远镜转向前视尺，照准并精平，读取前视读数 b_1，并记录。完成第一个测站观测，在手簿中可按下式计算：

$$h_1 = a_1 - b_1 \tag{2-5}$$

$$H_{TP_1} = H_A + h_1 \tag{2-6}$$

即高程已由起始点 A 传递到临时立尺点 TP_1 处尺台半球形顶面上，故在Ⅰ站观测完成后，该尺台不能动，将作为Ⅱ站的后视点。临时立尺点 TP_1 是高程的传递点，称为"转点"。

②观测者将仪器搬至 TP_1 的前方测站Ⅱ处，并同时令原后尺手移至 TP_2 处为前视点，TP_1 成为后视点。观测者重复进行一个测站的操作，分别读取测站Ⅱ的后视读数 a_2 与前视读数 b_2，从而计算得：

$$h_2 = a_2 - b_2 \tag{2-7}$$

$$H_{TP_2} = H_{TP_1} + h_2 \tag{2-8}$$

高程又由后视点 TP_1 传至前视点 TP_2 尺台半球形顶面上。完成Ⅱ站的观测与计算。

③将仪器搬至测站Ⅲ处，转点 TP_2 即为后视点，待定点 TP_3 为前视点。继续进行前面两站的操作，待定点 TP_3 处不须再放置尺台，水准尺直接立在点的标志上，从而推算出该点的高程。

如上所述，依次沿水准路线方向逐站进行施测，多次重复一个测站的操作程序，直至整条路线的终点 B，陆续推算出各个待测点的高程。

路线水准测量经各站观测后，得到各站高差，即：

$$h_1 = a_1 - b_1$$
$$h_2 = a_2 - b_2$$
$$\vdots$$
$$h_n = a_n - b_n$$

将各测站的高差相加，便得到 A 至 B 的高差 h_{AB}，即：

$$\sum h_i = \sum a_i - \sum b_i = h_{AB} \tag{2-9}$$

则地面点 B 的高程为：

$$H_B = H_A + h_{AB} = H_A + \sum h_i = H_A + (\sum a_i - \sum b_i) \tag{2-10}$$

B 点高程计算一般不求转点高程，而直接用式(2-10)求得。

2. 三项检核

(1)计算检核

由式(2-9)看出，B 点对 A 点的高差等于各转点之间高差的代数和，也等于后视读数之和减去前视读数之和的差值(见表 2-1)。

表 2-1 **水准测量手簿**

工程名称：________ 日期：________ 地点：________ 仪器型号：________

天　　气：________ 观测：________ 记录：________

测站	点号	后视读数(m)	前视读数(m)	高差(m)		高程(m)	备注
				+	−		
Ⅰ	A	1.901		0.793		32.186	
	TP_1		1.108			32.979	
Ⅱ	TP_1	2.424		1.866			
	TP_2		0.558			34.845	
Ⅲ	TP_2	1.955		1.215			
	TP_3		0.740			36.060	
Ⅳ	TP_3	2.287		1.516			
	TP_4		0.771			37.576	
Ⅴ	TP_4	0.533			1.934		
	B		2.467			35.642	
计算检核	$\sum$	9.100	5.644	5.390	1.934	$H_B - H_A = +3.456$	
	$\sum a_i - \sum b_i = +3.456$			$\sum h_i = +3.456$			

$$\sum h_i = +3.456\ \text{m}$$
$$\sum a_i - \sum b_i = +3.456\ \text{m}$$

上两式说明高差计算无误。

最后，利用式(2-2)由 A 点高程推算 TP_1 的高程 H_1，由 TP_1 的高程推算出 TP_2 的高程 H_2，依此类推，计算出 B 点的高程 H_B，即：

$$H_1 = H_A + h_1 = 32.186\ \text{m} + 0.793\ \text{m} = 32.979\ \text{m}$$

$$H_2 = H_1 + h_2 = 32.979\ \text{m} + 1.866\ \text{m} = 34.845\ \text{m}$$

$$\vdots$$

$$H_B = H_{n-1} + h_n = 37.576\ \text{m} - 1.934\ \text{m} = 35.642\ \text{m}$$

而利用式(2-10)可以直接得到 B 点高程 H_B，即：

$$H_B = H_A + (\sum a_i - \sum b_i) = 32.186\ \text{m} + 3.456\ \text{m} = 35.642\ \text{m}$$

高程计算是否有误可以通过下式检核：

$$H_B - H_A = \sum h_i = h_{AB}$$

在表 2-1 中为：

$$35.642\ \text{m} - 32.186\ \text{m} = +3.456\ \text{m}$$

上式两边相等，说明计算无误。

(2)测站检核

测站检核的方法有两种：双仪高法和双面尺法。

①双仪高法。在一个测站用不同的仪器高度测出两次高差，测得第一次高差后，改变仪器高度(至少 10 cm)，然后再测一次高差。当两次高差之差不大于 5 mm(三等 3 mm)时，则认为观测值符合要求，取平均值作为最后结果。若大于 5 mm(三等 3 mm)，则需要重测。

②双面尺法。仪器高度保持不变，用双面水准尺的红黑面高差进行校核。红黑面高差之差不能大于 5 mm(三等 3 mm)。

(3)成果检核

在水准测量实施的过程中，进行计算检核只能发现计算是否有误，进行测站检核只能检核每一个测站上是否有错误。对于一条水准路线来说，测站检核还不足以说明所求得水准点的高程精度是否符合要求。由于温度、风力、大气折射和水准尺下沉等外界条件的影响而引起的误差，尺子倾斜和估读误差，以及水准仪本身的误差等，虽然在一个测站上的反映不是很明显，但随着测站数的增多而误差累积，有时也会超过规定的限差。因此，还需进行整个水准路线的成果检核，即进行高差闭合差的检核。在水准测量中，由于测量误差的影响，使沿水准路线测得的始终点的高差值与实际的始终点高差值不相等，其二者之差称为“高差闭合差”，一般以 f_h 表示。高差闭合差的计算随着水准路线形式的不同而不同，现分述如下：

①闭合水准路线

在闭合水准路线中，高差的总和理论上等于零，即：

$$\sum h_{理} = 0$$

若实测高差的代数和不等于零，即为高差闭合差：

$$f_h = \sum h_{测} \tag{2-11}$$

②附合水准路线

在附合水准路线中，理论上各段的高差总和应与 A,B 两点的已知高差相同，如果不同，其差值即为高差闭合差：

$$f_h=\sum h_{测}-(H_B-H_A)=\sum h_{测}-(H_{终}-H_{始}) \tag{2-12}$$

③支水准路线

支水准路线应进行往返测量，从理论上讲，往返测高差的绝对值应相等而符号相反。若往返测高差的代数和不等于零即为高差闭合差，亦称“较差”，即：

$$f_h=\sum h_{往}+\sum h_{返} \tag{2-13}$$

支水准路线不能过长，应根据等级限制其长度。

上述水准路线中，当高差闭合差在容许范围内时，即 $f_h \leqslant f_{容}$（$f_{容}$ 为容许高差闭合差），认为精度合格，成果可用。若超过容许值，应查明原因，进行重测，直到符合要求为止。

普通水准测量的容许闭合差按下式计算：

$$f_{容}=\pm 40\sqrt{L}(\text{mm}) \tag{2-14}$$

或

$$f_{容}=\pm 12\sqrt{n}(\text{mm}) \tag{2-15}$$

式中：L——水准点间的路线长度，km；

n——水准路线总测站数。

其中，在计算时，若 L 大于 1 km，按其实际距离计算；若 L 小于 1 km，则按 1 km 计算。平均 1 km 测站数少于 15 站的，按式(2-14)计算；平均 1 km 测站数多于 15 站的，按式(2-15)计算。

3. 成果处理

水准测量的外业测量数据经检核无误后，就可以根据其观测高差计算高差闭合差。若闭合差满足了精度的要求，则调整闭合差，最后计算各点高程。这项工作称为“水准测量的内业”。

(1)附合水准路线高差闭合差的调整及各点高程的计算

如图 2-27 所示，A,B 为两个已知高程的水准点，$H_A=65.376$ m，$H_B=68.623$ m。各测段的高差分别为 h_1,h_2,h_3 和 h_4。表 2-2 为图 2-27 附合水准路线成果计算的实例。

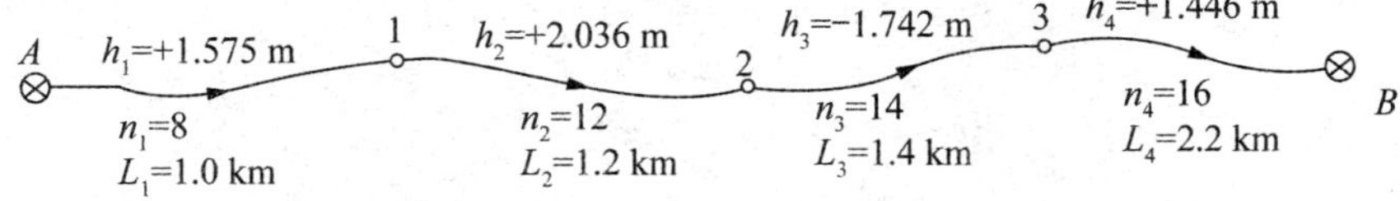

图 2-27 附合水准路线观测成果图

表 2-2　　　　**水准测量成果整理**

点号	距离(km)	测站数	实测高差(m)	改正数(mm)	改正后高差(m)	高程(m)
A						65.376
	1.0	8	+1.575	−12	+1.563	
1						66.939
	1.2	12	+2.036	−14	+2.022	
2						68.961
	1.4	14	−1.742	−16	−1.758	
3						67.203
	2.2	16	+1.446	−26	+1.420	
B						68.623
$\sum$	5.8	50	+3.315	−68	+3.427	
辅助计算	$f_h=+68$ mm　$\sum L_i=5.8$ km　$-f_h/\sum L_i=-68$ mm/5.8 mm$=-12$ mm/km $f_容=\pm 40\sqrt{L}=\pm 40\sqrt{5.8}$ mm$=\pm 96$ mm					

表中按距离调整计算(一般适用于平坦地区),具体步骤为:

①高差闭合差的计算

水准路线高差闭合差:

$$f_h=\sum h_测-(H_B-H_A)=3.315\ \text{m}-(68.623\ \text{m}-65.376\ \text{m})$$
$$=+0.068\ \text{m}=+68\ \text{mm}$$

容许高差闭合差:

$$f_容=\pm 40\sqrt{L}=\pm 40\sqrt{5.8}\ \text{mm}=\pm 96\ \text{mm}$$

因$|f_h|<|f_容|$,符合精度要求,可以进行调整。

②高差闭合差的调整

高差闭合差的调整就是计算各段高差改正数。其调整原则是将闭合差反符号后按各段长度或测站数成正比改正,即:

$$v_i=-\frac{f_h}{\sum L_i}L_i \tag{2-16}$$

或

$$v_i=-\frac{f_h}{\sum n_i}n_i \tag{2-17}$$

式中:v_i——第 i 测段的高差改正数,mm;

$\sum n_i$—— 水准路线总测站数;

$\sum L_i$—— 水准路线总长度;

n_i——第 i 测段的测站数；

L_i——第 i 某测段的测段长度。

在本例中，各测段改正数为：

$$v_1 = -\frac{f_h}{\sum L_i}L_1 = -\frac{68\ \text{mm}}{5.8\ \text{km}} \times 1.0\ \text{km} = -12\ \text{mm}$$

$$v_2 = -\frac{f_h}{\sum L_i}L_2 = -\frac{68\ \text{mm}}{5.8\ \text{km}} \times 1.2\ \text{km} = -14\ \text{mm}$$

$$v_3 = -\frac{f_h}{\sum L_i}L_3 = -\frac{68\ \text{mm}}{5.8\ \text{km}} \times 1.4\ \text{km} = -16\ \text{mm}$$

$$v_4 = -\frac{f_h}{\sum L_i}L_4 = -\frac{68\ \text{mm}}{5.8\ \text{km}} \times 2.2\ \text{km} = -26\ \text{mm}$$

在计算出各测段改正数之后应进行如下检核：

$$\sum v_i = -68\ \text{mm}, -f_h = -68\ \text{mm}$$

所以

$$\sum v_i = -f_h$$

即各测段改正数的总和应等于反符号的高差闭合差，说明闭合差已全部改正。如不相等，则改正数计算有误。

为方便计算，可先计算每千米（或每站）的改正数 $v_{每千米}$（或 $v_{每站}$），然后再乘以各测段长度（或站数），就得到各测段的改正数。在该实测中，每千米的高差改正数为：

$$v_{每千米} = \frac{-f_h}{\sum L_i} \tag{2-18}$$

各段高差的改正数为：

$$v_i = v_{每千米} \times L_i \tag{2-19}$$

最后把各测段改正数分别记入表 2-2 内。

③改正后的高差

各测段改正后高差等于各测段观测高差加上相应的改正数，即：

$$\overline{h_i} = h_i + v_i \tag{2-20}$$

式中：$\overline{h_i}$——第 i 段的改正后高差，m。

本例中，各测段改正后高差为：

$$\overline{h_1} = h_1 + v_1 = +1.575\ \text{m} + (-0.012\ \text{m}) = +1.563\ \text{m}$$

$$\overline{h_2} = h_2 + v_2 = +2.036\ \text{m} + (-0.014\ \text{m}) = +2.022\ \text{m}$$

$$\overline{h_3} = h_3 + v_3 = -1.742\ \text{m} + (-0.016\ \text{m}) = -1.758\ \text{m}$$

$$\overline{h_4} = h_4 + v_4 = +1.446\ \text{m} + (-0.026\ \text{m}) = +1.420\ \text{m}$$

计算检核：

$$\sum \overline{h_i} = H_B - H_A = +3.427\ \text{m}$$

最后把各测段改正后高差分别记入表 2-2 内。

④高程计算

根据已知水准点 A 的高程和各测段改正后高差，即可依次推算出各待定点的高程，即：

$$H_1 = H_A + \overline{h_1} = 65.376\ \text{m} + 1.563\ \text{m} = 66.939\ \text{m}$$

$$H_2 = H_1 + \overline{h_2} = 66.939\ \text{m} + 2.022\ \text{m} = 68.961\ \text{m}$$

$$H_3 = H_2 + \overline{h_3} = 68.961\ \text{m} + (-1.758\ \text{m}) = 67.203\ \text{m}$$

$$H_{B(推算)} = H_3 + \overline{h_4} = 67.203\ \text{m} + 1.420\ \text{m} = 68.623\ \text{m} = H_{B(已知)}$$

最后推算出的 B 点高程应与已知的 B 点高程相等，以此作为计算检核。把计算高程记入表 2-2 内。

(2)闭合水准路线高差闭合差的调整及各点高程的计算

闭合水准路线成果计算的步骤与附合水准路线相同，不再赘述。

(3)支水准路线高差闭合差的调整及各点高程的计算

因支水准路线只求一个点的高程，如图 2-25(c)所示的 1 点，其高差闭合差见公式(2-13)，故只取往返高差的平均值即可(平均高差的符号与往返测的高差值的符号相同)，即：

$$h = \frac{\sum h_{往} - \sum h_{返}}{2} \tag{2-21}$$

三、水准测量误差及注意事项

水准测量误差包括仪器误差、观测误差和外界条件影响三方面。在水准测量作业中，应根据产生误差的原因，采取相应措施，尽量减少或消除其影响。

1. 仪器误差

(1)i 角误差

望远镜视准轴与水准管轴不平行所产生的 i 角误差，是仪器误差的主要来源。因为 i 角的校正不可能为零，人眼生理条件的限制又不能使水准气泡精确居中，所以观测时总会有 i 角存在。这种误差属于系统误差，它的大小与仪器至水准仪的距离成正比。因此，只要在观测时做到前后视距相等，即可消除该项误差的影响。

(2)水准尺误差

水准尺刻划不准确、尺长变化、尺身弯曲及底部零点磨损等，都会直接影响水准测量的精度。因此，对水准尺要进行检定，凡刻划达不到精度要求及弯曲变形的水准尺，均不能使用。对于零点差，可采取在起终点之间设置偶数站的方法消除其对高差的影响。

2. 观测误差

(1)水准管气泡居中误差

水准测量时，视线的水平是根据水准管气泡居中来实现的。由于气泡居中存在误差，致使视线偏离水平位置，从而带来读数误差。减少此误差的办法就是每次读数时使气泡严格居中。

(2)水准尺估读误差

在水准尺上估读毫米数的误差与人眼的分辨能力、望远镜的放大倍率以及视线长度有关。视线愈长，估读误差愈大。因此，在测量作业中，应遵循不同等级的水准测量对望远镜放大倍率和最大视线长度的规定，以保证估读精度。

(3)水准尺倾斜误差

测量时水准尺应扶直，当水准尺倾斜时，其读数总比尺子竖直时的读数大，而且视线愈高，水准尺倾斜引起的读数误差愈大，所以在高差大、读数大时，应特别注意将尺扶直。

测量时，可以采用摇尺法读数：在读数时，将尺子缓缓向前后俯仰摇动，尺上的读数也会缓缓改变，观测者读取尺上最小读数，即为尺子竖直时的读数。

3.外界条件的影响

(1)仪器下沉误差

当仪器安置在土质松软的地面上时，会产生缓慢的下沉现象，致使在一测站上读完后视读数转向读取前视读数的一段时间内水平视线下降，前视读数减小，算得的高差增大而产生高差误差。减小这种误差的方法有：①尽可能将仪器安置在坚硬的地面处，并将脚架踏实；②加快观测速度，尽量缩短前后视读数时间差；③采用“后—前—前—后”的观测顺序。

(2)尺台下沉误差

如果转点选在土质松软的地面，尺台受水准尺的撞击及重压后也会下沉，将使下一站后视读数增加，也将引起高差误差，并且往测和返测都具有相同的符号。因为往测和返测高差本身符号相反，所以尺台下沉误差在往返测高差中数中会得到一定程度的抵消和减弱。

(3)地球曲率的影响及大气折光差

用水平视线代替大地水准面的平行曲线，对尺上的读数产生的影响为：

$$c=\frac{D^2}{2R}$$

由于大气折射，视线并不是水平的，而是一条曲线，曲线的半径大致为地球半径的6～7倍。其折射量的大小对水准尺读数产生的影响为：

$$r=\frac{D^2}{2\times 7R}$$

折射影响与地球曲率之和为：

$$f=c-r=\frac{D^2}{2R}-\frac{D^2}{2\times 7R}=\frac{0.43D^2}{R}$$

计算高差时，应从前后视读数中分别减去 f，方能得出正确的高差，即：

$$h=(a-f_a)-(b-f_b)$$

若前后视距相等，则 $f_a=f_b$，地球曲率与大气折射的影响在计算高差中相互抵消。所以，在水准测量中，前后视距应尽量相等。同时，视线高出地面应有足够的高度，在坡度较大的地面观测应缩短视线。此外，还应选择有利的时间进行观测，尽量避免在不利的气象条件下进行作业。

(4)温度的影响

温度的变化不仅引起大气折射的变化，而且当烈日照射水准管时，水准管和管内液体温度升高，气泡移向温度高的一端，从而影响仪器水平，产生气泡居中误差。因此，应随时注意撑伞遮阳，防止阳光直接照射仪器。

4.注意事项

水准测量时，除要求测量人员要认真负责，还要注意以下事项：

(1)观测时的注意事项

①仪器使用一段时间后，应进行检验和校正，保证仪器轴线的几何条件。

②安置仪器时，要尽量保证前后视距相等。

③仪器安置要稳，防止下沉。连接螺旋要拧紧，防止仪器摔落地面，并做到至少一人不离开仪器。

④每次读数前，应严格消除视差。水准管气泡要严格居中，读数时要仔细、迅速。

⑤迁站前，应保证记录员记录无误。迁站时，应将三脚架合拢，一只手抱住脚架，另一只手托住仪器，稳步前进。远距离迁站时，仪器应装箱。

⑥晴天阳光下测量时，应撑伞保护仪器。

(2)扶尺时的注意事项

①使用塔尺时应注意接合部是否衔接好，注意防止上部尺节下滑，以免尺长不正确。

②转点应选在坚实、稳固的地方。经前视读数后，尺台不得随意挪动。

③扶尺者应双手正对仪器扶尺，尺子立直，不应有偏斜。

④后视立尺者，在未得到观测者通知时，不得随意挪动尺子，以避免造成整段路线的返工重测。

(3)记录时的注意事项

①将表格应先填好的各个项目在记录开始前填好，注意测站编号与点号的填记。

②记录员应集中注意力听取观测者的读数，并复述读数，确定无误后记入表内。

③如有记错、算错，皆用横线将错处划去，并在其上方记入正确数字。不允许用橡皮擦掉或涂改。

④当站应记录、计算的数据，必须当站完成，并检查计算无误后，通知观测者迁站。

⑤不允许先记录在草稿纸上，而后进行誊抄。记录时必须用铅笔。

任务三　微倾式水准仪的检验与校正

在公路测量工作中，经常使用的仪器、量具等都必须要仔细地进行检验和校正，并送到相关单位进行鉴定，只有通过鉴定的仪器才可以用于施工测量，对测量仪器还要时常进行维护。除此之外，每隔一段时间，仪器都要进行一次检验和校正。具体要求如下：

(1)为保证测量成果准确可靠，测量仪器、量具应按国家计量部门或工程建设主管部门的有关规定进行检定，经检定合格后方可使用。

(2)测量仪器和量具除按规定周期检定，对经常使用的经纬仪、水准仪的主要轴系关系应在每项工程施工测量前进行检验和校正，施工中还应每隔 1～3 个月进行定期检验和校正。

(3)测量仪器和量具的使用应按有关操作规程进行作业，并应精心保管，加强维护保养，使其保持良好状态。

微倾式水准仪经过长期使用和搬运，会使某些螺旋产生微小磨损和松动，从而使轴线之间原来保证的几何关系遭到破坏，观测时会带来误差，影响测量成果的精度或给操作带来很多不便。为了使仪器恢复轴线之间应有的几何关系，对仪器应定期或及时进行检验和校正。

一、水准仪轴线应满足的条件

水准仪有四条轴线，即：视准轴(CC)、水准管轴(LL)、圆水准器轴($L'L'$)和仪器的竖轴(VV)，如图 2-28 所示。

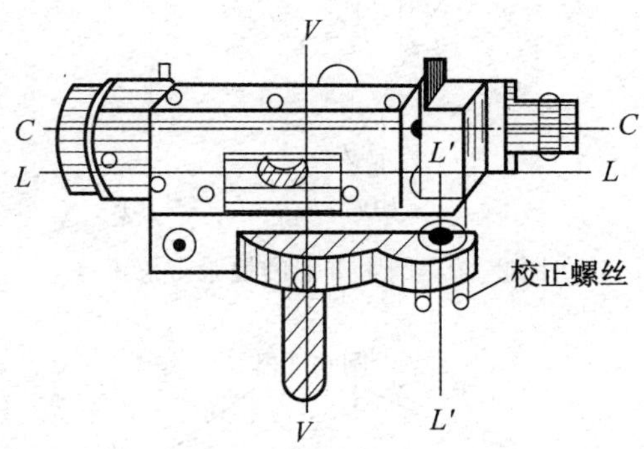

图 2-28 微倾式水准仪的轴线

根据水准测量原理，水准仪轴线应满足的几何条件是：

(1)水准管轴 LL 平行于视准轴 CC；

(2)圆水准器轴 $L'L'$平行于竖轴 VV；

(3)横丝要水平(即：十字丝横丝垂直于竖轴 VV)。

二、水准仪的检验与校正

1. 圆水准器的检验与校正

(1)目的

使圆水准器平行于仪器竖轴，也就是当圆水准器的气泡居中时，仪器的竖轴应处于铅垂状态。

(2)检验原理

如图 2-29 所示，VV 为仪器的旋转轴，即竖轴，$L'L'$为圆水准器轴。假设两轴不平行而有一个交角 δ，如图 2-29(a)所示。当气泡居中时，圆水准器轴 $L'L'$处于铅垂位置，而仪器的竖轴相对铅垂线倾斜了 δ 角。将仪器绕竖轴旋转 180°，由于仪器旋转时是以 VV 为旋转轴，即 VV 的空间位置是不动的，但圆水准器从竖轴的右侧转到左侧，圆水准器中的液体受重力作用，使气泡处于最高处，圆水准器轴相对铅垂线倾斜了 2δ 角，造成了气泡中点偏离零点，如图 2-29(b)所示。这说明圆水准器轴 $L'L'$不平行于竖轴 VV，需要校正。

(3)校正方法

如图 2-30 所示，校正前应先拧松中间的固定螺丝，然后调整三个校正螺丝，使气泡向居中的位置移动偏移量的一半，如图 2-29(c)所示。这时，竖轴已经处于铅垂状态，然后再用脚螺旋整平，使水准气泡居中，圆水准器轴 $L'L'$则处于竖直状态，如图 2-29(d)所示。校正工作一般都难以一次完成，须反复进行，直到仪器旋转到任何位置圆水准器气泡均居中为止。最后应注意拧紧固定螺丝。

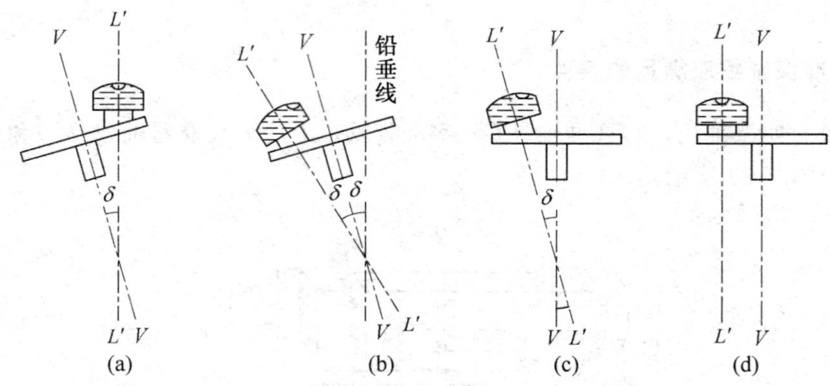

图 2-29 圆水准器的检验与校正

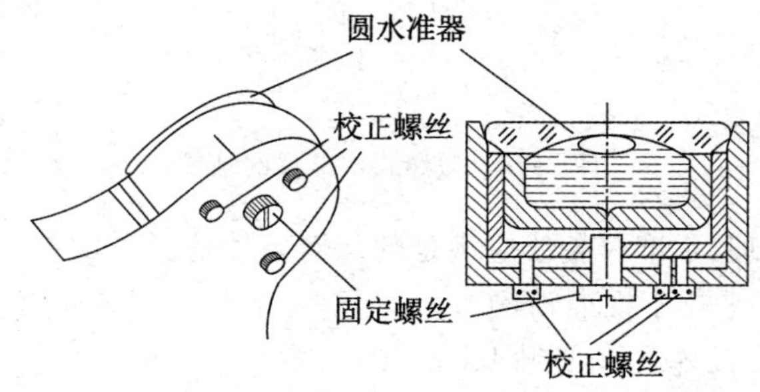

图 2-30 圆水准器校正结构

2. 十字丝的检验与校正

(1)目的

使十字丝横丝垂直于仪器的竖轴,也就是竖轴铅垂时,横丝应水平。

(2)检验原理

整平仪器后,用十字丝横丝一端对准远处一固定明显的目标点 P,如图 2-31(a)所示。拧紧制动螺旋,转动微动螺旋,使望远镜视准轴绕竖轴转动,如果 P 点沿着横丝移动,如图 2-31(b)所示,则表示十字丝横丝与竖轴垂直。如果 P 点离开横丝,如图 2-31(c)(d)所示,则表示十字丝横丝不垂直于竖轴,需要校正。

(3)校正方法

由于十字丝装置的形式不同,校正的方法也有所不同。一般情况下是卸下目镜处十字丝环外罩,如图 2-31(e)所示,松开十字丝分划板座的固定螺丝,按横丝倾斜的反方向,微微转动十字丝环,再做检验,直到满足要求为止。最后再将固定螺丝拧紧。十字丝校正结构如图 2-31(f)所示。

一般为了避免和减少校正不完善的残余误差的影响,应该用十字丝交点照准目标进行读数。

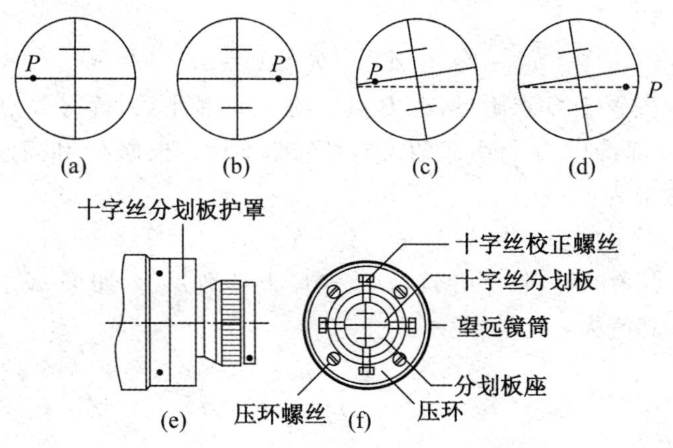

图 2-31 十字丝的检验与校正

3.水准管的检验与校正

(1)目的

使水准管轴平行于视准轴，也就是当管水准器气泡居中时，视准轴应处于水平状态。

(2)检验原理

设水准管轴不平行于视准轴，它们之间的交角为 i，如图 2-32 所示。当水准管气泡居中时，视准轴不是水平线而是倾斜了 i 角，水准仪至水准尺的距离越远，由此引起的读数偏差也越大。当仪器至尺子的前后视距相等时，则在两根尺子上的读数偏差 Δ 也相等，因此不影响所求的高差。前后视距相差越大，则 i 角对高差的影响也越大。视准轴不平行于水准管轴的误差也称"i 角误差"。

检验时，在平坦地面上选择同一直线上的 A,B,C 三点，使 $BC=AC$，A,B 相距 60～80 m，如图 2-32 所示。

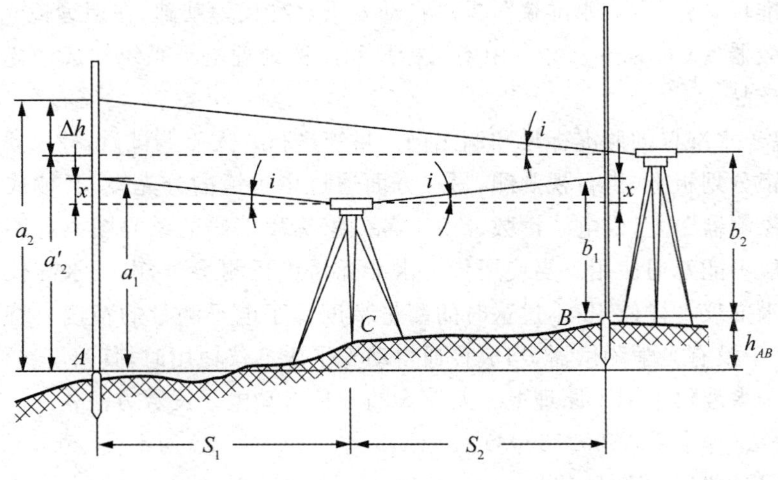

图 2-32 水准管轴不平行于视准轴的检验

首先，将水准仪安置于 C 点，在 A,B 两点竖立标尺，瞄准、精平后分别在 A,B 点水准尺上读数 a_1 和 b_1，则 A,B 点间的正确高差(一般用变动仪器高法或双面尺法测定高差取其平均值)为：

$$h_{AB}=(a_1-\Delta)-(b_1-\Delta)=a_1-b_1 \tag{2-22}$$

然后将水准仪安置于 B 点附近，离 B 点大约 3 m，精平后，读得 B 点尺上读数 b_2。因为仪器离 B 点很近，两轴不平行引起的误差可忽略不计。根据 b_2 和高差 h_{AB} 算出 A 点尺上水平视线的读数应为：

$$a_2=b_2+h_{AB}$$

然后，瞄准 A 点水准尺，精平并读取 A 点尺上读数 a_2'。如果 $a_2'=a_2$，说明两轴平行，否则存在 i 角，其值为：

$$i=\frac{(a_2'-a_2)\rho''}{D_{AB}} \tag{2-23}$$

式中：D_{AB}——A，B 两点间的平距；

$\rho''=206265''$。

对于 DS_3 水准仪来说，i 角值大于 $20''$ 时，则需要校正。

(3)校正方法

保持仪器不动，转动微倾螺旋，使十字丝的中丝对准 A 点尺上读数 a_2。此时，视准轴处于水平位置，而水准管气泡却偏离了中心。用拨针先拨松水准管一端左边(或右边)的校正螺丝，使偏离的气泡重新居中，最后将校正螺丝旋紧。此项工作应反复进行，直至达到要求为止。

注意：对待这种成对的校正螺丝，在拨动上、下校正螺丝时应“先松后紧”，否则容易损坏校正螺丝。

任务四　电子水准仪的使用

电子水准仪又称“数字水准仪”，是以自动安平水准仪为基础，在望远镜光路中增加了分光镜和读数器(CCD Line)，并采用条码标尺和图像处理电子系统构成的光机电测一体化的高科技产品。

目前，电子水准仪的照准标尺和调焦仍需目视进行。人工调试后，标尺条码一方面被成像在望远镜分划板上，供目视观测，另一方面通过望远镜的分光镜，又被成像在光电传感器(又称“探测器”)上，供电子读数。由于各厂家标尺编码的条码图案各不相同，因此，条码标尺一般不能互通使用。当使用传统水准标尺进行测量时，电子水准仪也可以像普通自动安平水准仪一样使用，不过这时的测量精度低于电子测量的精度。特别是精密电子水准仪，由于没有光学测微器，当成普通自动安平水准仪使用时，其精度更低。

当前电子水准仪采用了原理上相差较大的三种自动电子读数方法：

(1)相关法(徕卡 NA3002/3003)。

(2)几何法(蔡司 DiNi10/20)。

(3)相位法(拓普康 DL101C/102C)。

它与传统仪器相比有以下特点：

(1)读数客观。不存在误差、误记问题，没有人为读数误差。

(2)精度高。视线高和视距读数都是采用大量条码分划图像经处理后取平均得出来的,因此削弱了标尺分划误差的影响。多数仪器都有进行多次读数取平均的功能,可以削弱外界条件的影响。不熟练的作业人员也能进行高精度测量。

(3)速度快。由于省去了报数、听记、现场计算的时间以及人为出错的重测数量,测量时间与传统仪器相比可以节省 1/3 左右。

(4)效率高。只需调焦和按键就可以自动读数,减轻了劳动强度。视距还能自动记录、检核、处理,并能输入电子计算机进行后处理,可实现内外业一体化。

电子水准仪测量原理:与电子水准仪配套使用的水准尺为条形编码尺,通常由玻璃纤维或铟钢制成。在电子水准仪中装置有行阵传感器,它可识别水准标尺上的条形编码。电子水准仪摄入条形编码后,经处理器转变为相应的数字,再通过信号转换和数据化,在显示屏上直接显示中丝读数和视距。

DL07 电子水准仪(见图 2-33)能满足二到四等水准测量精度要求,具有瞬间完成单次测量、高级防尘防水、路灯照明测量、相位法条码识别、丰富的应用程序等特性,方便外业测量工作。DL07 电子水准仪广泛应用于专业测绘、道路工程、沉降观测、隧道开挖、建筑工程、园林工程、矿山测量等。主要技术参数有:

图 2-33　DL07 电子水准仪

(1)精度:0.7 mm/km,满足二等水准测量精度要求。

(2)100 m 的超长测程满足四等测量的需要,也为高程测量与放样提供更远的作业距离,使外业测量更加得心应手。

(3)单次测量时间:小于 3 s。

(4)瞬间完成单次测量,与常规水准测量相比可以使工作效率提高 50%以上,缩短外业工作时间,降低野外工作强度,节约工作成本,提高工程收益。

(5)最小环境光照强度:20 Lux(一根蜡烛的亮度)。

(6)延长每天的有效工作时间,即使在夜晚也可以依靠路灯的光线进行测量,并且同样可以保证测量的精度。

(7)在廊道或隧道内也可用普通手电筒照明测量。

(8)出色的防尘防水性能,优秀的环境适应性,真正支持全天候的外业测量,使外业测量不再因苛刻的环境而被迫推迟。

(9)高程最小显示 0.01 mm/0.1 mm。

(10)水准等级测量程序,包括二到四等的线路测量模式,按测量流程提示,使水准线路测量变得更加容易掌握。

一、电子水准仪的基本结构

DL07电子水准仪的基本结构如图2-34所示。

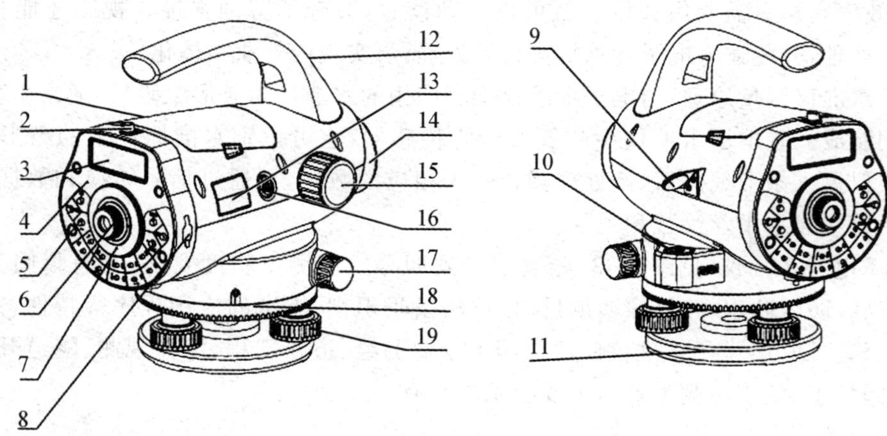

图2-34 DL07电子水准仪的基本结构

1—电池;2—粗瞄器;3—液晶显示屏;4—面板;5—按键;6—目镜:用于调节十字丝的清晰度;
7—目镜护罩:旋下此目镜护罩可以进行分划板的机械调整以调整光学视准线误差;
8—数据输出插口:用于连接电子手簿或计算机;9—圆水准器反射镜;10—圆水准器;11—基座; 12—提柄;
13—型号标贴;14—物镜;15—调焦手轮:用于标尺调焦;16—电源开关/测量键:用于仪器开关机和测量;
17—水平微动手轮:用于仪器水平方向的调整;18—水平度盘:用于将仪器照准方向的
水平方向值设置为零或所需值;19—脚螺旋

二、仪器按键基本功能

DL07电子水准仪按键基本功能见表2-3。

表2-3　　DL07电子水准仪按键基本功能简介

键符	键名	功能
POW/MEAS	电源开关/测量键	仪器开关机和用来进行测量 开机:仪器待机时轻按一下;关机:按5 s左右
MENU	菜单键	进入菜单模式,菜单模式有下列选择项:标准测量模式、线路测量模式、检校模式、数据管理和格式化内存/数据卡
DIST	测距键	在测量状态下按此键测量并显示距离
↑ ↓	选择键	翻页菜单屏幕或数据显示屏幕
→←	数字移动键	查询数据时的左右翻页或输入状态时左右选择
ENT	确认键	用来确认模式参数或输入显示的数据

续表

键符	键名	功能
ESC	退出键	用来退出菜单模式或任一设置模式,也可作输入数据时的后退清除键
0～9	数字键	用来输入数字
—	标尺倒置模式	用来进行倒置标尺输入,并应预先在测量参数下,将倒置标尺模式设置为“使用”
.	小数点键	数据输入时输入小数点;在输入字母或符号时,切换大小写字母和符号输入状态
REC	记录键	记录测量数据
SET	设置键	进入设置模式,设置模式是用来设置测量参数、条件参数和仪器参数
SRCH	查询键	用来查询和显示记录的数据
IN/SO	中间点/放样模式键	在连续水准线路测量时,测中间点或放样
MANU	手工输入键	当不能用[MEAS]键进行测量时,可从键盘手工输入数据
REP	重复测量键	在连续水准线路测量时,可用来重测已测过的后视或前视

职业能力训练

训练一　水准仪的操作及使用方法

1. 训练目标

(1)认识不同类型水准仪的基本构造。

(2)熟悉水准仪各部件的功能及应用。

(3)熟悉水准仪的技术操作方法。

2. 训练条件

(1)由仪器室借领:水准仪 1 台、水准尺 1 根、记录板 1 块、测伞 1 把。

(2)自备:铅笔、草稿纸。

3. 工作流程

安放水准仪——粗平仪器——瞄准目标——消除视差——精平仪器——读取水准尺上读数——记录。

4. 操作步骤

(1)指导教师讲解水准仪的构造及技术操作方法。

(2)安置和粗平水准仪。选好安置位置,将仪器用连接螺旋安紧在三脚架上,先踏实两脚架尖,摆动另一只脚架使圆水准器气泡概略居中,然后转动脚螺旋使气泡居中。转动脚螺旋使气泡居中的操作规律是:气泡需要向哪个方向移动,左手拇指就向哪个方向转动脚螺旋。

(3)用望远镜照准水准尺,并消除视差。

(4)精确整平水准仪。

转动微倾螺旋使管水准器的符合水准气泡两端的影像符合。转动微倾螺旋要稳重,慢慢地调节,避免气泡上下不停错动。如果仪器为自动安平水准仪,则本步骤只检查一下望远镜警告指示窗是否全部为绿色,若不是,则须重新调节脚螺旋。

(5)读数。

以十字丝横丝为准读出水准尺上的数值,读数前,要对水准尺的分划、注记分析清楚,找出最小刻划单位,整分米、整厘米的分划及米数的注记。先估读毫米数,再读出米、分米、厘米数。要特别注意不要错读单位和发生漏0现象。读数后,应立即查看气泡是否仍然符合,否则应重新使气泡符合后再读数。

5.注意事项

(1)安置仪器时应将仪器中心连接螺旋拧紧,防止仪器从脚架上脱落下来。

(2)水准仪为精密光学仪器,在使用中要按照操作规程作业,各个螺旋要正确使用。

(3)在读数前务必将水准器的符合水准气泡严格符合,读数后应复查气泡符合情况,若气泡错开,应立即重新将气泡符合后再读数。若是自动安平水准仪,则应检查望远镜指示窗是否全部为绿色。

(4)转动各螺旋时要稳、轻、慢,不能用力太大。

(5)发现问题,及时向指导教师汇报,不能自行处理。

(6)水准尺必须要有人扶着,决不能立在墙边或靠在电杆上,以防摔坏水准尺。

(7)螺旋转到头要返转回来少许,切勿继续再转,以防脱扣。

6.实训报告

每人上交《水准仪的认识与技术操作实训报告》一份(见表2-4)。

表 2-4　　水准仪的认识与技术操作实训报告

日期:________ 班级:________ 组别:________ 姓名:________ 学号:________

实训题目	水准仪的认识与技术操作	成绩	
实训技能目标			
主要仪器及工具			

1.在下图引出的标线上标明仪器该部件的名称。

2.用箭头标明如何转动三只脚螺旋,使下图所示的圆水准器气泡居中。

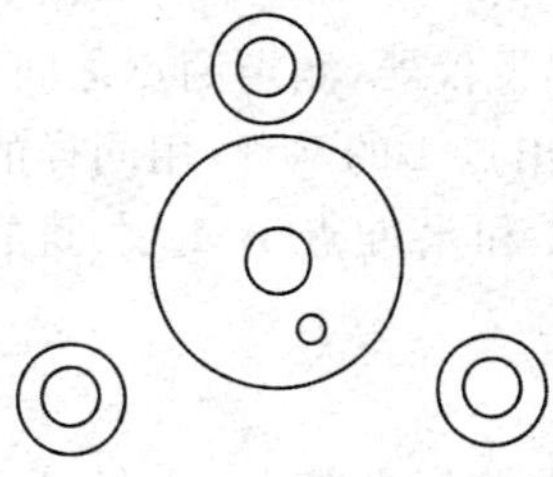

3.对光消除视差的步骤是:转动__________使__________清晰,再转动__________螺旋使__________清晰。如发现__________现象,说明存在__________,则必须再转动__________,直至__________面和__________面重合。

4.实训总结

训练二　普通水准测量

1.训练目标

(1)进一步熟悉水准仪的构造及使用方法。

(2)学会普通水准测量的野外操作过程及方法。

(3)施测一闭合水准线路,计算其闭合差。

2.训练条件

(1)由仪器室借领:水准仪 1 台、水准尺 2 根、记录板 1 块、尺垫 2 个、测伞 1 把、水准

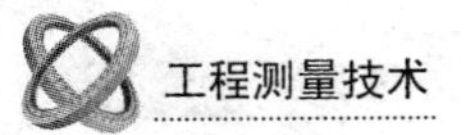

记录纸。

(2)自备:计算器、铅笔、小刀、草稿纸。

3.情景描述

如图2-35所示,已知水准点BM_1的高程为100.000 m,要求按等外水准测量的精度,求1,2,3三点的高程。

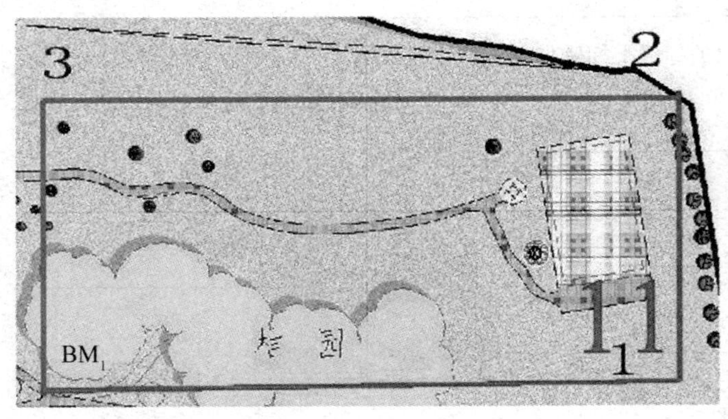

图2-35　闭合水准路线测量

4.工作流程

在水准点BM_1和点1之间架设仪器,测定两点之间的高差,再利用水准点BM_1的高程,根据水准测量的基本原理,算出点1的高程,用同样的方法,测定点1和点2之间的高差、点2和点3之间的高差、点3和水准点BM_1之间的高差,分别推算出点2、点3的高程。

5.操作步骤

(1)各组独立完成此闭合水准路线的施测,人员分工是:2人扶尺,1人记录,1人观测。施测2~3站后轮换工作。

(2)在每一站上,观测者首先应整平仪器,然后照准后视尺,对光、调焦,消除视差。慢慢转动微倾螺旋,将管水准器的气泡严格符合后,读取中丝读数。如果用的是自动安平水准仪,则观测窗口全部为绿色时方可读数。记录员先复诵,确认后将读数记入记录表中。读完后视读数,紧接着照准前视尺,用同样的方法读取前视读数。记录员把前、后视读数记好后,应立即计算本站高差。

(3)用步骤2叙述的方法依次完成本闭合线路的水准测量。

(4)水准测量记录要特别细心,当记录者听到观测者所报读数后,要回报观测者,经默许后方可记入记录表中。观测者应注意复核记录者的复诵数字。

(5)观测结束后,立即算出高差闭合差$f_h=\sum h_i$。如果f_h小于$f_{容}$,说明观测成果合格,即可算出各立尺点高程;否则,要进行重测。

6.注意事项

(1)水准测量工作要求全组人员紧密配合,互谅互让,禁止闹意见。

(2)中丝读数一律取四位数,记录员也应记满四个数字,“0”不可省略。

(3)扶尺者要将尺扶直,与观测人员配合好,选择好立尺点。

(4)水准测量记录中严禁涂改、转抄,不准用钢笔、圆珠笔记录,字迹要工整、整齐、清洁。

(5)每站水准仪置于前、后尺距离基本相等处,以消除或减少视准轴不平行于水准管轴的误差及其他误差的影响。

(6)在转点上立尺,读完上一站前视读数后,在下站的测量工作未完成之前绝对不能碰动尺垫或弄错转点位置。

(7)为校核每站高差的正确性,应按变换仪器高方法进行施测,以求得平均高差值作为本站的高差。

(8)限差要求:同一测站两次仪器高所测高差之差应小于 5 mm;水准路线高差闭合差的容许值为 $f_{容}$($40\sqrt{L}$或 $12\sqrt{n}$ mm)。

7.实训报告

(1)每人上交《普通水准测量记录表》一份(见表 2-5)。

(2)每人上交《普通水准测量实训报告》一份(见表 2-6)。

表 2-5　　普通水准测量记录表

日期:______ 天气:______ 仪器型号:______ 组号:______

观测者:______ 记录者:______ 立尺者:______

测站	点号	后视读数(m)	前视读数(m)	观测高差(m)	高差改正数(m)	改正后高差(m)	高程(m)
$\sum$							
辅助计算							

表 2-6　　　　普通水准测量实训报告

日期：________　班级：________　组别：________　姓名：________　学号：________

实训题目	普通水准测量	成绩	
实训目的			
主要仪器及工具			
实训场地布置草图			
实训主要步骤			
实训总结			

同步测试

一、填空题

1. DS_3 微倾式水准仪主要由________、________、________几部分构成。

2. DS_3 微倾式水准仪在使用过程中，每次读数之前必须调节________螺旋，使________气泡吻合。

3. 水准测量中，把安置仪器的位置称为________。

4. 粗平的规律是：气泡移动的方向与________手大拇指转动脚螺旋的方向一致。

5. 精平的规律是：观测镜中左侧的半像移动方向与________手大拇指转动微倾螺旋的方向一致。

6. 精平后用十字丝的________在水准尺上截取读数。

7. 闭合水准路线各段高差代数和的理论值应等于________。

8. 在一个测站上，水准仪的基本操作程序为________、________、________、________。

二、单选题

1. 下面是用水准仪在某测站对地面 4 个点测得的读数，其中最高的点是(　　)。

A. 0.500　　B. 1.231　　C. 2.345　　D. 2.354

2. 在水准测量观测过程中，若后视(A 点)读数为 1.325 m，前视(B 点)读数为 1.425 m，则 A，B 两点之间的高差为(　　)。

A. +0.100 m　　B. −0.100 m　　C. +100 m　　D. −100 m

3. 高差闭合差的分配原则为(　　)成正比例进行分配。

A. 与测站数　　B. 与高差的大小

C. 与距离或测站数　　D. 与视线的长度

4. 水准测量中，同一测站，当后视读数大于前视读数时说明后视点(　　)。

A. 高于前视点　　B. 低于前视点　　C. 高于测站点　　D. 无法确定

5. 水准测量中，后视点 A 的高程为 40.000 m，后视读数为 1.125 m，前视读数为 2.521 m，则前视点 B 的高程应为(　　)。

A. 43.696 m　　B. 38.554 m　　C. 41.446 m　　D. 36.304 m

6. 水准测量是利用水准仪提供的(　　)来测定两点间高差的。

A. 水平面　　B. 水平视线　　C. 竖直面　　D. 铅垂线

7. 微倾式水准仪使用过程中，精确整平是通过(　　)来判断的。

A. 圆水准器气泡是否居中　　B. 管水准器气泡是否吻合

C. 是否存在视差　　D. 成像是否清晰

8. 下列关于水准仪使用的说法中，错误的是(　　)。

A. 水准仪粗略整平后进行对光和照准

B. 粗略整平是通过调节基座上的三个脚螺旋来实现的

C. 读数前后都要检查水准管气泡是否吻合

D. 眼睛在目镜端上下移动时，发现十字丝中横丝在水准尺上的读数也发生变化，这种现象属于正常现象，可不必处理

9. 水准测量中转点的作用是(　　)。

A. 读数方便　　B. 为了立尺　　C. 传递高程　　D. 计算方便

10. 水准仪整平时，圆水准气泡偏向哪个方向，则说明该方向偏(　　)。

A. 低　　B. 高　　C. 不高不低　　D. 无法确定

三、多选题

1. 微倾式水准仪应满足(　　)。

A. 水准管轴平行于视准轴　　B. 横轴垂直于仪器竖轴

C. 水准管轴垂直于仪器竖轴　　D. 圆水准器轴平行于仪器竖轴

E. 十字丝横丝应垂直于仪器竖轴

2. 水准测量测站检核可以采用(　　)测量两次高差。

A. 变动仪器高　　B. 往返测法

C. 双面尺法　　D. 闭合水准路线

3. 在水准测量时，若水准尺倾斜，其读数值(　　)。

A. 当水准尺向前或向后倾斜时增大　　B. 当水准尺向左或向右倾斜时减少

C. 总是增大　　D. 总是减少

E. 不论水准尺怎样倾斜，其读数值都是错误的

4. 单一水准路线按布设形式可以分为(　　)。

A. 闭合水准路线　　B. 附合水准路线

C. 支水准路线　　D. 导线网

5. 影响水准测量成果的误差有(　　)。

A. 视差未消除　　B. 水准尺未竖直　　C. 估读毫米数不准

D. 地球曲率和大气折光　　E. 阳光照射和风力太大

四、简答题

1. 水准路线的布设方式有哪几种？

2. 何谓“视差”？产生视差的原因是什么？如何消除？

3. 在一个测站的观测过程中，当读完后视读数继续照准前视点读数时，发现圆水准器的气泡偏离零点，此时能否转动脚螺旋使气泡居中继续观测前视点？为什么？

五、计算题

1. 进行水准测量时，设 A 为后视点，B 为前视点，后视水准尺读数 $a=1.124$ m，前视水准尺读数 $b=1.428$ m，问 A，B 两点的高差 h_{AB} 为多少？设已知 A 点的高程为 20.016 m，问 B 点的高程为多少？

2. 进行水准仪的水准管轴平行于视准轴的检验与校正时，仪器首先放在相距 80 m 的 A，B 两桩中间，用两次仪器高测得 A，B 的高差 $h_1=+0.204$ m，然后将仪器移至 B 点近旁，测得 A 尺读数 $a_2=1.695$ m 和 B 尺读数 $b_2=1.466$ m。

试问：(1)根据检验结果，水准管轴是否平行于视准轴？

(2)如果不平行，视线水平时的正确读数为多少？

(3)如何进行校正？

3. 图 2-36 为一附合水准路线的简略图，BM_A 和 BM_B 为已知高程的水准点，BM_1～BM_4 为高程待定的水准点，各点间的路线长度、高差观测值及已知点高程如图中所示。计算高差闭合差、容许高差闭合差，并进行高差改正，最后计算各待定水准点的高程，将结果填入表 2-7 中。

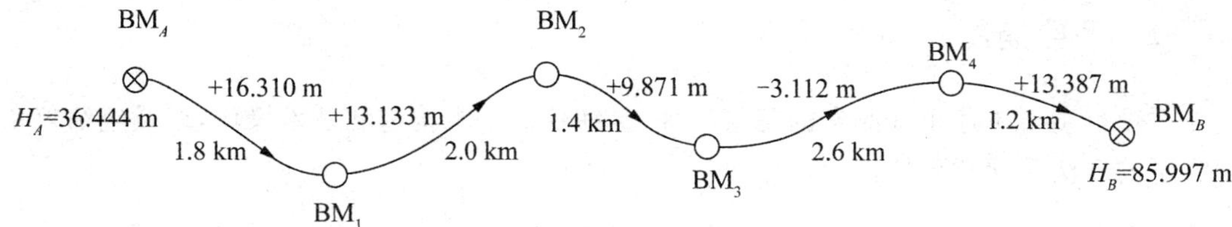

图 2-36 附合水准路线图

表 2-7 **水准测量成果整理表**

点号	距离 (km)	测量高差 (m)	改正数 (mm)	改正后高差 (m)	高程 (m)
A					
BM_1					
BM_2					
BM_3					
BM_4					
B					
$\sum$					
辅助计算	高差闭合差 $f_h=$ 容许高差闭合差 $f_{容}=$ 每 1 km 改正数＝				

项目三　角度测量

项目描述

本项目主要讲述角度测量的基本原理、经纬仪的基本构造和技术操作，以及经纬仪角度测量的方法及注意事项。

学习目标

1. 熟悉经纬仪的基本构造。
2. 掌握经纬仪的操作。
3. 掌握经纬仪水平角和竖直角测量的基本原理和方法。
4. 了解经纬仪的检验与校正。

任务一　经纬仪的使用

角度测量是测量的三项基本工作之一，它包括水平角测量和竖直角测量。水平角测量用于确定地面点的平面位置，竖直角测量用于间接测定地面点的高程。经纬仪是进行角度测量的主要仪器。下面介绍角度测量的基本原理。

一、水平角测量原理

由一点到两个目标的方向线垂直投影在水平面上的夹角称为“水平角”。

如图 3-1 所示，A,B,C 是三个位于地面上不同高程的点，B_1A_1，B_1C_1 为空间直线 BA,BC 在水平面上的投影，B_1A_1 与 B_1C_1 的夹角 β 即为地面点 B 上由 BA,BC 两条方向线构成的水平角。

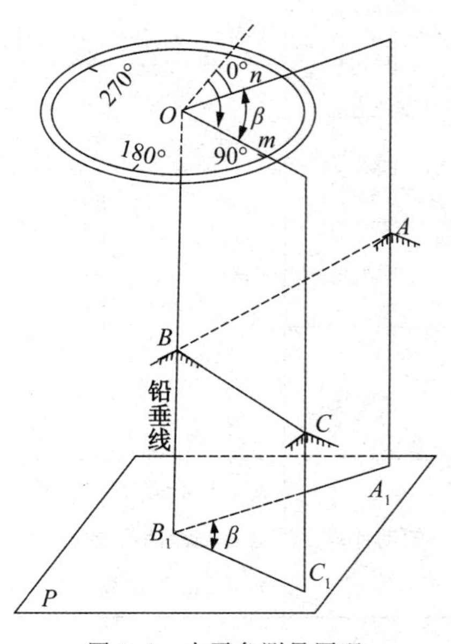

图 3-1　水平角测量原理

为了测出水平角 β，可设想在过角顶点 B 上方架设一个安置成水平的带有顺时针刻划、注记的圆盘，即水平度盘，并使其圆心在过 B 点的铅垂线上，直线 BC，BA 在水平度盘上的投影为 Om，On；这时，若能读出 Om，On 在水平度盘上的读数 m 和 n，水平角 β 就等于 m 减 n，用公式表示为：

$$\beta = \text{右目标读数 } m - \text{左目标读数 } n$$

由此可知，用于测量水平角的仪器，必须有一个能安置水平且能使其中心处于过测站点铅垂线上的水平度盘；必须有一套能精确读取度盘读数的装置；还必须有一套不仅能上下转动成竖直面，还能绕铅垂线水平转动的照准设备——望远镜，以便精确照准方向、高度、远近不同的目标。

二、竖直角测量原理

在竖直面内，测站点到目标点的视线与水平线的夹角称为"竖直角"。如图 3-2 所示，视线 AB 与水平线 AB' 的夹角 α，为 AB 方向线的竖直角。其值从水平线算起，向上为正，称为"仰角"；向下为负，称为"俯角"。范围为 0°～±90°。

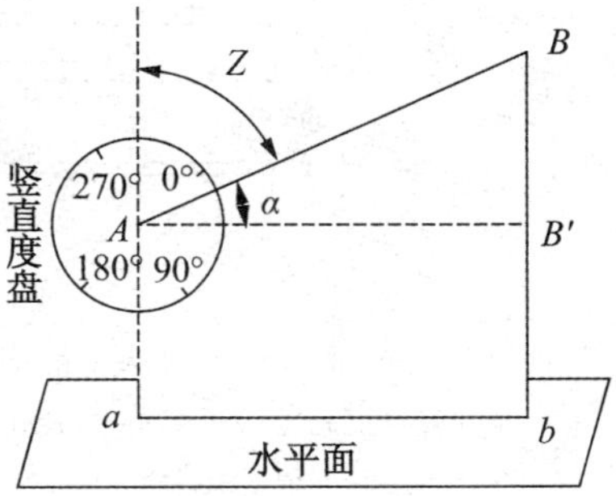

视线与测站点天顶方向之间的夹角称为"天顶距"。图3-2中以 Z 表示，其数值为 0°～180°，均为正值。显然，同一目标的竖直角 α 和天顶距 Z 之间有如下关系：

$$\alpha = 90° - Z$$

图 3-2 竖直角测量原理

为了观测天顶距或竖直角，经纬仪上必须装置一个带有刻划、注记的竖直圆盘，即竖直度盘。该度盘中心在望远镜旋转轴上，并随望远镜一起上下转动。竖直度盘的读数指标线与竖盘指标水准管相连，当该水准管气泡居中时，指标线处于某一固定位置。显然，照准轴水平时的度盘读数与照准目标时度盘读数之差，即为所求的竖直角 α。

三、光学经纬仪

光学经纬仪就是根据上述测角原理而设计制造的一种测角仪器。

光学经纬仪的种类很多，但基本结构大致相同。目前，我国常用的经纬仪按精度不同分为 $DJ_{0.7}$，DJ_1，DJ_2 和 DJ_6 等几种类型。其中，D，J 分别是"大地测量"和"经纬仪"汉语拼音的第一个字母；数字 0.7，1，2，6 等表示该仪器一测回方向观测值中误差，以秒为单位。

1. DJ_6 型光学经纬仪

DJ_6 型光学经纬仪是工程测量中常用的一种测角仪器，由于生产厂家不同，仪器结构和部件也不尽相同。按照读数装置不同可分为两类：一类是测微尺读数装置；另一类是单平板玻璃测微器读数装置。

(1)测微尺读数装置的光学经纬仪

国产 DJ_6 型光学经纬仪外形及部件名称如图 3-3 所示。它由照准部、水平度盘和基座三个主要部分组成。

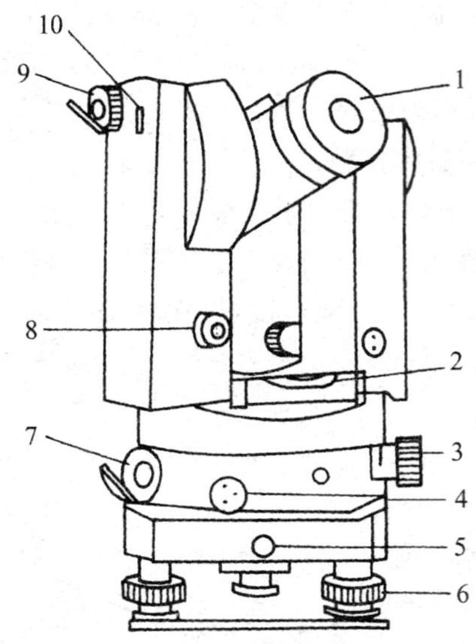

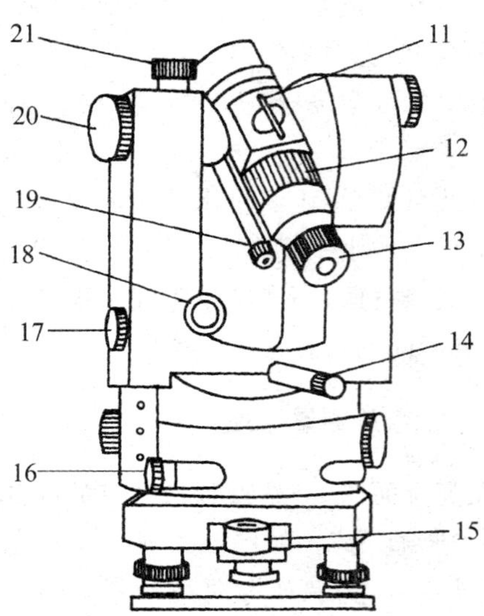

图 3-3 DJ_6 型光学经纬仪

1—望远镜物镜；2—照准部水准管；3—度盘变换手轮；4—水平制动螺旋；5—固定螺旋；6—脚螺旋；7—水平度盘反光镜；8—自动归零旋钮；9—竖直度盘反光镜；10—指标差调位盖板；11—粗瞄器；12—对光螺旋；13—望远镜目镜；14—光学对中器；15—圆水准器；16—水平微动螺旋；17—变换手轮；18—望远镜微动螺旋；19—读数显微镜；20—测微轮；21—望远镜制动螺旋

①照准部

照准部是光学经纬仪的重要组成部分，主要由望远镜、照准部水准管、竖直度盘（简称“竖盘”）、光学对中器、读数显微镜及竖轴等各部分组成。照准部可绕竖轴在水平面内转动，由水平制动螺旋和水平微动螺旋控制。

a. 望远镜：它固连在仪器横轴（又称“水平轴”）上，可绕横轴俯仰转动而照准高低不同的目标，并由望远镜制动螺旋和微动螺旋控制。

b. 照准部水准管：用来精确整平仪器。

c. 竖直度盘：用光学玻璃制成，可随望远镜一起转动，用来测量竖直角。

d. 光学对中器：用来进行仪器对中，即使仪器中心位于过测站点的铅垂线上。

e. 竖盘指标水准管：在竖直角测量中，利用竖盘指标水准管微动螺旋使气泡居中，保证竖盘读数指标线处于正确位置。

f. 读数显微镜：用来精确读取水平度盘和竖直度盘读数。

②水平度盘

水平度盘是由光学玻璃制成的带有刻划和注记的圆盘，装在仪器竖轴上，度盘边缘按顺时针方向在 0°～360°间每隔 1°刻划并注记度数。测角过程中，水平度盘和照准部是分离的，不随照准部一起转动，当转动照准部照准不同方向的目标时，移动的读数指标线便可在固定不动的度盘上读得不同的度盘读数及方向值。如需要变换度盘位置时，可利用仪器上的度盘变换手轮，把度盘变换到需要的读数上。

③基座

基座即仪器的底座。照准部连同水平度盘一起插入基座轴座，用中心锁紧螺旋固紧。在基座下面，用中心连接螺旋把整个经纬仪和三脚架相连接，基座上装有三个脚螺旋，用于整平仪器。

④测微装置

测微装置及测微尺用来量测度盘上不足一个分划间隔的微小角值。测微尺的影像宽度恰好等于度盘上相差1°的两条分划线经光路第一次放大后的宽度，即总宽度为1°，共分60小格，则每格为1′。在测微尺上可直接读到1′，估读到0.1格即6″。每10格加一注记，注记数值为0～6，显然，测微尺上数值注记为整10′的数值。

读数时，先读出位于测微尺0～6之间度盘分划线的度数，再读出该分划线所在处测微尺上的分、秒值，两数之和即为读数结果。

图3-4中，水平度盘读数为109°05′30″，竖直度盘读数为89°01′30″。

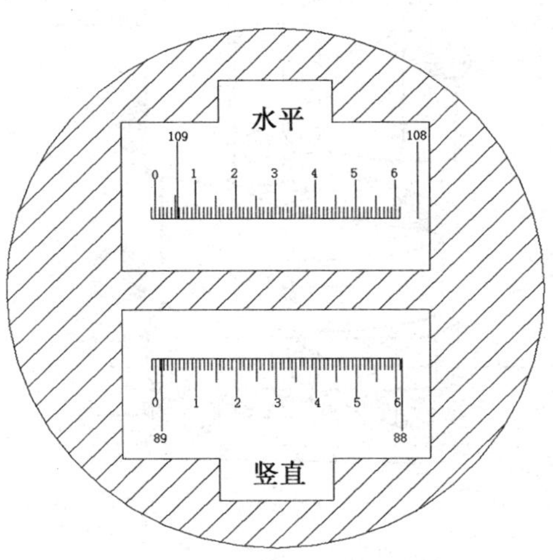

图3-4 测微尺读数窗

(2)单平板玻璃测微器读数装置的光学经纬仪

单平板玻璃测微器的主要部件有单平板玻璃、扇形分划尺和测微轮等。这种仪器度盘格值为30′，扇形分划尺上有90个小格，格值为30′/90=20″。

测角时，当目标瞄准后转动测微轮，用双指标线夹住度盘分划线影像后读数。整度数根据被夹住的度盘分划线读出，不足整度数部分从测微分划尺读出。图3-5中，水平度盘读数为88°42′08″，竖直度盘读数为88°47′26″。

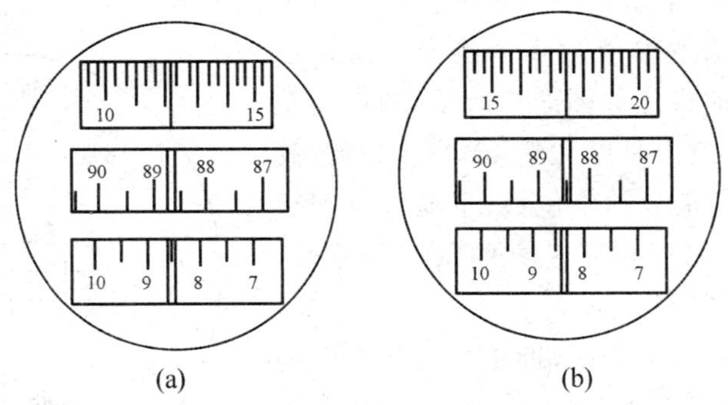

图3-5 单平板玻璃测微器读数窗

2. DJ_2型光学经纬仪

DJ_2型光学经纬仪的构造与DJ_6基本相同，如图3-6所示。两者的区别主要在读数设备和读数方法。

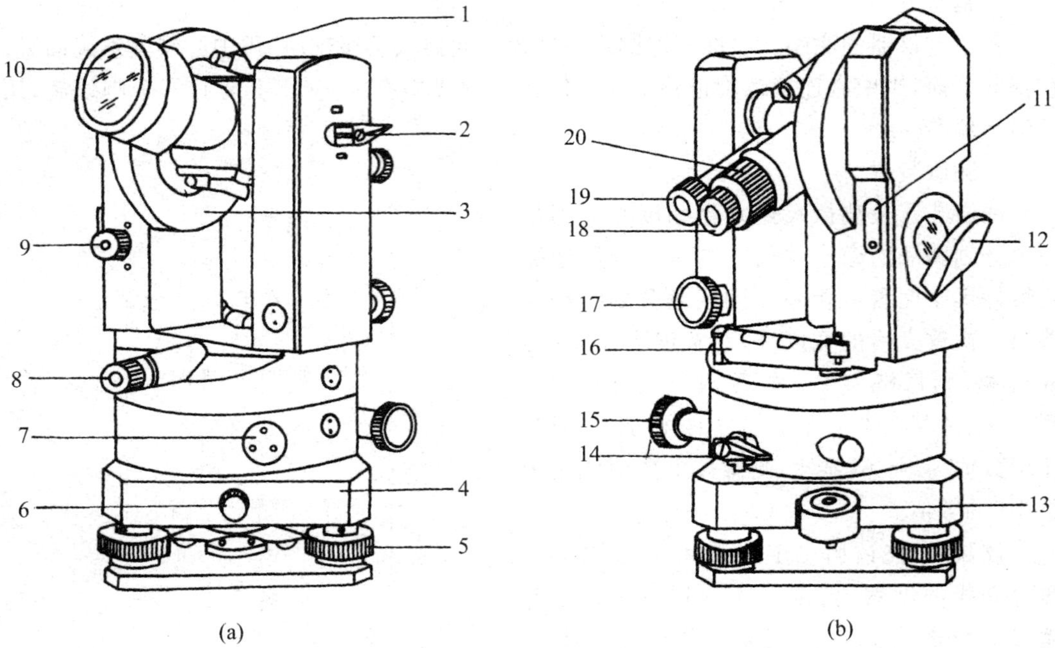

图 3-6　DJ_2 型光学经纬仪

1—粗瞄器；2—望远镜制动螺旋；3—竖盘；4—基座；5—脚螺旋；6—固定螺旋；7—度盘变换手轮；8—光学对中器；9—自动归零旋钮；10—望远镜物镜；11—指标差调位盖板；12—反光镜；13—圆水准器；14—水平制动螺旋；15—水平微动螺旋；16—照准部水准管；17—望远镜微动螺旋；18—望远镜目镜；19—读数显微镜；20—对光螺旋

以北京光学仪器厂生产的 TDJ2E 光学经纬仪为例来说明：

(1)读数设备采用光学数字化结构，以便迅速和正确地读取度盘上的大读数。

(2)测微器采用双光楔测微器，以消除光学测微器隙动差的影响。

(3)竖直度盘指标采用自动安平补偿器，以减小置平误差和提高竖直角观测速度。

该仪器水平度盘的格值为 20′，测微器的格值为 1″。读数显微镜的视场如图 3-7 所示，中窗内是度盘正像分划像；上窗内是度和整 10′的注记数，其中框标“U”内的数字是分的十位数；下窗内是测微尺分划像和注记数，其中位于上方的数字是分数，下方数字是整 10″数。

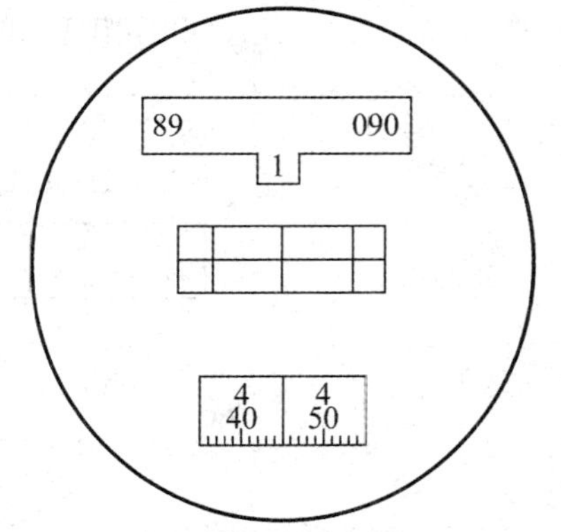

图 3-7　北京 TDJ2E 光学经纬仪读数窗

为了便于读数和避免错误，近年生产的 DJ_2 型光学经纬仪采用了数字化读数窗。中间是度盘对径分划线影像。读数前先用测微轮使影像重合；重合后上面是度盘的度数和整 10′注记，小框是整 10′数；下面是测微秒盘读数。图 3-7 的上窗中，一般会出现两个整度数，如 89，090。正确的度数应是三位数都出现，即 090。读数采用重合读数法，度盘完整读数为 90°14′45″。

3. 光学经纬仪的技术操作

经纬仪的技术操作主要包括安置经纬仪、照准目标、读数或置数等三项内容。

(1)安置经纬仪

进行角度测量时，首先要在测站上安置经纬仪，即进行对中和整平。对中的目的是使仪器中心(或水平度盘中心)与测站点的标志中心位于同一铅垂线上，而整平则是为了使水平度盘处于水平位置。由于经纬仪的对中设备不同，对中和整平的方法步骤也不一样，现分述如下：

①用垂球对中的安置方法

a. 对中

先张开三脚架将其安放在测站点上方，使其高度适中，架头大致水平，并使架顶中心大致对准测站点标志中心。

将仪器放在架头上，并随手拧紧连接仪器和三脚架的中心连接螺旋，挂上垂球。当垂球尖端离开测站点较远时，可平移三脚架使垂球尖端对准测站点；如果垂球尖端与测站点相距较近，可适当放松中心连接螺旋，在三脚架头上缓缓移动仪器，使垂球尖端精确对准测站点。对中完成后，应随手拧紧中心连接螺旋。

b. 整平

先旋转脚螺旋使圆水准器气泡居中，然后松开水平制动螺旋，转动照准部使照准部管水准器平行于任意两个脚螺旋的连线，如图 3-8(a)所示。

根据气泡的偏离方向，两手同时向内或向外旋转脚螺旋，使气泡居中(气泡移动方向与左手大拇指的转动方向一致)。

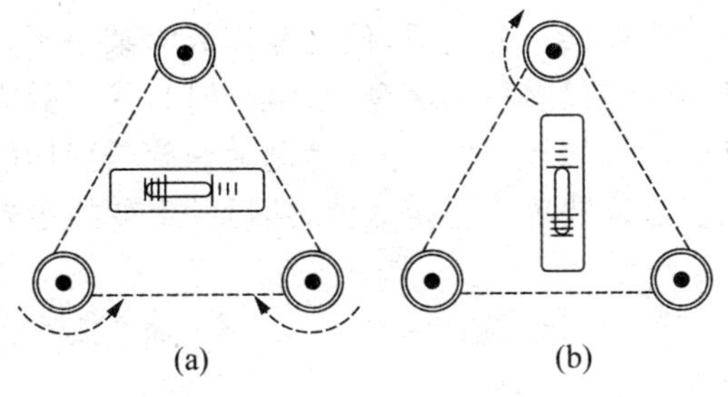

图 3-8　经纬仪整平

转动照准部 90°，如图 3-8(b)所示，旋转第三个脚螺旋使气泡居中。如此反复进行，直至照准部转到任何位置时，气泡都居中为止。

②用光学对中器对中的安置方法

目前生产的经纬仪大多数都装置有光学对中器。使用光学对中器对中，不但精度高，而且受外界条件影响小，在工作中被广泛使用。该项操作需使对中和整平反复交替进行，其操作步骤如下：

a. 将仪器三脚架安放在测站点上，目估使架头水平，并使架头中心大致对准测站点标志中心。

b. 装上仪器，先将经纬仪的三个脚螺旋旋转到大致同高的位置上，再调节(旋转或抽动)光学对中器的目镜，使对中器内分划板上的圆圈(简称"照准圈")和地面测站点标志同时清晰；然后，固定一条架腿，移动其余两架腿，使照准圈大致对准测站点标志，并踩踏三脚架腿，使其稳固地插入地面。

c. 对中：旋转脚螺旋，使照准圈精确对准测站点标志。

d. 粗平：根据气泡偏离情况，分别伸长或缩短三脚架腿，使圆水准器气泡居中。

e. 精平：用前面垂球对中所述整平方法，使照准部管水准器气泡精确居中。

f. 检查仪器对中情况，若测站点标志不在照准圈中心且偏移量较小，可松开仪器中心连接螺旋，在架顶上平移仪器使其精确对中，再重复步骤⑤进行整平。

如偏移量过大，则重复操作③④⑤的步骤，直至对中和整平均达到要求为止。

(2)照准目标

松开水平和望远镜制动螺旋，调节望远镜目镜使十字丝清晰；利用望远镜上的准星或粗瞄器粗略照准目标并拧紧制动螺旋；调节物镜调焦螺旋使目标清晰并消除视差；利用水平和望远镜微动螺旋精确照准目标。

照准时应注意：水平角观测时要尽量照准目标底部。目标离仪器较近时，成像较大，可用单丝平分目标；目标离仪器较远时，可用双丝夹住目标或用单丝和目标重合。竖直角观测时应照准目标顶部或某一预定部位。

(3)读数或置数

①读数

读数方法如前所述。读数时要注意两点：一是应打开度盘照明反光镜，并调节反光镜方向使读数窗内亮度最大；二是应调节读数显微镜目镜使度盘影像清晰。

②置数

在水平角观测或建筑工程施工放样中，常常需要使某一方向的读数为零或某一预定值。照准某一方向时，使度盘读数为某一预定值的工作称为“置数”。测微尺读数装置的光学经纬仪多采用度盘变换器结构，其置数方法可归纳为“先照准后置数”，即先精确照准目标，并固紧水平和望远镜制动螺旋，再打开度盘变换手轮保险装置，转动度盘变换手轮，使度盘读数等于预定数值，然后关上变换手轮保险装置。

任务二　角度测量

一、水平角测量

水平角的观测方法一般应根据照准目标的多少而定，常用的有测回法和方向观测法。

1. 测回法

测回法只适用于观测两个照准目标的单角。

如图 3-9 所示，需测 BA，BC 两方向之间的水平角，先将经纬仪安置在测站 B 上，并在 A，C 两点上分别设置照准标志(竖立花杆或测钎)，其观测方法和步骤如下：

(1)使仪器竖盘位于望远镜左边(称“盘左”或“正镜”)，照准目标 C，按置数方法配置起始读数，读取水平度盘读数为 $a_{左}$，记入观测手簿。

(2)松开水平制动螺旋，顺时针方向转动照准部照准目标 A，读取水平度盘读数为 $b_{左}$，记入观测手簿。

以上两步骤称为“上半测回”(或“盘左半测回”)，测得角值为：

$$\beta_{左}=b_{左}-a_{左} \tag{3-1}$$

(3)纵转望远镜，使仪器竖盘位于望远镜右边(称“盘右”或“倒镜”)，照准目标 A，读取水平度盘读数为 $b_{右}$，记入观测手簿。

(4)逆时针方向转动照准部，照准目标 C，读取水平度盘读数为 $a_{右}$，记入观测手簿。

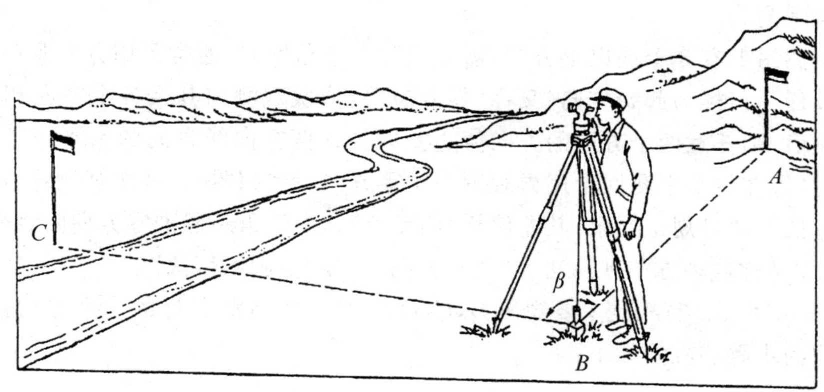

图 3-9　测回法观测

以上(3)(4)两步骤称为“下半测回”(或“盘右半测回”),测得角值为:

$$\beta_{右}=b_{右}-a_{右} \tag{3-2}$$

上、下两个半测回合称为“一个测回”。当两个半测回角值之差不超过限差要求时,取其平均值作为一测回观测成果,即:

$$\beta=\frac{1}{2}(\beta_{左}+\beta_{右}) \tag{3-3}$$

为了提高观测精度,常需观测多个测回;为了减弱度盘分划误差的影响,各测回应均匀分配在度盘不同位置进行观测。若要观测 n 个测回,则每测回起始方向读数应递增 $180°/n$。例如,当需要观测 3 个测回时,每测回应递增 $180°/3=60°$,即每测回起始方向读数应依次配置在 0°,60°,120°或稍大的读数处。各测回角值之差称为“测回差”,应不超过 36″。当测回差满足限差要求时,取各测回平均值作为本测站水平角观测成果。表 3-1 为测回法两个测回的记录及计算格式。

表 3-1　　**测回法的观测记录手簿**

测站	竖盘位置	目标	水平度盘读数	半测回角值	一测回平均值	各测回平均值	备注
B	左	C	0°01′12″	96°23′24″	96°23′27″	96°23′24″	第一测回
		A	96°24′36″				
	右	C	180°01′24″	96°23′30″			
		A	276°24′54″				
B	左	C	90°00′00″	96°23′12″	96°23′21″		第二测回
		A	186°23′12″				
	右	C	270°00′24″	96°23′30″			
		A	6°23′54″				

2. 方向观测法

当一个测站上有 3 个或以上方向，需要观测多个角度时，通常采用方向观测法。方向观测法是以任一目标为起始方向（又称“零方向”），依次观测出其余各个方向相对于起始方向的方向值，则任意两个方向的方向值之差即为该两方向线之间的水平角。当方向数超过 3 个时，须在每个半测回末尾再观测一次零方向（称“归零”），两次观测零方向的读数应相等或差值不超过规定要求，其差值称“归零差”。由于重新照准零方向时，照准部已旋转了 360°，故又称这种方向观测法为“全圆方向法”或“全圆测回法”。

如图 3-10 所示，在 A 点上要观测 B,C,D,E 共 4 个待测目标的水平方向值，用方向观测法观测的步骤和方法如下：

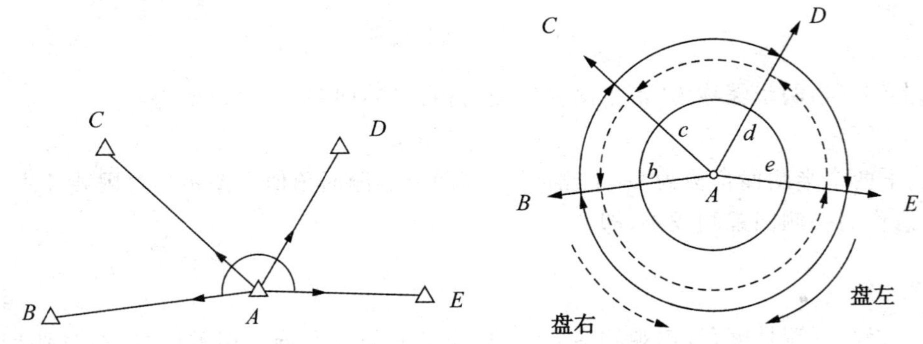

图 3-10　方向观测法

（1）盘左位置

①测站 A 上安置经纬仪，选 B 点作为起始方向，在盘左位置，大致瞄准目标后，旋转水平度盘变换轮，配置度盘。

②精确瞄准目标 B，读取水平度盘读数 b_1。

③按顺时针方向依次照准 C,D,E，并读取度盘读数 c,d,e。

④继续顺时针方向旋转照准部，再次瞄准目标 B，读取水平度盘读数 b_2，读数 b_1 与 b_2 之差称为“半测回归零差”（盘左）。若该差在允许范围内，则取 b_1 和 b_2 的平均值。

（2）盘右位置

①逆时针方向转动照准部，瞄准目标 B，读取水平度盘读数 b_1'。

②继续逆时针方向旋转照准部，再次瞄准目标 B，读取水平度盘读数 b_2'，读数 b_1' 与 b_2' 之差为盘右半测回归零差，其限差规定同盘左。若半测回归零差在允许范围内，则取 b_1' 和 b_2' 的平均值。

以上为方向观测法一个测回的观测，其观测记录见表 3-2。

表 3-2 方向观测法的观测记录手簿

测站	测回	目标	读数		2c=左－(右±180°)	平均读数=1/2[左+(右±180°)]	归零方向值	各测回归零方向值之平均值
			盘左	盘右				
A	1	B	0°01′06″	180°01′12″	－6″	(0°01′06″) 0°01′09″	0°00′00″	
		C	50°11′12″	230°11′18″	－6″	50°11′15″	50°10′09″	
		D	130°15′24″	310°15′30″	－6″	130°15′27″	130°14′21″	
		E	176°04′42″	356°04′36″	＋6″	176°04′39″	176°03′33″	
		B	0°01′00″	180°01′06″	－6″	0°01′03″		
		$\Delta_{左}=-6''$ $\Delta_{右}=+6''$						
A	2	B	90°03′12″	270°03′18″	－6″	(90°03′12″) 90°03′15″	0°00′00″	0°00′00″
		C	140°13′18″	320°13′12″	＋6″	140°13′15″	50°10′03″	50°10′06″
		D	220°17′24″	40°17′30″	－6″	220°17′27″	130°14′15″	130°14′18″
		E	266°06′54″	86°06′48″	＋6″	266°06′52″	176°03′40″	176°03′36″
		B	90°03′06″	270°03′12″	－6″	90°03′09″		
		$\Delta_{左}=-6''$ $\Delta_{右}=+6''$						

当观测方向多于 3 个时，采用方向观测法。

在一个测回中，同一方向的盘左、盘右水平度盘读数之差称为“$2c$ 值”，$2c$ 值为一个常数，各个方向的 $2c$ 值的变化是方向观测中偶然误差的反映。如果 $2c$ 的变化没有超限，则对于每一个方向取盘左、盘右的平均数，称为“方向值”。

为了方便各测回方向值的比较和计算其平均值，通常将各个测回中第一个目标的方向值化为 0°00′00″，然后用其余目标的方向值减去第一目标的方向值，计算出对应目标的值，称为“归零方向值”。

(3)表格记录说明

①记录顺序。盘左自上而下，盘右自下而上。

②计算 $2c$ 值。$2c$ 值即视准误差的两倍值，$2c$ ＝盘左读数－(盘右读数±180°)，$2c$ 本身为一常数，故 $2c$ 的变化可作为观测质量检查的一个指标。

③计算半测回归零差 Δ＝零方向归零方向值－零方向起始方向值。

$$\Delta_{左}=0°01'00''-0°01'06''=-6''$$

$$\Delta_{右}=180°01'12''-180°01'06''=+6''$$

④计算一测回盘左、盘右方向平均值。当 $2c$ 变化不大时，取盘左、盘右读数的均值作该方向一测回的最终方向值(只计算秒值)。

⑤归零方向值的计算。先取零方向 A 的平均值(4 个值的平均值),并令其为 $0°00'00''$,其他各方向的方向值均减去第一个方向的方向值,计算结果称为“归零方向值”。

⑥在各测回同一方向的方向值互差不超限的情况下,对各观测方向取平均值作最终值。

二、竖直角测量

1. 竖直角的计算

由于竖盘注记形式不同,竖直角计算的公式也不一样。现在以顺时针注记的竖盘为例,如图 3-11 所示,推导竖直角计算的公式。

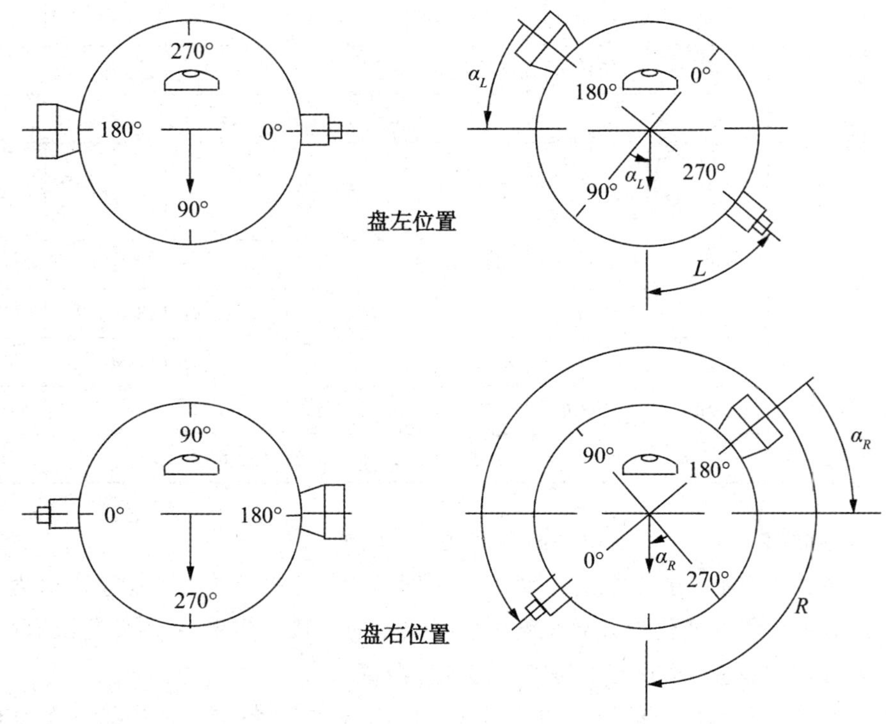

图 3-11　竖盘读数与竖直角计算

盘左位置:视线水平时,竖盘读数为 90°。当瞄准一目标时,竖盘读数为 L,则盘左竖直角 α_L 为:

$$\alpha_L = 90° - L \tag{3-4}$$

盘右位置:视线水平时,竖盘读数为 270°。当瞄准原目标时,竖盘读数为 R,则盘右竖直角 α_R 为:

$$\alpha_R = R - 270° \tag{3-5}$$

将盘左、盘右位置的两个竖直角取平均值,即得竖直角 α 的计算公式为:

$$\alpha = \frac{1}{2}(\alpha_L + \alpha_R) = \frac{1}{2}(R - L - 180°) \tag{3-6}$$

对于逆时针注记的竖盘,用类似的方法推得竖直角的计算公式为:

$$\alpha_L = L - 90^\circ \tag{3-7}$$

$$\alpha_R = 270^\circ - R \tag{3-8}$$

在观测竖直角之前，将望远镜大致放置水平，观察竖盘读数，首先确定视线水平时的读数；然后上仰望远镜，观测竖盘读数是增加还是减少。

若读数增加，则竖直角的计算公式为：

α＝瞄准目标时竖盘读数－视线水平时竖盘读数

若读数减少，则竖直角的计算公式为：

α＝视线水平时竖盘读数－瞄准目标时竖盘读数

以上规定，适合任何竖直度盘注记形式和盘左、盘右观测。

2.竖盘指标差

上述竖直角计算公式的推导条件，是在假定视线水平、竖盘指标水准管气泡居中，读数指标线处于正确位置的情况下得出的。实际工作中，读数指标线往往偏离正确位置，与正确位置相差一小角值 x，该角值称为“指标差”，如图 3-12 所示。也就是说，竖盘指标偏离正确位置而产生的读数误差称为“指标差”。

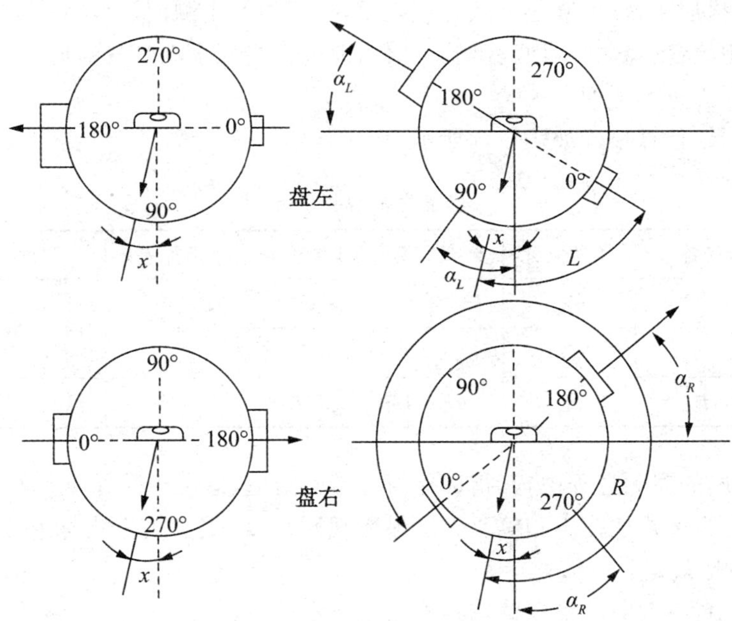

图 3-12　竖盘指标差

指标差对竖直角的影响从图 3-12 中可以看出：

盘左时
$$\alpha_L = 90^\circ - (L - x) \tag{3-9}$$

盘右时
$$\alpha_R = (R - x) - 270^\circ \tag{3-10}$$

两式相加取平均值得：

$$\alpha = \frac{1}{2}(R - L - 180^\circ) \tag{3-11}$$

两式相减得：

$$x=\frac{1}{2}(L+R-360°) \tag{3-12}$$

式(3-12)即为竖盘指标差计算公式。

通过上述分析可得到如下结论：

(1)从式(3-11)可看出，用盘左、盘右观测取平均值可消除指标差影响。

(2)当只用盘左或盘右观测时，应在计算竖直角时加入指标差改正。即可按式(3-12)求得 x 后，再按式(3-9)或式(3-10)计算竖直角。计算时应带有正负号。

(3)指标差的值有“+”、有“−”，当指标线沿度盘注记方向偏移时，造成读数偏大，则 x 为“+”；反之，x 为“−”。

3. 竖直角观测

将仪器安置在测站点上，按下列步骤进行观测：

(1)在测站上安置经纬仪，量取仪器高(测站点标志顶端至仪器竖盘中心位置的高度)。

(2)盘左位置用横丝中丝精确照准目标，调节竖盘指标水准管微动螺旋，使竖盘指标水准管气泡严格居中，读取竖盘读数并记入手簿，即为上半测回。

(3)纵转望远镜，盘右照准目标同一部位，使竖盘指标水准管气泡居中，读取竖盘读数并记入手簿，即为下半测回。

竖直角记录、计算格式如表 3-3 所示。

表 3-3　　竖直角的观测手簿

测站	目标	竖盘位置	竖盘读数	半测回角	指标差	一测回角	备注
O	A	左	75°43′00″	14°17′00″	00″	14°17′00″	竖盘为顺时针注记
		右	284°17′00″	14°17′00″			
	B	左	106°06′42″	−16°06′42″	06″	−16°06′36″	

在一个测站的观测过程中，其指标差值应是固定值，但由于受外界条件和观测误差的影响，各方向的指标差往往不相等。为了保证观测精度，需要规定指标差变化的限差，对 DJ 型经纬仪一般规定：

同一测回中，各方向的指标差互差不超过 24″。

同一方向各测回竖直角互差不超过 24″。

若指标差互差和竖直角互差符合要求，则取各测回同一方向竖直角的平均值作为各方向竖直角的最后结果。

4. 角度观测的误差及注意事项

角度观测误差的来源大致可归纳为三种类型：仪器误差、观测误差和外界条件的影响。

(1)仪器误差

仪器误差可分为两类：第一类是仪器制造加工不完善而引起的误差，主要有度盘分划不均匀误差、照准部偏心差(照准部旋转中心与度盘分划中心不一致)和水平度盘偏心差

(度盘旋转中心与度盘分划中心不一致),这一类误差一般都很小,并且大多数都可以在观测过程中采取相应的措施消除或减弱它们的影响。例如:通过观测多个测回,并在测回间变换度盘位置,使读数均匀地分布在度盘各个位置,以减小度盘分划误差的影响;水平度盘和照准部偏心差的影响可通过盘左、盘右观测取平均值消除。第二类是检验和校正后的残余误差。它主要是仪器的三轴误差,即视准轴误差、横轴误差和竖轴误差。其中,视准轴误差和横轴误差均可通过盘左、盘右观测取平均值消除,而竖轴误差不能通过正倒镜观测消除。因此,在观测前除应认真检查、校正照准部水准管,还应仔细地进行整平。

(2)观测误差

①仪器对中误差

水平角观测时,由于仪器对中不精确,致使仪器中心没有对准测站点的铅垂线上的误差,称为"对中误差"。

对中误差对水平角的影响与待测水平角边长成反比。因此,在边长较短或观测角度接近 180°时,应特别注意对中。

②目标偏心误差

因照准标志没有竖直,使照准部位和地面测站点不在同一铅垂线上,将产生照准点上的目标偏心误差。其影响与仪器对中误差的影响类同,因此,进行水平角观测时,应将观测标志竖直,并尽量照准目标底部;当边长较短时,更应特别注意精确照准。

③整平误差

因照准部水准管气泡不居中,将导致竖轴倾斜而引起角度误差,该项误差不能通过正、倒镜观测消除。竖轴倾斜对水平角的影响,和测站点到目标点的高差成正比。因此,在观测过程中,尤其是在山区作业时,应特别注意整平。

④照准误差

照准误差与人眼的分辨能力和望远镜放大率有关。一般认为,人眼的分辨率为 60″。若借助于放大倍率为 V 倍的望远镜,则分辨能力就可以提高 V 倍,故照准误差为 $60''/V$。DJ_6 型经纬仪放大倍率一般为 28 倍,故照准误差大约为±2.1″。在观测过程中,若观测员操作不正确或视差没有消除,都会产生较大的照准误差。因此,观测时应仔细地做好调焦和照准工作。

⑤读数误差

读数误差与读数设备、照明情况和观测员的经验有关,主要取决于读数设备。DJ_6 型经纬仪一般只能估读到±6″,如照明条件不好、操作不熟练或读数不仔细,读数误差可能超过±6″。

(3)外界条件的影响

角度观测是在自然界中进行的,自然界各种因素都会对观测精度产生影响。例如,地面不坚实或刮风会使仪器不稳定;大气能见度的好坏和光线的强弱会影响照准和读数;温度变化使仪器各轴线几何关系发生变化等。要完全消除这些影响是不可能的,只能采取一些措施,如选择成像清晰、稳定的天气条件和时间段观测,观测中给仪器打伞避免阳光对仪器直接照射等,以减弱外界不利因素的影响。

任务三　光学经纬仪的检验与校正

一、经纬仪各轴线应满足的几何条件

如图 3-13 所示，经纬仪的主要轴线有竖轴 VV、横轴 HH、视准轴 CC 和水准管轴 LL。经纬仪各轴线之间应满足以下几何条件：

(1)水准管轴 LL 垂直于竖轴 VV；

(2)十字丝竖丝垂直于横轴 HH；

(3)视准轴 CC 垂直于横轴 HH；

(4)横轴 HH 垂直于竖轴 VV；

(5)竖盘指标差小于规定的数值；

(6)圆水准轴 $L'L'$ 平行于纵轴 VV。

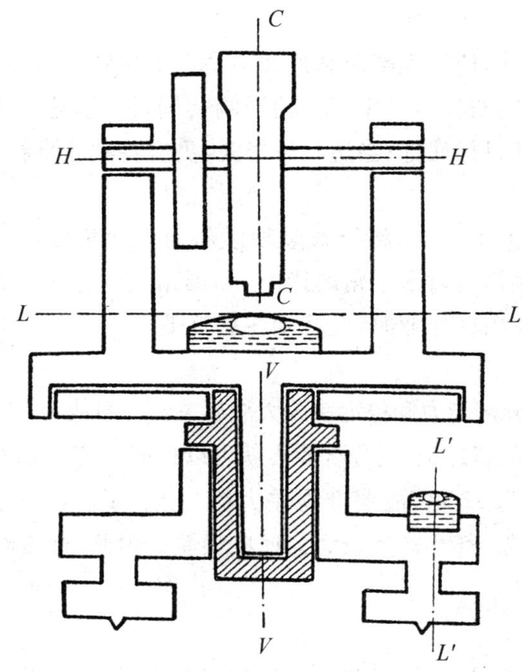

图 3-13　经纬仪各轴线

经纬仪各轴线只有满足上述几何条件，才能得到正确的角度观测值。经纬仪在使用前或使用一段时间后，应进行检验，如发现不能满足上述几何条件，则需要进行校正。

二、经纬仪的检验与校正

1. 水准管轴 LL 垂直于竖轴 VV 的检验与校正

(1)检验

首先利用圆水准器粗略整平仪器，然后转动照准部使水准管平行于任意两个脚螺旋的连线方向，调节这两个脚螺旋使水准管气泡居中，再将仪器旋转 180°。如水准管气泡仍居中，说明水准管轴与竖轴垂直；若气泡不再居中，则说明水准管轴与竖轴不垂直，需要校正。

(2)校正

如图 3-14(a)所示，设水准管轴与竖轴不垂直，倾斜了 α 角，当水准管气泡居中时，竖轴与铅垂线的夹角为 α。将仪器绕竖轴旋转 180°后，竖轴位置不变，而水准管轴与水平线的夹角为 2α，如图 3-14(b)所示。

校正时，先相对旋转这两个脚螺旋，使气泡向中心移动偏离值的一半，如图 3-14(c)所示，此时竖轴处于竖直位置。然后用校正针拨动水准管一端的校正螺丝，使气泡居中，如图 3-14(d)所示，此时水准管轴处于水平位置。

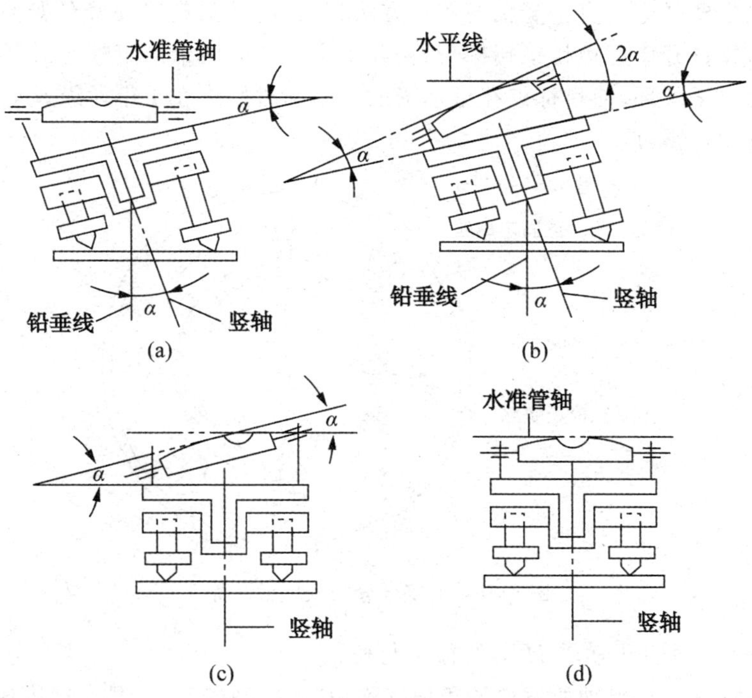

图 3-14 照准部水准管轴的检验与校正

此项检验与校正比较精细，应反复进行，直至照准部旋转到任何位置，气泡偏离零点均不超过半格为止。

2. 十字丝竖丝垂直于横轴 HH 的检验与校正

(1)检验

首先整平仪器，用十字丝交点精确瞄准一明显的点状目标，如图 3-15 所示，然后制动照准部和望远镜，转动望远镜微动螺旋使望远镜绕横轴作微小俯仰。如果目标点始终在竖丝上移动，说明条件满足，如图 3-15(a)所示；否则需要校正，如图 3-15(b)所示。

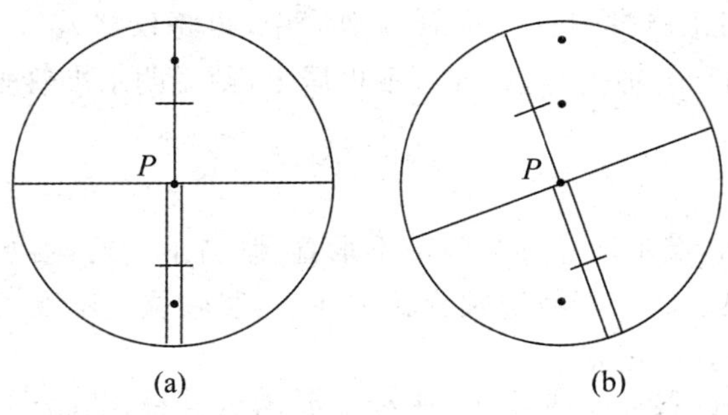

图 3-15　十字丝的竖丝

(2)校正

与水准仪中横丝应垂直于竖轴的校正方法相同,此处只是应使竖丝竖直。如图 3-16 所示,校正时,先打开望远镜目镜端护盖,松开十字丝环的四个固定螺丝,按竖丝偏离的反方向微微转动十字丝环,使目标点在望远镜上下俯仰时始终在十字丝纵丝上移动为止,最后旋紧固定螺丝拧紧,旋上护盖。

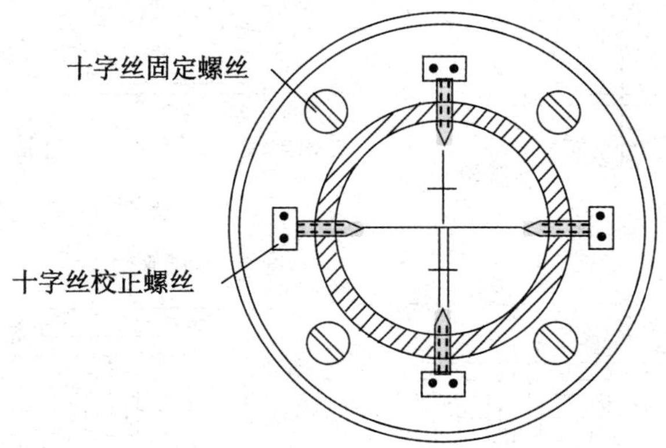

图 3-16　十字丝分划板校正设备

3. 视准轴 CC 垂直于横轴 HH 的检验与校正

视准轴不垂直于水平轴所偏离的角值 c 称为“视准轴误差”。具有视准轴误差的望远镜绕水平轴旋转时,视准轴将扫过一个圆锥面,而不是一个平面。

(1)检验

视准轴误差的检验方法有盘左、盘右读数法和四分之一法两种,下面具体介绍四分之一法的检验方法。

在平坦地面上,选择相距约 100 m 的 A,B 两点,在 AB 连线中点 O 处安置经纬仪,如图3-17所示,并在 A 点设置一瞄准标志,在 B 点横放一根刻有毫米分划的直尺,使直尺垂直于视线 OB,A 点的标志、B 点横放的直尺应与仪器大致同高。

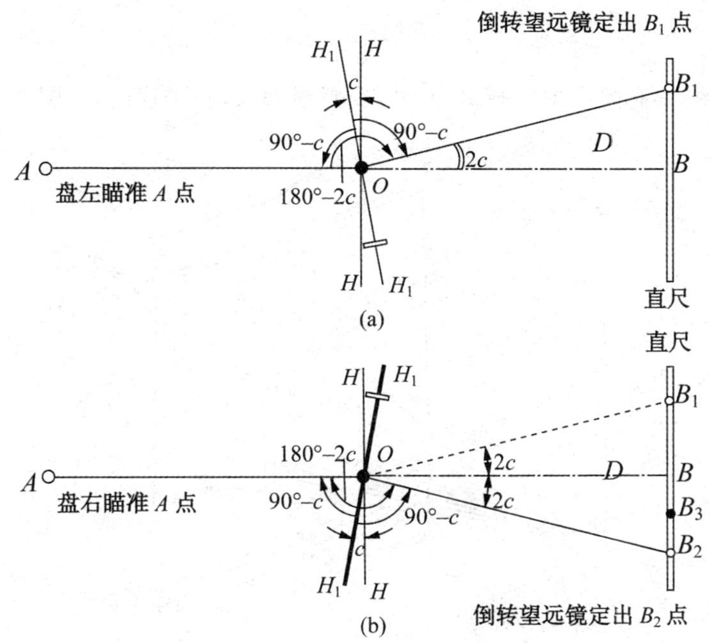

图 3-17　视准轴误差的检验与校正

用盘左位置瞄准 A 点，制动照准部，然后倒转望远镜，在 B 点尺上读得 B_1，如图3-17(a)所示。

用盘右位置再瞄准 A 点，制动照准部，然后倒转望远镜，再在 B 点尺上读得 B_2，如图3-17(b)所示。

如果 B_1 与 B_2 两读数相同，说明视准轴垂直于横轴。如果 B_1 与 B_2 两读数不相同，由图 3-17(b)可知，$\angle B_1OB_2=4c$，由此算得

$$c=\frac{B_1B_2}{4D}\rho \tag{3-13}$$

式中：D——O 到 B 点的水平距离，m；

B_1B_2——B_1 与 B_2 的读数差值，m；

ρ——一弧度秒值，$\rho=206265''$。

对于 DJ_6 型经纬仪，如果 $c>60''$，则需要校正。

(2)校正

校正时，在直尺上定出一点 B_3，使 $B_2B_3=B_1B_2/4$，OB_3 便与横轴垂直。打开望远镜目镜端护盖，用校正针先松十字丝上、下的十字丝校正螺丝，再拨动左、右两个十字丝校正螺丝，一松一紧，左右移动十字丝分划板，直至十字丝交点对准 B_3。

此项检验与校正也需反复进行。

4.横轴 HH 垂直于竖轴 VV 的检验与校正

若横轴不垂直于竖轴，则仪器整平后竖轴虽已竖直，横轴并不水平，因而视准轴绕倾斜的横轴旋转所形成的轨迹是一个倾斜面。这样，当瞄准同一铅垂面内高度不同的目标点时，水平度盘的读数并不相同，从而产生测角误差，影响测角精度，因此必须进行检验与

校正。

(1)检验

第一步,在距一垂直墙面 20～30 m 处,安置经纬仪,整平仪器,如图 3-18 所示。

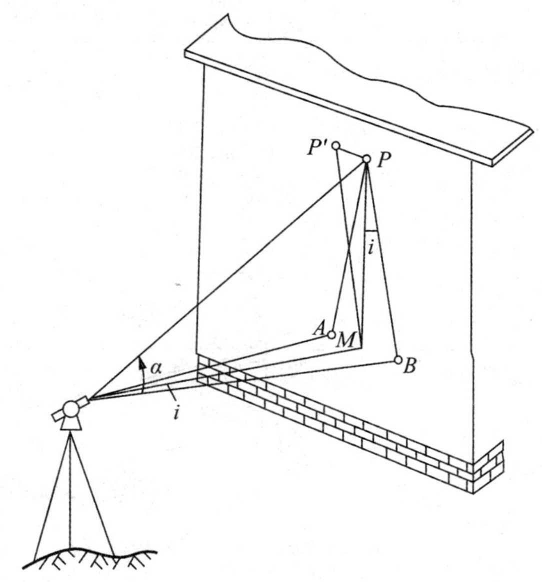

图 3-18　横轴垂直于竖轴的检验与校正

第二步,盘左位置,瞄准墙面上高处一明显目标 P,仰角宜在 30°左右。

第三步,固定照准部,将望远镜置于水平位置,根据十字丝交点在墙上定出一点 A。

第四步,倒转望远镜成盘右位置,瞄准 P 点,固定照准部,再将望远镜置于水平位置,定出点 B。

如果 A,B 两点重合,说明横轴是水平的,横轴垂直于竖轴;否则,需要校正。

(2)校正

第一步,在墙上定出 A,B 两点连线的中点 M,仍以盘右位置转动水平微动螺旋,照准 M 点,转动望远镜,仰视 P 点,这时十字丝交点必然偏离 P 点,设为 P' 点。

第二步,打开仪器支架的护盖,松开望远镜横轴的校正螺丝,转动偏心轴承,升高或降低横轴的一端,使十字丝交点准确照准 P 点,最后拧紧校正螺丝。

此项检验与校正也需反复进行。

由于光学经纬仪密封性好,仪器出厂时又经过严格检验,一般情况下横轴不易变动。但测量前仍应加以检验,如有问题,最好送专业修理单位检修。近代高质量的经纬仪,设计制造时保证了横轴与竖轴垂直,故无须校正。

5. 竖盘水准管的检验与校正

(1)检验

安置经纬仪,仪器整平后,用盘左、盘右观测同一目标点 A,分别使竖盘指标水准管气泡居中,读取竖盘读数 L 和 R,计算竖盘指标差 x。若 x 值超过 1′时,需要校正。

(2)校正

先计算出盘右位置时竖盘的正确读数 $R_0=R-x$,原盘右位置瞄准目标 A 不动,然后转动竖盘指标水准管微动螺旋,使竖盘读数为 R_0,此时竖盘指标水准管气泡不再居中了,用校正针拨动竖盘指标水准管一端的校正螺丝,使气泡居中。

此项检验和校正需反复进行,直至指标差小于规定的限度为止。

职业能力训练

训练一　DJ_6 型光学经纬仪的认识与操作

1. 训练目标

认识并熟悉 DJ_6 型光学经纬仪的构造与各部件的功能,掌握 DJ_6 型光学经纬仪的技术操作方法。

2. 训练条件

室外平地,DJ_6 型光学经纬仪 1 台、记录板 1 块、测伞 1 把、花杆 2 根。

3. 操作步骤

(1)熟悉 DJ_6 型光学经纬仪各部件的名称及作用。

(2)经纬仪的安置。

(3)瞄准读数。

4. 注意事项

保护经纬仪的安全,养成爱护仪器的好习惯。

训练二　DJ_2 型光学经纬仪的认识与操作

1. 训练目标

认识并熟悉 DJ_2 型经纬仪的构造及各部件的功能,熟练掌握 DJ_2 型经纬仪的安置方法,熟悉并掌握 DJ_2 型经纬仪的读数方法,并了解与 DJ_6 型光学经纬仪的区别。

2. 训练条件

室外平地,DJ_2 型光学经纬仪 1 台、记录板 1 块、测伞 1 把、花杆 2 根。

3. 操作步骤

(1)认识 DJ_2 型光学经纬仪的构造。

(2)练习 DJ_2 型光学经纬仪的安置。

(3)练习照准目标并利用符合读数装置进行读数。

4. 注意事项

保护经纬仪的安全,养成爱护仪器的好习惯。

训练三　测回法测量水平角

1. 训练目标

进一步熟悉经纬仪的构造、安置和技术操作方法,掌握测回法观测水平角。

2. 训练条件

室外平地，经纬仪 1 台、记录板 1 块、测伞 1 把、花杆 2 根。

3. 操作步骤

(1)测站点上安置仪器。

(2)选择两个明显的固定点作为观测目标或用花杆标定两个目标。

(3)按照要求进行观测读数并记录(先盘左，自左目标点按顺时针向右目标点依次瞄准读数；再盘右，自右目标点按逆时针向左目标点依次瞄准读数)，并求算其水平角值。

4. 注意事项

如果观测不止一个测回，而是要观测 n 个测回，那么在每测回要重新设置水平度盘起始读数。即对左方目标每测回在盘左观测时，水平度盘应设置 $180°/n$ 的整倍数来观测。

5. 实训报告

测站	测回	竖盘位置	目标	水平度盘读数	半测回角值	一测回角值	各测回平均角值	备注

训练四　方向观测法测量水平角

1. 训练目标

掌握方向观测法的观测程序，掌握方向观测法的精度要求及重测原则。

2. 训练条件

室外平地，经纬仪 1 台、记录板 1 块、测伞 1 把、花杆多根。

3. 操作步骤

(1)了解起始方向度盘读数位置的变换规则，掌握度盘配置的方法。

(2)计算半测回归零差。

(3)练习方向观测法观测水平角。

4. 注意事项

如果观测不止一个测回，而是要观测 n 个测回，那么在每测回要重新设置水平度盘起始读数。即对左方目标每测回在盘左观测时，水平度盘应设置 $180°/n$ 的整倍数来观测。

5. 实训报告

测回	测站	目标	水平度盘读数		平均读数	一测回归零方向值	各测回归零方向值	水平角	备注
			盘左	盘右					
		$\Delta_{左}=$ $\Delta_{右}=$							

训练五　竖直角测量

1. 训练目标

熟悉竖直度盘的标识，掌握竖直角的测量方法及步骤，掌握竖直角及竖盘指标差的记录、计算方法。

2. 训练条件

室外平地，经纬仪 1 台、记录板 1 块、记录纸、测伞 1 把。

3. 操作步骤

(1)在某指定点上安置经纬仪，盘左、盘右分别精确瞄准某一目标，通过抬高望远镜物镜，求竖直角和竖盘指标差的计算公式。

(2)按照盘左、盘右分别照准目标，读数并记录。

(3)计算竖直角。

4. 注意事项

区别于水平角的测量，注意变换手轮的使用。

5. 实训报告

目标	竖盘位置	竖盘读数	半测回竖直角	指标差	一测回竖直角	备注

训练六　DJ_6型(DJ_2型)光学经纬仪的检验与校正

1. 训练目标

通过 DJ_6 型(DJ_2 型)光学经纬仪的检验与校正,认识 DJ_6 型(DJ_2 型)光学经纬仪的主要轴线及它们之间应具备的几何关系,熟悉 DJ_6 型(DJ_2 型)光学经纬仪的检验与校正方法。

2. 训练条件

室外平地,DJ_6 型(DJ_2 型)光学经纬仪 1 台、记录板 1 块、测伞 1 把、校正针 1 根。

3. 操作步骤

(1)指导教师讲解各项检验与校正的过程及操作要领。

(2)照准部水准管轴垂直于仪器竖轴的检验与校正。

(3)十字丝竖丝的检验与校正。

(4)视准轴的检验与校正。

(5)横轴的检验与校正。

(6)竖盘指标装置的检验与校正。

(7)光学对中器的检验与校正。

4. 注意事项

保护仪器的安全,养成爱护仪器的好习惯。

同步测试

一、填空题

1. 水平角的变化范围是________;竖直角的变化范围是________。
2. DJ_2 型经纬仪主要由________、________和________三部分组成。
3. 经纬仪的使用包括________、________、________、________等基本操作。

二、单选题

1. 采用盘左、盘右的水平角观测方法,可以消除(　　)误差。

A. 对中　　B. 十字丝的竖丝不铅垂

C. 视准轴不垂直于横轴　　D. 整平

2. 某测站点与两个不同高度的目标点位于同一竖直面内,那么其构成的水平角为(　　)。

A. 60°　　B. 90°　　C. 0°　　D. 180°

3. 观测水平角时若总共要求测量 3 测回,则各测回盘左起始方向水平度盘读数应该分别安置为(　　)。

A. 60°,120°,180°　　B. 0°,60°,120°

C. 30°,90°,150°　　D. 0°,30°,60°

4. 经纬仪的竖盘按顺时针方向注记，当视线水平时，盘左竖盘读数为 90°。用该仪器观测一高处目标，盘左读数为 75°10′24″，则此目标的竖直角为(　　)。

A. 57°10′24″　　B. −14°49′36″　　C. 14°49′36″

5. 竖直指标水准管气泡居中的目的是(　　)。

A. 使度盘指标处于正确位置

B. 使竖盘处于铅垂位置

C. 使竖盘指标指向 90°

6. 测定一点竖直角时，若仪器高不同，但都瞄准目标同一位置，则所测竖直角(　　)。

A. 相同　　B. 不同　　C. 可能相同也可能不同

7. 用测回法观测水平角，测完上半测回后，发现水准管气泡偏离 2 格多，在此情况下应(　　)。

A. 继续观测下半测回

B. 整平后观测下半测回

C. 整平后全部重测

8. 经纬仪安置时，整平的目的是使仪器的(　　)。

A. 竖轴位于铅垂位置，水平度盘水平

B. 水准管气泡居中

C. 竖盘指标处于正确位置

9. DJ_6 型经纬仪竖盘指标差 x 的计算公式为(　　)。

A. $x=\frac{L-R+360°}{2}$　　B. $x=\frac{L+R-360°}{2}$

C. $x=\frac{L-R-180°}{2}$

10. 观测某目标的竖直角，盘左读数为 101°23′36″，盘右读数为 258°36′00″，则指标差为(　　)。

A. 24″　　B. −12″　　C. −24″　　D. 12″

11. 用测回法观测水平角，可以消除(　　)误差。

A. $2c$　　B. 对中

C. 指标差　　D. 大气折光

三、多选题

1. 光学经纬仪轴线间应满足的条件有(　　)。

A. $HH\perp VV$　　B. $CC\perp HH$　　C. $LL\perp VV$　　D. $CC/\!/HH$

2. 角度测量误差分为(　　)。

A. 仪器误差　　B. 对中误差　　C. 目标偏心误差

D. 照准误差　　E. 外界环境的影响

3. 仪器对中误差对水平角观测的影响与(　　)因素有关。

A. 偏心距　　B. 边长　　C. 水平角大小　　D. 竖直角

4. 经纬仪可以测量(　　)。

A. 磁方位角　B. 水平角　C. 水平方向值

D. 竖直角　E. 象限角

5. 用正倒镜分中法延长直线,可以消除或减少(　　)误差的影响。

A. 一测回 $2c$　B. 视准轴不垂直于横轴

C. 横轴不垂直于仪器竖轴　D. 水准管轴不垂直于仪器竖轴

E. 仪器对中

6. 方向观测法观测水平角的测站限差有(　　)。

A. 归零差　B. $2c$ 误差

C. 测回差　D. 竖盘指标差

E. 阳光照射的误差

四、简答题

1. 观测水平角时,仪器对中和整平的目的是什么?
2. 采用正、倒镜观测水平角可以消除哪些误差的影响?
3. 观测水平角时,什么情况下采用测回法? 什么情况下采用方向观测法?
4. 观测竖直角时,在读数前为什么要将竖盘指标水准管气泡居中?
5. 什么是竖盘指标差? 如何消除?

五、计算题

1. 试完成表 3-4 中测回法观测水平角的计算。

表 3-4　水平角观测手簿(测回法)

测站	测回	竖盘位置	目标	水平度盘读数	半测回角值	一测回角值	各测回平均角值	备注
O	1	左	A	0°02′48″				
			B	45°48′36″				
		右	A	180°02′36″				
			B	255°48′30″				
O	2	左	A	90°03′30″				
			B	135°49′24″				
		右	A	270°03′24″				
			B	315°49′24″				

2. 试完成表 3-5 中方向观测法观测水平角的计算。

表 3-5　　水平角观测手簿(方向观测法)

测回	测站	目标	水平度盘读数		平均读数	一测回归零方向值	各测回归零方向值	水平角	备注
			盘左	盘右					
1	*O*	*A*	0°02′12″	180°02′06″					
		B	43°18′30″	223°18′36″					
		C	121°33′18″	301°33′12″					
		D	165°19′24″	345°19′18″					
		A	0°02′06″	180°02′06″					
		$\Delta_{左}=$　$\Delta_{右}=$							
2	*O*	*A*	90°03′24″	270°03′30″					
		B	133°19′42″	313°19′54″					
		C	211°34′30″	31°34′24″					
		D	255°20′24″	75°20′36″					
		A	90°03′30″	270°03′36″					
		$\Delta_{左}=$　$\Delta_{右}=$							

3. 试完成表 3-6 中观测竖直角的计算。

表 3-6　　竖直角观测手簿

目标	竖盘位置	竖盘读数	半测回竖直角	指标差	一测回竖直角	备注
B	左	63°27′18″				
	右	296°32′24″				
D	左	97°12′48″				
	右	262°47′24″				

项目四　距离测量与坐标测量

项目描述

本项目主要讲述常用的距离测量方法(如钢尺量距、视距测量、电磁波测距等)、直线定向与罗盘仪的使用、全站仪的认识与使用以及坐标测量的相关知识。

学习目标

1. 熟悉钢尺量距的工具及使用。
2. 掌握视距测量的原理与方法。
3. 掌握直线定向的方法。
4. 了解罗盘仪的使用。
5. 掌握坐标测量的基本原理。
6. 熟悉全站仪的功能,掌握全站仪坐标测量的方法。

引导案例

高程测量、角度测量、距离测量是工程测量的基本工作。没有电子测量设备之前,工程中的测距都是利用钢尺一段一段进行的。但是钢尺长度是有限的,目前市面上有 30 m、50 m、100 m 等,要想量出学校东门到西门之间的水平距离,该如何实施?我们实验室内有全站仪,如何利用全站仪测量这两点间的水平距离?通过本项目的学习,大家思考一下如何解决这个问题。

任务一　距离测量

钢尺量距是利用钢尺及辅助工具直接测量地面上两点间的水平距离,属于直接量距,通常在短距离测量中使用。钢尺量距也称为“距离丈量”,其工具简单,但易受地形条件限制,一般适用于平坦地区的测距。

一、量距工具

1. 钢尺

钢尺又称为“钢卷尺”，是由钢制成的带状尺，尺的宽度为 10～15 mm，厚度约 0.4 mm，长度有 20 m、30 m、50 m 等数种。钢尺可以卷放在圆形的尺壳内，也可以卷放在金属尺架上，如图 4-1(a)所示。

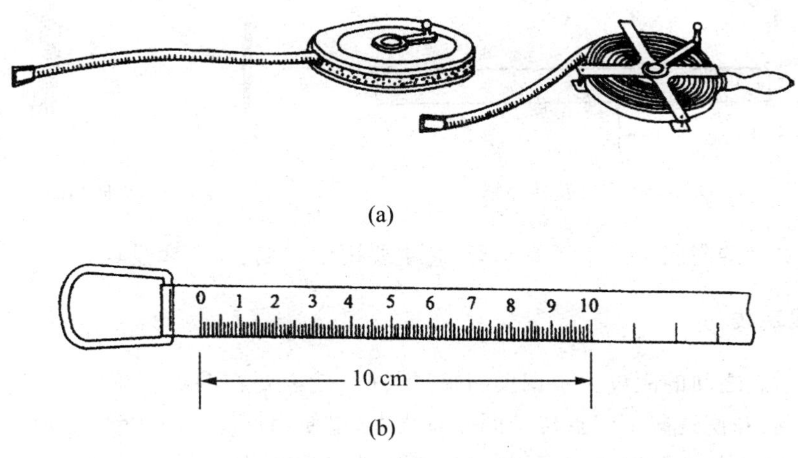

图 4-1　钢尺及其分划

钢尺的基本分划为厘米，每厘米及每米处刻有数字注记，全长都刻有毫米分划，如图 4-1(b)所示。按尺的零点刻划位置，钢尺可分为端点尺和刻线尺两种。钢尺的最外端作为尺子零点的称为“端点尺”，尺子零点位于钢尺内部的称为“刻线尺”。

2. 皮尺

皮尺是由麻线或加入金属丝织成的带状尺，长度有 20 m、30 m 、50 m 等数种，亦可卷放在圆形的尺壳内。尺的基本分划为厘米，尺面每十厘米和整米有注字，尺端钢环的外端为尺子的零点，如图 4-2 所示。皮尺携带和使用都很方便，但是容易伸缩，量距精度比钢尺低，一般用于低精度的地形的细部测量和土方工程的施工放样等。

3. 花杆和测钎

花杆又称为“标杆”，是由直径为 3～4 cm 的圆木杆制成，杆上按 20 cm 间隔涂有红、白油漆，杆底部装有锥形铁脚，主要用来标点和定线，常用的有长 2 m、3 m 两种，如图 4-3(a)所示。另外，目前已生产出了用合金制成的花杆，每根长 1 m，端点可通过螺旋连接，携带非常方便。

测钎用粗铁丝做成，长为 30～40 cm，按每组 6 根或 11 根套在一个大环上，如图 4-3(b)所示。测钎主要用来标定尺段端点的位置和计算所丈量的尺段数。

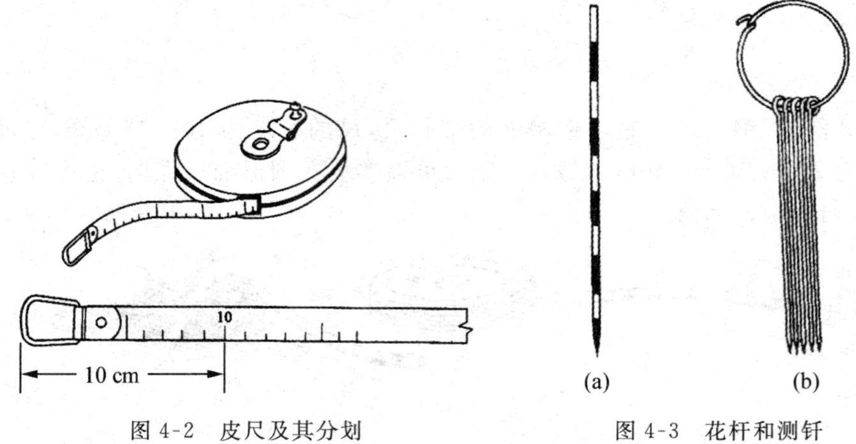

图 4-2　皮尺及其分划　　　　图 4-3　花杆和测钎

在距离丈量的附属工具中还有垂球，它主要用于对点、标点和投点。

二、直线定线

当地面两点之间的距离大于钢尺的整尺长时，就需要在两点所确定的直线方向上标定若干中间点，并使这些中间点位于同一直线上，以便用钢尺分段丈量，这项工作称为"直线定线"。根据丈量的精度要求可用标杆目测定线和经纬仪定线。

1. 目测定线

(1)两点间通视时花杆目测定线

如图 4-4 所示，设 A，B 两点互相通视，要在 A，B 两点间的直线上标出 1，2 中间点。先在 A，B 点上竖立花杆，甲站在 A 点花杆后约 1 m 处，目测花杆的同侧，由 A 瞄向 B，构成一视线，并指挥乙在 1 附近左右移动花杆，直到甲从 A 点沿花杆的同一侧看到 A，1，B 三支花杆在同一条线上为止。同时可以定出直线上的其他点。两点间定线，一般应由远到近进行定线。定线时，所立花杆应竖直。此外，为了不挡住甲的视线，乙持花杆应站立在垂直于直线方向的一侧。

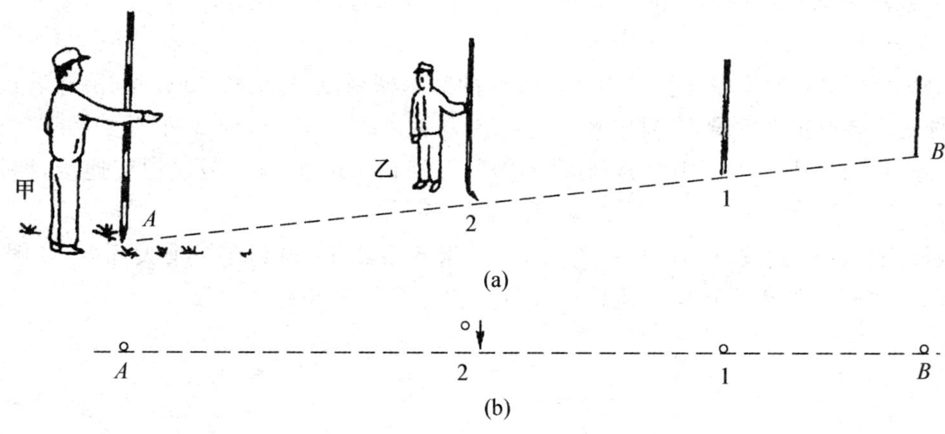

图 4-4　两点间通视时花杆目测定线

(2)两点间不通视时花杆目测定线

如图 4-5 所示,A,B 两点互不通视,这时可以采用逐渐趋近法定直线。先在 A,B 两点竖立花杆,甲、乙两人各持花杆分别站在 C_1 和 D_1 处,甲要站在可以看到 B 点处,乙要站在可以看到 A 点处。先由站在 C_1 处的甲指挥乙移动至 BC_1 直线上的 D_1 处,然后由站在 D_1 处的乙指挥甲移动至 AD_1 直线上的 C_2 处,接着再由站在 C_2 处的甲指挥乙移动至 D_2,这样逐渐趋近,直到 C,D,B 三点在同一直线上,同时 A,C,D 三点也在同一直线上,则说明 A,C,D,B 在同一直线上。

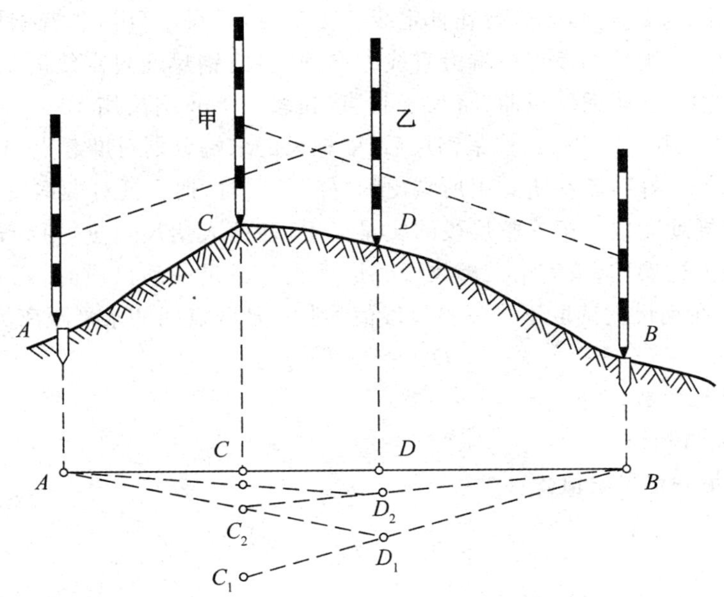

图 4-5　两点间不通视时花杆目测定线

2. 经纬仪定线

精确丈量时,为保证丈量的精度,需用经纬仪定线。

(1)两点间通视时经纬仪定线

如图 4-6 所示,欲丈量直线 AB 的距离,在清除直线上的障碍物后,在 A 点上安置经纬仪对中、整平后,先照准 B 点处的花杆(或测钎),使花杆底部位于望远镜的竖丝上后,固定照准部在经纬仪所指的方向上用钢尺进行测量,依次定出比一整尺段略短的 $A1$,12,23,…,$6B$ 等尺段。在各尺段端点打下大木桩,桩顶高出地面 3～5 cm,在桩顶钉一白铁皮,用经纬仪进行定线投影,在各白铁皮上用小刀划出 AB 方向线,再划一条与 AB 方向垂直的横线,形成十字,十字中心即为 AB 线的分段点。

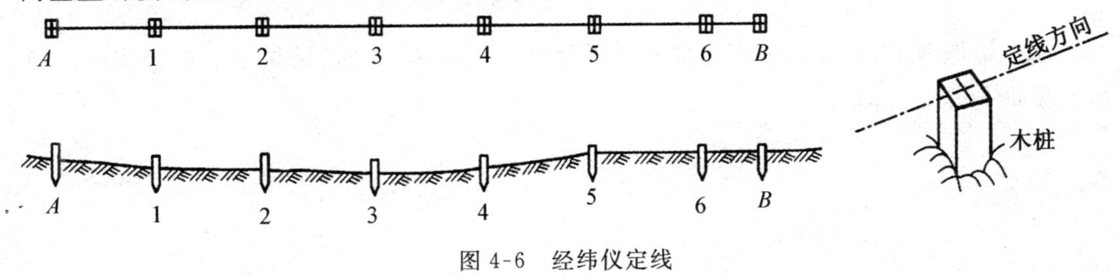

图 4-6　经纬仪定线

(2)两点间不通视时经纬仪定线

此内容将在本书的项目九中详述。

三、钢尺量距

用钢尺或皮尺进行距离丈量的方法基本上是相同的,以下介绍用钢尺进行距离丈量的方法。钢尺量距一般需要三个人,分别负责前尺手、后尺手和记录员的工作。

1. 平坦地面的丈量方法

如图 4-7 所示,丈量前,先进行花杆定线。丈量时,后尺手(甲)拿着钢尺的末端在起点 A,前尺手(乙)拿钢尺的零点一端沿直线方向前进,将钢尺通过定线时的中间点,保证钢尺在 AB 直线上,不使钢尺扭曲,将尺子抖直、拉紧(30 m 钢尺用 100 N 拉力,50 m 钢尺用 150 N 拉力)、拉平。甲、乙拉紧钢尺后,甲把尺的末端分划对准起点 A 并喊“预备”,当尺拉稳拉平后喊“好”,乙在听到甲所喊出的“好”的同时,把测钎对准钢尺零点刻划垂直地插入地面,这样就完成了第一整尺段的丈量。甲、乙两人抬尺前进,甲到达测钎或划记号处停住,重复上述操作,量完第二整尺段。最后丈量不足一整尺段时,乙将尺的零点刻划对准 B 点,甲在钢尺上读取不足一整尺段值,则 A,B 两点间的水平距离为:

$$D_{AB}=n\cdot l+q \tag{4-1}$$

式中:n ——整尺段数;

l ——整尺段长;

q——不足一整尺段值。

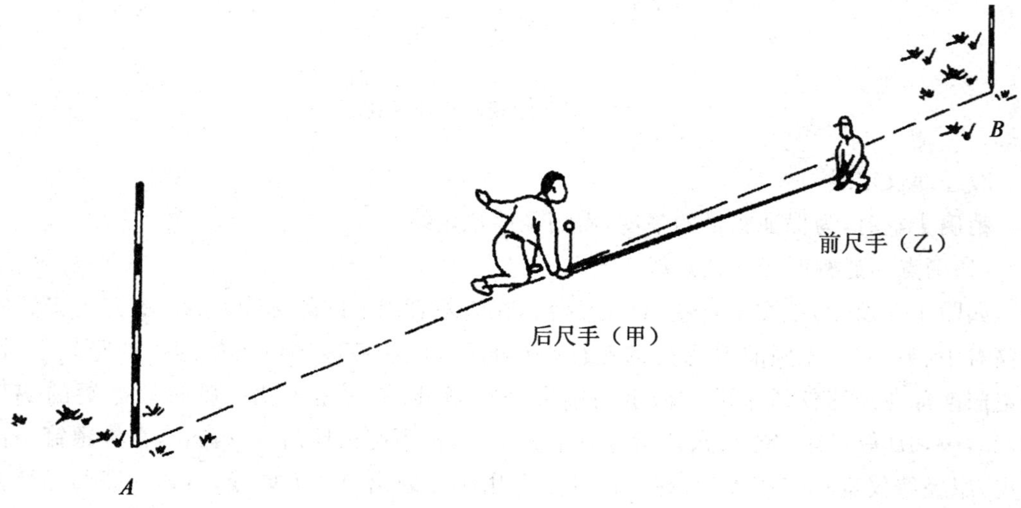

图 4-7　平坦地面的距离丈量

在平坦地面上,钢尺沿地面丈量的结果就是水平距离。丈量结果记录在如表 4-1 所示的量距手簿上。

表 4-1 一般量距手簿

测线		观测值			精度	平均值(m)	备注
		整尺段(m)	非整尺段(m)	总长(m)			
AB	往	4×30	15.309	135.309	1/3500	135.328	
	返	4×30	15.347	135.347			

为了防止错误和提高丈量精度，一般需要往返丈量，在符合精度要求时，取往返丈量的平均距离为丈量结果。丈量的精度是用相对误差来表示的，它是往返丈量的差值 ΔD ($\Delta D = D_{AB} - D_{BA}$)的绝对值与往返丈量的平均距离 D_0 $\left(D_0 = \frac{D_{AB} + D_{BA}}{2}\right)$之比，通常以 k 表示，并将分子化为 1，分母取整数。即

$$k = \frac{|\Delta D|}{D_0} = \frac{1}{D_0 / |\Delta D|} \tag{4-2}$$

相对误差的分母愈大，说明量距的精度愈高。在一般情况下，平坦地区的钢尺量距精度应高于 1/2000，山区也应不低于 1/1000。

2. 斜地面的丈量方法

(1)平量法

如图 4-8 所示，当地面坡度不大时，可将钢尺抬平丈量。欲丈量 AB 间的距离，将尺的零点对准 A 点，将尺抬高，并由记录者目估使尺拉水平，然后用垂球将尺的末端投于地面上，再插以测钎。若地面倾斜度较大，将整尺段拉平有困难时，可将一尺段分成几段来平量，如图 4-8 中的 MN 段。

(2)斜量法

如图 4-9 所示，当地面倾斜的坡面均匀时，可以先沿斜坡量出 AB 的斜距 L，再测出 AB 两点的高差 h，或测出倾斜角 α，然后根据下式计算 AB 的水平距离 D。

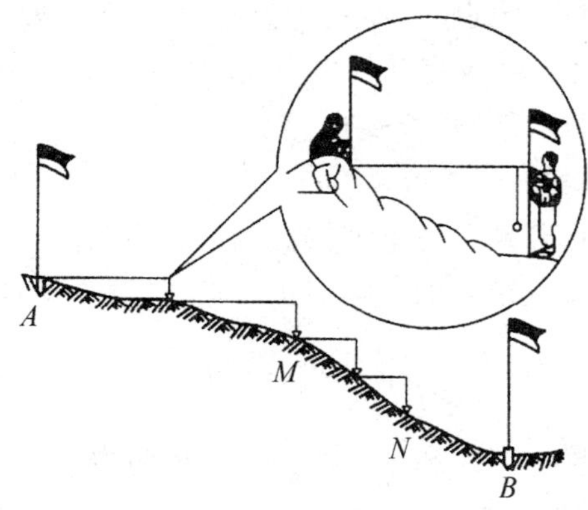

图 4-8 平量法量距

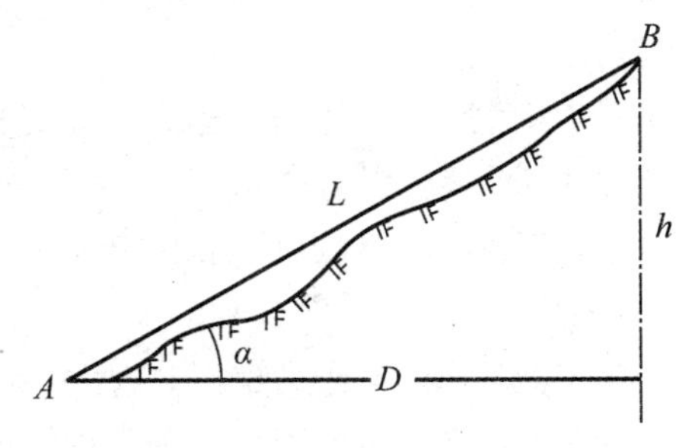

图 4-9 斜量法量距

$$D = \sqrt{L^2 - h^2} \tag{4-3}$$

$$D = L \cdot \cos\alpha \tag{4-4}$$

3. 钢尺量距的成果整理

钢尺量距时，钢尺要经过专门检定，得出钢尺在标准温度和标准拉力（一般为 100 N）下的实际长度，并给出钢尺的尺长方程式。由于钢尺长度有误差并受量距时外界环境的影响，对量距结果应进行尺长、温度及倾斜改正，以保证距离测量精度。

4. 钢尺量距的误差分析及注意事项

(1)钢尺量距的误差分析

钢尺量距的主要误差来源有下列几种：

①尺长误差

如果钢尺的名义长度和实际长度不符，则产生尺长误差。尺长误差是积累的，误差累积的大小与丈量距离成正比。往返丈量不能消除尺长误差，只有加入尺长改正才能消除。因此，新购置的钢尺必须经过检定，以求尺长改正值。

②温度误差

钢尺的长度随温度而变化，当丈量时温度和标准温度不一致时，将产生温度误差。钢的膨胀系数按 1.25×10^{-5} 计算，温度每变化 1 ℃其影响为丈量长度的 1/80000。一般量距时，当温度变化小于 10 ℃时，可以不改正，但精密量距时，必须改正。

③尺子倾斜和垂曲误差

由于地面高低不平，钢尺沿地面丈量时，尺面出现垂曲而成曲线，将使量得的长度比实际要大。因此，丈量时，必须注意尺子水平，整尺段悬空时，中间应有人托一下尺子，否则会产生不容忽视的垂曲误差。

④定线误差

由于丈量时的尺子没有准确地放在所量距离的直线方向上，使所丈量距离不是直线而是一组折线的误差称为“定线误差”。一般丈量时，要求花杆定线偏差不大于 0.1 m，仪器定线偏差不大于 5 cm。

⑤拉力误差

钢尺在丈量时所受拉力应与检定时拉力相同，否则将产生拉力误差，拉力的大小将影响尺长的变化。对于钢尺，若拉力变化 70 N，尺长将改变 1/10000，故在一般丈量中，只要保持拉力均匀即可。而对较精密的丈量工作，则需使用弹簧秤。

⑥对点误差

丈量时，用测钎在地面上标志尺端点位置时，若插测钎不准，或前后尺手配合不佳，或余长读数不准，都会引起丈量误差，这种误差对丈量结果的影响可正可负，且大小不定，故在丈量中应尽量做到对点准确，配合协调。

(2)钢尺的维护

①钢尺易生锈，工作结束后，应用软布擦去尺上的泥和水，涂上机油，以防生锈。

②钢尺易折断，如果钢尺出现卷曲，切不可用力硬拉。

③在行人和车辆多的地区量距时，中间要有专人保护，严防尺被车辆压过而折断。

④不准将尺子沿地面拖拉，以面磨损尺面刻划。

⑤收卷钢尺时，应按顺时针方向转动钢尺摇柄，切不可逆转，以免折断钢尺。

四、视距测量

视距测量是一种光学间接测定距离及高程的方法。它是一种利用经纬仪望远镜内十字丝平面上的视距丝(即十字丝的上、下丝)装置,配合视距标尺(与普通水准尺通用),根据几何光学原理,同时测定两点间的水平距离和高差的方法。其测距精度较低,相对误差约为 1/300,低于钢尺量距;测定高差的精度低于水准测量。但这种方法操作简便、迅速,受地形条件限制小,且精度能满足一般碎部测量的要求,因此,被广泛应用于传统的地形测量中。

1. 视距测量的原理

(1)视线水平时的距离与高差计算公式

如图 4-10 所示,A,B 为地面上两点,为测定该两点间的水平距离 D 和高差 h,在 A 点安置仪器,在 B 点竖立视距尺。由于视线水平,视准轴与视距尺垂直。由图可知,A,B 两点的水平距离为:

$$D=d+f+\delta \tag{4-5}$$

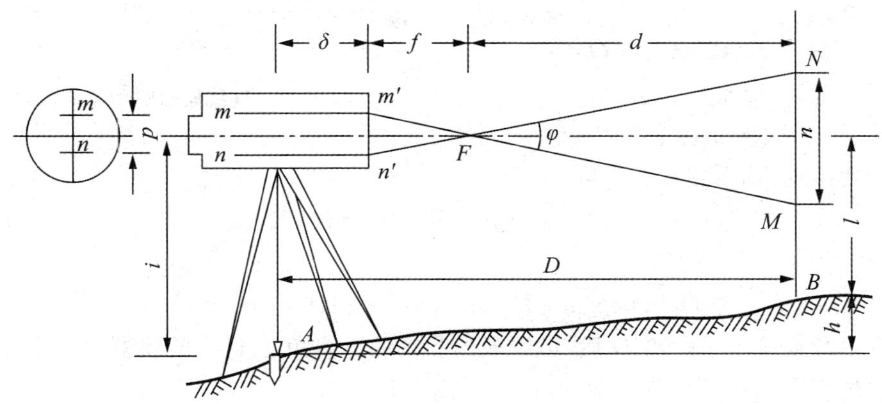

图 4-10　视线水平时的视距测量

由$\triangle MFN$ 相似于$\triangle m'Fn'$,得:$d=f\cdot\dfrac{n}{p}$。

代入上式得:

$$D=f\cdot\frac{n}{p}+f+\delta$$

式中:f ——望远镜物镜的焦距;

n ——视距丝(上、下丝)在 B 点的视距尺上读数之差;

p ——望远镜内视距丝(上、下丝)的间距;

δ ——望远镜物镜的光心至仪器中心的距离。

令 $K=f/p$,称“视距乘常数”;$C=f+\delta$,称“视距加常数”。则 A,B 两点的水平距离可写为 $D=K\cdot n+C$。

目前,大多数厂家在光学仪器设计制造完成时,使 $K=100$,$C\to 0$。故上式可写成:

$$D=K\cdot n=100n \tag{4-6}$$

而 A,B 两点高差 h 的计算式可写为：

$$h=i-l \tag{4-7}$$

式中：i ——仪器高；

l ——望远镜中十字丝的横丝在 B 点的视距尺上的读数。

(2)视线倾斜时的距离与高差计算公式

如图 4-11 所示，由于地形和通视条件的限制，通常在进行观测时，视线是倾斜的，在此情况下是不能用式(4-6)和(4-7)计算水平距离和高差的。但可以设想：使立在 B 点的视距尺绕 O 点旋转一个 α 角后再与视线垂直，此时只要能把实测的视距间隔 n (MN)换算为旋转后的相应值 n'($M'N'$)，则可直接应用式(4-6)。由于 φ 角很小(约为 35′)，则 $\angle NN'O$ 和 $\angle MM'O$ 可视为直角。因此有：

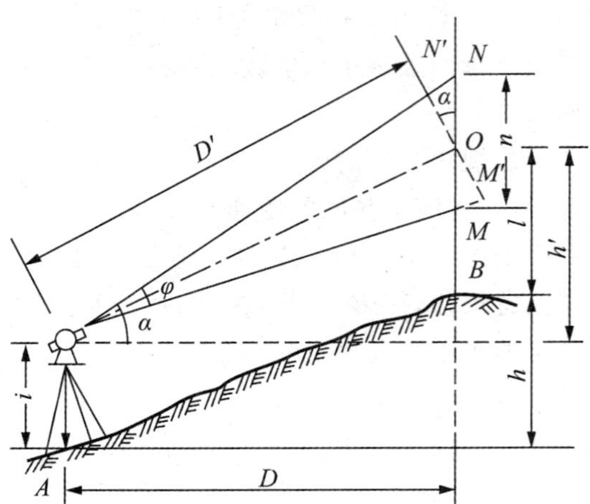

图 4-11 视线倾斜时的距离测量

$$N'M'=NO\cdot\cos\alpha+OM\cdot\cos\alpha$$
$$=MN\cdot\cos\alpha$$

即：

$$n'=n\cos\alpha$$

应用式(4-6)即可得出：

$$D'=K\cdot n'=K\cdot n\cdot\cos\alpha。$$

则：

$$D=D'\cos\alpha=K\cdot n\cdot\cos^2\alpha=100n\cdot\cos^2\alpha \tag{4-8}$$

计算出两点的水平距离 D 后，可以根据测得的竖直角 α、量得的仪器高 i 以及望远镜十字丝中丝读数 l，按下式计算 A,B 两点的高差 h：

$$h=D\cdot\tan\alpha+i-l=\frac{1}{2}K\cdot n\cdot\sin 2\alpha+i-l \tag{4-9}$$

对于竖直角 α 来说，若 α 为仰角，即 α 为正，$D\cdot\tan\alpha$(亦即$\frac{1}{2}K\cdot n\cdot\sin 2\alpha$)也为正；若 α 为俯角，即 α 为负，$D\cdot\tan\alpha$(亦即$\frac{1}{2}K\cdot n\cdot\sin 2\alpha$)也为负。

2.视距测量的观测与计算

视距测量主要用于地形测量，以测定测站点至碎部点的水平距离和碎部点的高程。视距测量的观测应按下述步骤进行：

(1)在已知的控制点上安置经纬仪，作为测站点，量取仪器高 i，记入手簿。

(2)在测点上竖立视距尺，并使视距尺竖直，尺面朝向仪器。

(3)碎部测量一般只用经纬仪盘左位置进行观测即可，在观测之前首先求得经纬仪的竖盘指标差 x。然后盘左瞄准视距尺，消除视差，读取下丝读数 a、上丝读数 b 和中丝读数 l，记入手簿。

(4)转动竖盘指标水准管的微动螺旋，使竖盘指标水准管气泡居中，读取竖盘读数(若竖盘指标自动归零,则可直接读数),考虑竖盘指标差 x,求出竖直角 α。

(5)利用计算器按式(4-8)和式(4-9)计算出测站点与碎部点的水平距离和高差,记入手簿。至此,一个点的观测与计算完成。

然后重复上述步骤,观测、计算下一个点。

用经纬仪进行视距测量的记录与计算如表 4-2 所列。

表 4-2　　视距测量的观测记录与计算表

观测点	视距尺读数(m)			中丝读数 l(m)	竖直角 α	仪器高 i(m)	$i-l$(m)	高差 h(m)	测站高程(m)	测点高程(m)	水平距离 D(m)
	上丝读数 b	下丝读数 a	视距间隔 n								
1	0.660	2.182	1.522	1.420	+5°27′	1.42	0	+14.39	21.40	35.79	150.83
2	1.377	1.627	0.250	1.502	+2°45′	1.42	−0.082	+1.12	21.40	22.52	24.94
3	1.862	2.440	0.578	2.151	−1°35′	1.42	−0.731	−2.33	21.40	19.07	57.76

3.视距测量的误差分析及注意事项

(1)视距测量的误差分析

视距测量的误差主要来源于以下几个方面:

①读数误差。用视距丝在视距尺上读数时将产生误差,其大小与标尺的最小分划宽度、距离的远近和望远镜的放大倍率等因素有关。

②垂直折光影响。视距尺不同部分的光线是通过不同密度的空气层到达望远镜的,光线越接近地面,受折光影响则越显著。因此,当视线接近地面在视距尺上读数时,垂直折光引起的误差较大。

③视距尺倾斜所引起的误差。视距尺倾斜误差的影响与竖直角有关,尺身越倾斜,垂直角越大,对视距精度的影响也越大。

此外,视距乘常数的误差、视距尺分划的误差、竖直角观测的误差以及风力使标尺抖动引起的误差等,都将影响视距测量的精度。

(2)视距测量的注意事项

①使用的仪器必须进行竖盘指标差的检验和校正。

②必须严格消除视差。视距丝的读数不宜太小,以减小竖直折光差的影响。

③上、下丝读数应尽可能快速。由于空气对流、风力影响或扶尺不稳等影响,致使标尺影像不稳定,因此,在不能严格同时读取上、下丝读数时,应尽快地读数,以减小对 n 值的影响。

④标尺应竖直。标尺倾斜必然影响视距测量的精度,视线的竖直角 α 越大,其影响越大。例如,当 $n=1$ m,$\alpha=30°$时,若标尺倾斜 2°,则所测距离的相对误差约为 1/50。因此,在山区测量更应严格将尺扶直,最好使用装有水准器的标尺。

⑤当观测的精度要求较高时(如进行导线边的测定),n 与 α 应盘左、盘右各观测一次,取其平均值作为结果。

视距测量的计算工作,一般使用电子计算器直接按视距公式进行计算。使用计算机时,若把计算程序编好,可提高运算的速度。

五、电磁波测距

电磁波测距是利用电磁波(微波、光波)作载波,在其上调制测距信号,测量两点间距离的一种方法。电磁波测距具有测量速度快、操作轻便、受地形影响小、测距精度高、测程远等优点。虽然电磁波测距仪器价格较高,但目前已普遍应用于各种工程测量中。

1. 电磁波测距仪的分类

(1)按仪器所采用的载波分类

①微波测距仪。它用微波段的无线电波作为载波。

②激光测距仪。它用激光作为载波。

③红外测距仪。它用红外光作为载波。

激光测距仪和红外测距仪又统称为“光电测距仪”。微波测距仪和激光测距仪多适用于长距离测距,测程可达 60 km,一般用于大地测量;而红外测距仪属于中短程测距仪,测程一般为 15 km 以内,一般适用于小地区控制测量、地形测量、地籍测量和工程测量等。

(2)按测程分类

①短程测距仪。测程小于 5 km,适用于城市测量和普通测量。

②中程测距仪。测程为 5～15 km,用于一般的控制测量。

③远程测距仪。测程大于 15 km,用于高级的控制测量。

(3)按测量的精度分类

①Ⅰ级。每公里测距的中误差 m_D 为 5 mm。

②Ⅱ级。每公里测距的中误差 m_D 为 5～10 mm。

③Ⅲ级。每公里测距的中误差 m_D 为 10 mm 以上。

(4)按电磁波往返传波时间的测定方法分类

①脉冲法测距。测距仪发射系统发射光脉冲,经反光镜反射后,再由接收系统接收,根据发射和接收光脉冲的时间来计算距离。

②相位法测距。测距仪发射系统发射调制光波,经反光镜反射后,再由接收系统接收,测定调制光波在待测距离上往返传播所产生的相位差,以计算距离。

2. 电磁波测距仪的使用

目前,国内外生产的各种型号的电磁波测距仪很多,其工作原理和结构基本相同,但在具体操作上有较大差异,因此在使用前,要仔细阅读说明书,严格按说明书上的操作步骤进行。

(1)仪器的安置

①在待测距离一端安置经纬仪,包括对中、整平,将测距仪与经纬仪连接(此项工作可参照说明书进行)。

②打开测距仪的电源开关,检查仪器是否工作正常。

③在待测距离的另一端安置反光镜,用基座上的光学对中器对中,用圆水准器整平基座。

(2)距离测量

①用经纬仪望远镜瞄准目标棱镜下方觇牌的中心,制动经纬仪,读取竖盘读数,计算

竖直角。

②调节测距仪的调节螺旋,使测距仪瞄准反光镜棱镜的中心。

③按动测距仪操作面板上的所需功能键,就可测出所需结果。

3. 电磁波测距仪的检验

电磁波测距仪的检验应委托国家质量监督检验检疫总局授权的测绘仪器计量检定单位进行全部项目的检定工作。其检验的项目有:

(1)发射、接收、照准三轴关系正确性的检验。

(2)周期误差的测定。

(3)仪器加常数和乘常数的测定。

(4)内外部符合精度的检验。

(5)测程的检定。

任务二 直线定向

确定一条直线方向的工作称为“直线定向”。要确定直线的方向,首先要选定一个标准方向作为直线定向的基本方向。如果测出了一条直线与基本方向线之间的水平夹角,该直线的方向就被确定了。

一、标准方向

在工程测量工作中,通常是以子午线作为直线定向的标准方向。子午线分真子午线、磁子午线、轴子午线三种。

1. 真子午线

通过地面上一点指向地球南北极的方向线就是该点的真子午线。它一般是用天文测量的方法测定,也可以用陀螺经纬仪测定。地球表面上任何一点都有它自己的真子午线方向,各点的真子午线都向两极收敛而相交于两极。地面上两点真子午线间的夹角称为“子午线收敛角”,如图 4-12(a)中的 γ 角。收敛角的大小与两点所在的纬度及经度的大小有关。

2. 磁子午线

地面上某点当磁针静止时所指的方向线,称为该点的“磁子午线方向”。磁子午线方向可用罗盘仪测定。由于地球的磁南北极与地球南北极并不重合,因此地面上同一点的真子午线与磁子午线不重合,其夹角称为“磁偏角”,用 δ 表示,如图 4-12(b)所示。磁子午线在真子午线东侧,称为“东偏”,δ 为正;磁子午线在真子午线西侧,称为“西偏”,δ 为负。磁偏角 δ 随地点不同而变化,因此,磁子午线不宜作为精密定向的基本方向线。但是,由于确定磁子午线的方向比较方便,因而在独立地区和低等级公路仍可以利用它作为基本方向线。

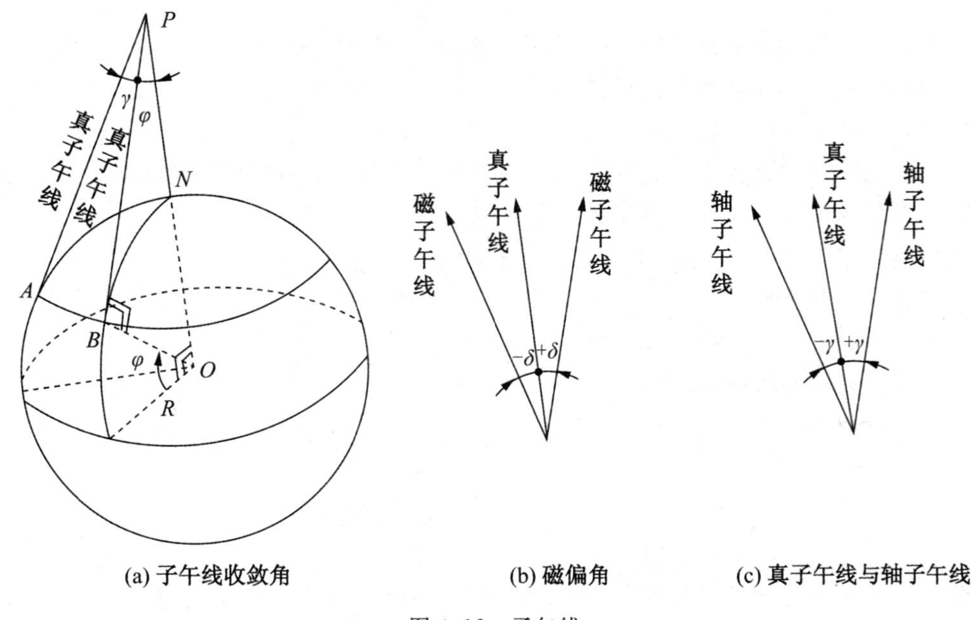

(a) 子午线收敛角　(b) 磁偏角　(c) 真子午线与轴子午线

图 4-12　子午线

3. 轴子午线(坐标子午线)

直角坐标系中的坐标纵轴所指的方向,称为"轴子午线方向"或"坐标子午线方向"。由于地面上各点真子午线都是指向地球的南北极,所以不同点的真子午线方向不是互相平行的,这给计算工作带来了不便。因此,在普通测量中一般均采用轴子午线作为基本方向。这样,测区内地面各点的基本方向都是互相平行的。

在中央子午线上,真子午线方向和轴子午线方向一致;在其他地区,真子午线与轴子午线不重合,两者所夹的角即为中央子午线与某地方子午线所夹的收敛角 γ。如图4-12(c)所示,当轴子午线在真子午线以东时,γ 为正;当轴子午线在真子午线以西时,γ 为负。

二、直线定向的方法

如图 4-13 所示,直线方向一般用方位角来表示。由子午线北方向顺时针旋转至直线方向的水平夹角称为该直线的"方位角"。方位角的角值范围为 0°～360°。

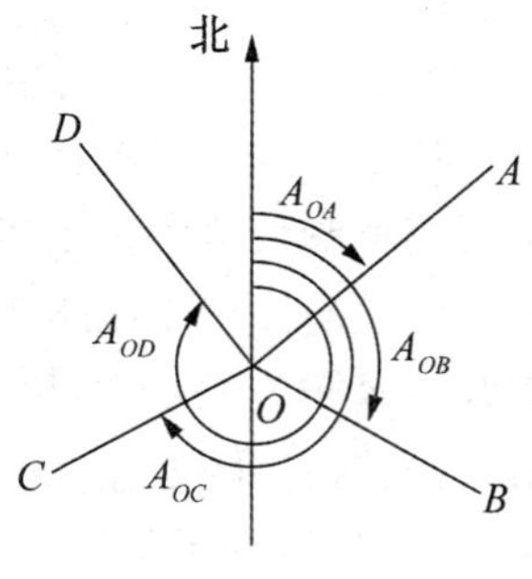

图 4-13　方位角

由真子午线北端起算的方位角称为"真方位角",用 A 表示。

由磁子午线北端起算的方位角称为"磁方位角",用 A_m 表示。

由坐标子午线(坐标纵轴)起算的方位角称为"坐标方位角",用 α 表示。

如图 4-14 所示,根据真子午线方向、磁子午线方向、轴子午线方向三者的关系,三种方位角有以下关系:

$$A=A_m+\delta \quad (\delta\text{ 东偏为正,西偏为负}) \tag{4-10}$$

$$A=\alpha+\gamma \quad (\gamma\text{东偏为正,西偏为负}) \tag{4-11}$$

因此
$$A_m+\delta=\alpha+\gamma$$

所以
$$\alpha=A_m+\delta-\gamma \tag{4-12}$$

设直线 AB 前进方向的方位角 α_{AB} 为正坐标方位角,如图 4-15 所示,其相反方向的方位角 α_{BA} 则为反坐标方位角。同一直线的正、反坐标方位角相差 180°,即:

$$\alpha_{AB}=\alpha_{BA}\pm180^\circ \quad \text{或} \quad \alpha_{正}=\alpha_{反}\pm180^\circ \tag{4-13}$$

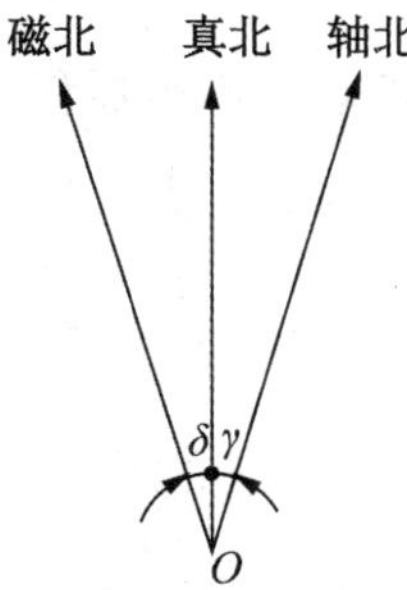

图 4-14 真子午线、磁子午线和轴子午线

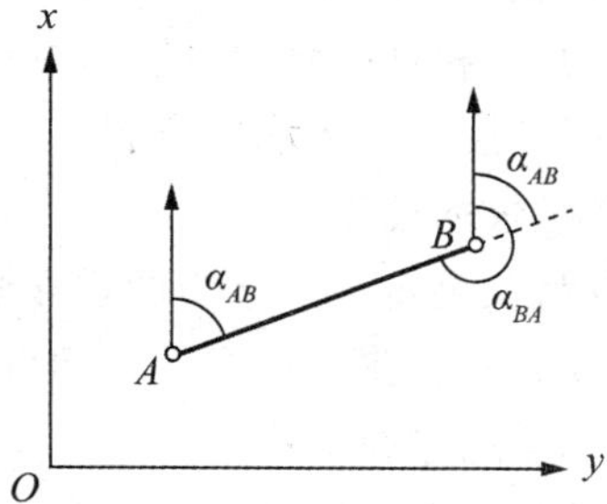

图 4-15 正、反坐标方位角

三、罗盘仪测定磁方位角

1. 罗盘仪的构造

罗盘仪是利用磁针测定直线磁方位角的一种仪器。通常用于独立测区的近似定向以及线路和森林勘测中。图 4-16 所示为 DQL-1 型罗盘仪。它主要由望远镜、罗盘盒和基座三部分组成。

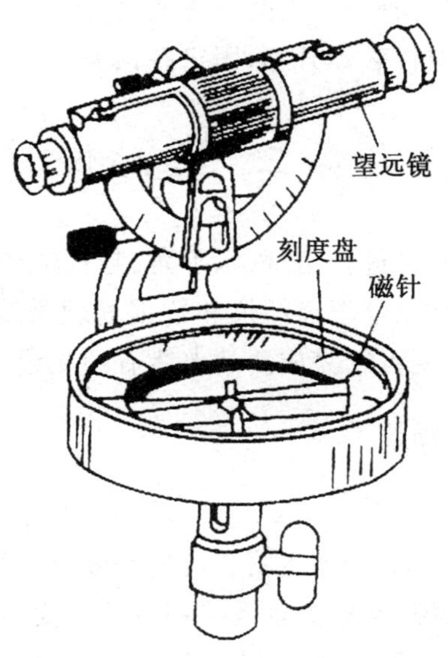

图 4-16 DQL-1 型罗盘仪

(1)望远镜

望远镜为瞄准设备,和水准仪上的望远镜相似,部件有物镜、目镜、十字丝等。望远镜

的一侧附有一个竖直度盘，可以测得竖直角。

(2)罗盘盒

罗盘盒有磁针和刻度盘。磁针安装在度盘中心顶针上，可自由转动，为减少顶针的磨损，不使用时可用固定螺旋将磁针升起固定在玻璃盖上。刻度盘为金属圆盘，全圆刻划360°，最小刻划为1°，从0°起逆时针方向每隔10°注一数字。刻度盘0°与180°的连线与望远镜的视准轴一致。

(3)基座

基座是一种球臼结构，松开球臼接头螺旋，摆动罗盘盒使水准器气泡居中，再旋紧球臼连接螺旋，度盘处于水平位置。

2. 罗盘仪的使用

用罗盘仪测定某一直线的磁方位角的方法是：

(1)安置罗盘仪于直线的一端点上。

(2)用垂球进行对中。

(3)整平。半松开球臼接头螺旋，摆动罗盘盒使水准器气泡居中后，再旋紧球臼连接螺旋，使度盘处于水平位置。

(4)照准。通过望远镜瞄准直线的另一端点，其步骤同水准仪的望远镜瞄准相同。

(5)松开磁针固定螺旋，使它自由转动，待磁针静止时，磁针北端所指的度盘读数即为该直线的磁方位角。

读数时，如果度盘上的0°位于望远镜的物镜端，应按磁针北端读取读数；如果0°位于望远镜的目镜端，则按磁针南端读取读数。

3. 使用罗盘仪应注意的事项

(1)罗盘仪不能在高压线、铁矿区、铁路旁等使用。

(2)罗盘仪使用完毕后，应将磁针升起，固定在顶盖上。

任务三　全站仪

全站型电子速测仪可以同时进行角度(水平角、竖直角)测量、距离(斜距、平距、高差)测量和数据处理，由光电测距仪、电子经纬仪和数据处理系统组成，能够直接完成坐标测量。由于只需一次安置，仪器便可以完成测站上所有的测量工作，故被称为“全站仪”。

一、全站仪的基本结构与功能

1. 全站仪的结构原理

全站仪的结构原理如图4-17所示。图中右半部分包含有测量的四大光电系统，即水平角测量系统、竖直角测量系统、距离测量系统和自动补偿系统。通过键盘可以输入操作指令、数据和设置参数。以上各系统通过I/O接口接入总线与数字计算机联系起来。

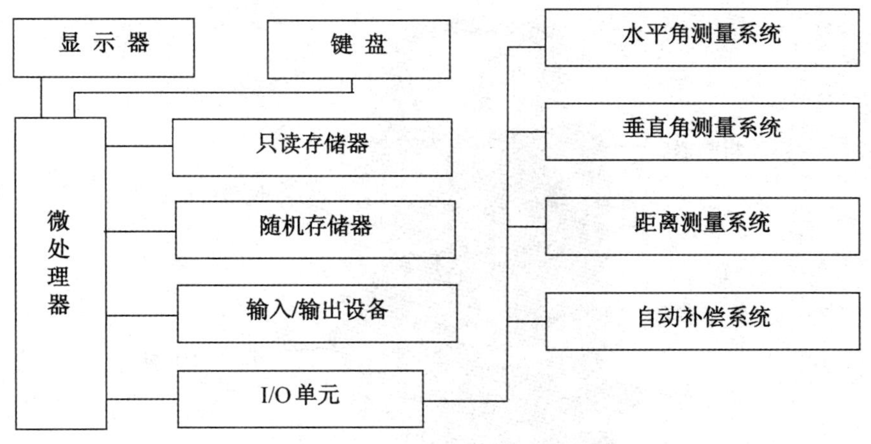

图 4-17　全站仪结构原理图

微处理器是全站仪的核心部件，它如同计算机的中央处理器，主要由数据存储器（只读存储器、随机存储器）、输入/输出设备、I/O 单元组成。微处理器的主要功能是根据键盘指令启动仪器进行测量工作，执行测量过程中的检核和数据传输、处理、显示、储存等工作，保证整个光电测量工作有条不紊地进行。输入/输出设备是与外部设备连接的装置（接口），数据存储器是测量的数据库。为便于测量人员设计系统软件，处理某种目的的测量成果，全站仪的数字计算机还提供程序存储器。

2. 全站仪的基本构造

目前，世界上许多著名的测绘仪器生产厂商均生产有各种型号的全站仪，如美国天宝，瑞士徕卡，日本索佳、拓普康及尼康，中国北光、南方、苏光等。各种不同品牌、型号的全站仪其形状和结构各不相同，但使用功能却大同小异。现以南方 NTS-352R 型全站仪为例进行介绍。

(1)部件名称

不同 NTS 系列的全站仪外貌和结构各异，但是功能却大同小异。图 4-18 与图 4-19 所示的是中国南方测绘公司生产的 NTS-352R 型全站仪。

全站仪的主要附件是三脚架和反射棱镜。反射棱镜用于测量时立于测点，供望远镜照准。图 4-20 是南方公司生产的不同型号的棱镜。其中(a)(b)为在三脚架上安置的棱镜，(c)为简易对中三脚架的测杆棱镜。在工程测量中，根据测程距离的大小不同，可选用单棱镜、三棱镜等。一般来讲，NTS-352R 全站仪在 5 km 以内用单棱镜，超过该距离就需要用三棱镜。

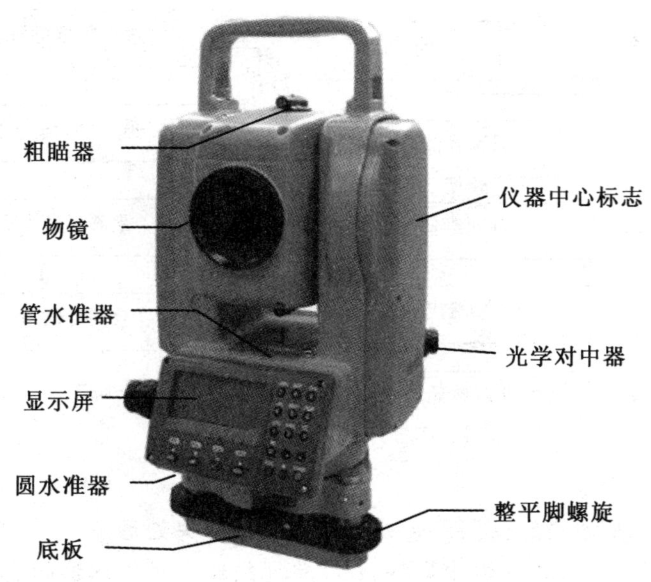

图 4-18　NTS-352R 型全站仪(一)

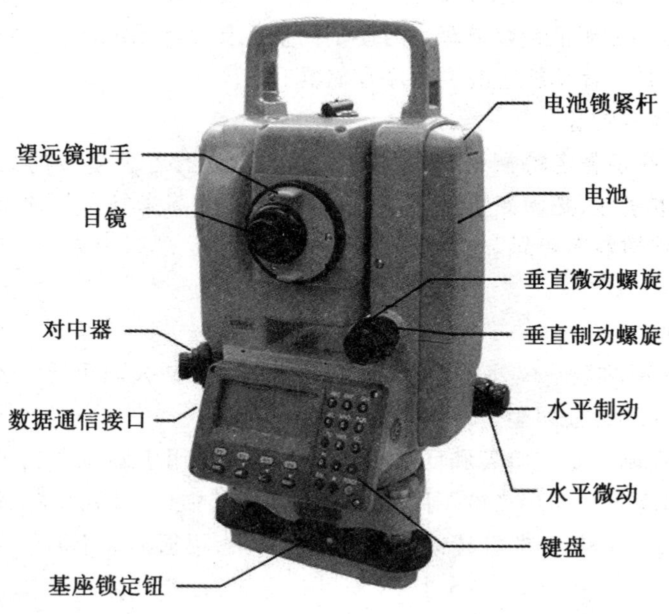

图 4-19　NTS-352R 型全站仪(二)

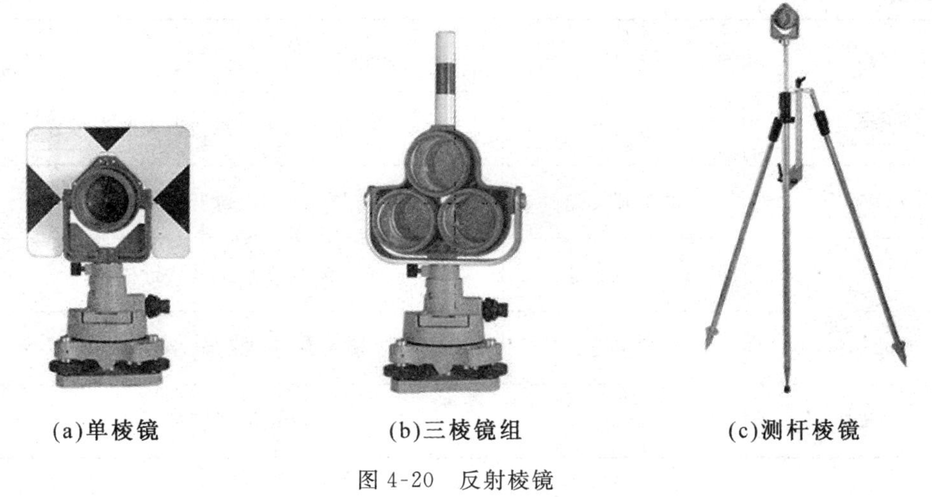

(a)单棱镜　　(b)三棱镜组　　(c)测杆棱镜

图 4-20　反射棱镜

(2)全站仪操作键盘的功能

NTS-352R 型全站仪的键盘如图 4-21 所示，共有 23 个按键，各键功能和显示符号见表 4-3、表 4-4。

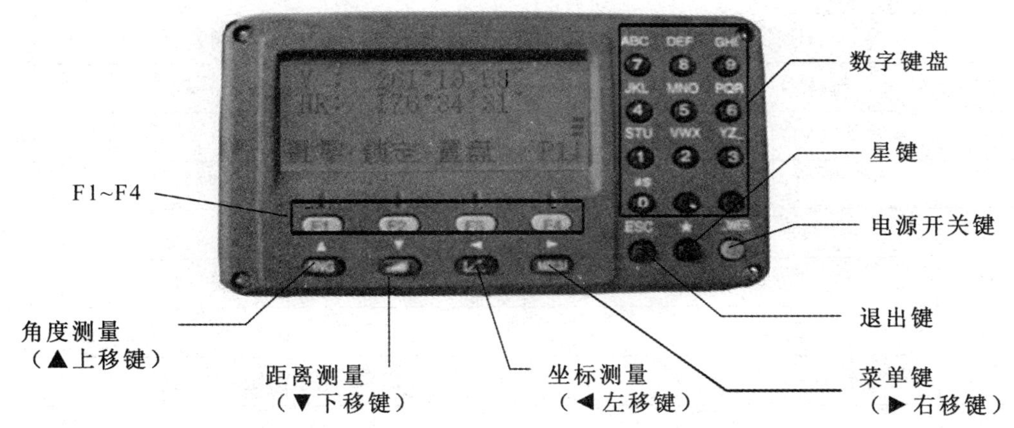

图 4-21　NTS-352R 型全站仪的键盘

表 4-3　**键盘符号及功能**

按键	名称	功能
ANG	角度测量键	进入角度测量模式(▲上移键)
	距离测量键	进入距离测量模式(▼下移键)
	坐标测量键	进入坐标测量模式(◀左移键)
MENU	菜单键	进入菜单模式(▶右移键)

续表

按键	名称	功能
ESC	退出键	返回上一级状态或返回测量模式
POWER	电源开关键	电源开关
F1～F4	软键(功能键)	对应于显示的软键信息
0～9	数字键	输入数字和字母、小数点、负号
★	星键	进入星键模式

表 4-4　显示符号及功能

显示符号	内容
V%	垂直角(坡度显示)
HR	水平角(右角)
HL	水平角(左角)
HD	水平距离
VD	高差
SD	倾斜
N	北向坐标
E	东向坐标
Z	高程
*	EDM(电子测距)正在进行
m	以米为单位
ft	以英尺为单位
fi	以英尺与英寸为单位

二、NTS-352R 型全站仪的技术操作

1. 测量前的准备工作

(1)电池检查

测量前应检查仪器电池的充电情况,如电力不足,要及时充电。电池充电应用专用充电器,充电时间大约需要 6 h。注意每次取下电池盒时,都必须先关掉仪器电源,否则仪器易损坏。

(2)安置仪器

将仪器安装在三脚架上，精确整平和对中，以保证测量成果的精度，应使用专用的中心连接螺旋的三脚架，具体操作同经纬仪。

(3)初始设置

在测量进行之前，要针对现场情况对温度、气压、棱镜常数、温度和气压、大气改正、大气折光、地球曲率改正、反射棱镜常数、最小读数、自动关机、垂直角倾斜改正、照明开关及仪器常数等参数进行有选择的设置。

2. 角度测量

(1)水平角右角和垂直角的测量(见表 4-5)

表 4-5　　水平角右角和垂直角的测量

操作过程	操作	显示
①照准第一个目标 A	照准 A	V：78°33′45″ HR：93°08′35″ 置零　锁定　置盘　P1↓
②设置目标 A 的水平角为 0°00′00″	[F1]	水平角置零 >OK? ---　---　[是]　[否]
按[F1](置零)键和[F3](是)键	[F3]	V：78°33′45″ HR：0°00′00″ 置零　锁定　置盘　P1↓
③照准第二个目标 B，显示目标 B 的 V/HR。	照准目标 B	V：95°24′23″ HR：102°12′43″ 置零　锁定　置盘　P1↓

(2)水平角(右角/左角)切换(见表 4-6)

表 4-6　　水平角(右角/左角)切换

操作过程	操作	显示
①按[F4](↓)键两次转到第三页功能	[F4]两次	V:122°09′30″ HR:90°09′30″ 置零　锁定　置盘　P1↓ 倾斜　---　V%　P2↓ H-蜂鸣 R/L 竖角　P3↓
②按[F2](R/L)键,从右角模式(HR)切换到左角模式(HL)	[F2]	V:122°09′30″ HL:269°50′30″ H-蜂鸣 R/L　竖角 P3↓
③以左角 HL 模式进行测量		

3. 距离测量(连续测量)(见表 4-7)

表 4-7　　距离测量(连续测量)

操作过程	操作	显示
①照准棱镜中心	照准	V:78°33′45″ HR:170°30′20″ 置零　锁定　置盘　P1↓

续表

操作过程	操作	显示
②按[◢]键,距离测量开始	[◢]	HR:170°30′20″ HD * 235.343m VD:36.551m 测量 模式 S/A P1↓ HR:170°30′20″ HD * [r]≪m VD:m 测量 模式 S/A P1↓
③再次按[◢]键,显示变为水平角(HR)、垂直角(V)和斜距(SD)	[◢]	V:90°10′20″ HR:170°30′20″ SD * 241.551m 测量 模式 S/A P1↓

4. 坐标测量

对于全站仪,在其坐标测量模式下,输入测站点坐标、仪器高和后视点坐标或后视方向坐标方位角后,用其坐标测量功能可以测量目标点的三维坐标,如图 4-22 所示。

未知点的坐标由下面公式计算并显示出来:

测站点坐标:(N0,E0,Z0),仪器中心坐标:(N0,E0,Z0+仪器高);

相对于仪器中心点的棱镜中心坐标:(N,E,Z);

仪器高:仪高;

棱镜高:镜高;

棱镜中心相对于仪器中心的高差:Z(VD);

则未知点坐标(N1,E1,Z1)为:

$$N1 = N0 + N$$

$$E1 = E0 + E$$

$$Z1 = Z0 + 仪高 + Z - 镜高$$

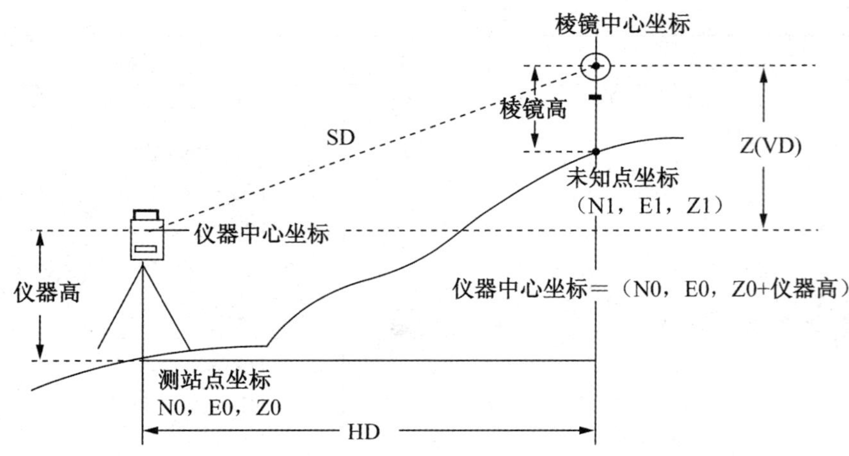

图 4-22　坐标测量计算原理图

其观测步骤如下：

(1)安置仪器，进行对中、整平。

(2)在坐标测量模式下，按[F4]键，转到第二页功能，按[F3](测站)键，进行测站点坐标输入，按[F2]键输入仪器高，按[F1]键输入棱镜高，输入完成后返回坐标测量模式。

(3)输入后视点的已知坐标值或后视点的方位角。

(4)精确瞄准后视点后，确认。

(5)精确瞄准待测目标点后，按测量键，进行坐标测量。

职业能力训练

训练一　钢尺一般量距与直线定向

1. 训练目标

学会在地面上标定直线及用钢尺进行一般距离测量；学会用罗盘仪测定直线的磁方位角。

2. 训练条件

钢尺 1 只、花杆 3 根、测钎 1 束、木桩 3 个、斧子 1 把、罗盘仪 1 台。

3. 操作步骤

(1)指导教师讲解本次实训练习的内容和方法。

(2)在指定的实训场地上相距 60～80 m 的 A 点和 B 点各打一个木桩，作为直线端点桩，木桩上钉小铁钉或画十字线作为点位标志，木桩高出地面约 2 m。

(3)练习直线定线。

(4)练习钢尺丈量距离，记录数据并校核。

(5)练习用罗盘仪测定直线磁方位角。

训练二　全站仪的认识和基本使用

1.训练目标

能够熟悉全站仪的结构部位，能够利用全站仪进行角度、距离和高程的测量。

2.训练条件

全站仪 1 套、棱镜 1 套、脚架 1 副。

3.操作步骤

(1)在指导教师的讲解下认识全站仪各部件和各键号功能。

(2)安置仪器。

(3)开机，进行初始设置。

(4)在角度测量模式下，进行角度测量。

(5)在距离测量模式下，进行距离测量。

(6)在坐标测量模式下，进行坐标测量。

同步测试

一、填空题

1.距离丈量的相对误差的公式为________________。

2.距离丈量是用________误差来衡量其精度的，该误差是用分子为____________的形式来表示。

3.丈量地面两点间的距离，指的是两点间的____________距离。

4.尺长方程的表达式为________________。

5.视距测量的距离和高差的计算公式为________________。

6.上下丝读数之差称为________________，也叫________________。

二、单选题

1. 某段距离的平均值为 100 m，其往返较差为+20 mm，则相对误差为(　　)。

A. 0.02/100　　B. 0.002　　C. 1/5000

2.在距离丈量中，衡量精度的方法是(　　)。

A.往返较差　　B.相对误差　　C.闭合差

3.距离丈量的结果是求得两点间的(　　)。

A.斜线距离　　B.水平距离　　C.折线距离

4.往返丈量直线 AB 的长度为 $D_{AB}=126.72$ m，$D_{BA}=126.76$ m，其相对误差为(　　)。

A. $k=1/3100$　　B. $k=1/3300$　　C. $k=0.000315$

5.视距测量是用望远镜内视距丝装置，根据几何光学原理同时测定两点间的(　　)的方法。

A. 倾斜距离和高差　B. 水平距离和高差　　C. 距离和高程

6. 当视线倾斜进行视距测量时，水平距离的计算公式是(　　)。

A. $D=K\cos^2\alpha$　　B. $D=Kn\cos\alpha$　　C. $D=Kn\cos^2\alpha$

三、多选题

1. 用钢尺进行直线丈量，应(　　)。

A. 将尺身放平　　B. 确定好直线的坐标方位角

C. 丈量水平距离　　D. 目估或用经纬仪定线

E. 进行往返丈量

2. 视距测量可同时测定两点间的(　　)。

A. 高差　　B. 高程　　C. 水平距离

D. 高差与平距　　E. 水平角

四、简答题

1. 距离丈量有哪些主要误差来源?
2. 钢尺的名义长度与实际长度有何区别?
3. 什么是水平距离？为什么测量距离的最后结果都要化为水平距离?

五、计算题

1. 用钢尺丈量一条边，$D_{往}=56.337$ m，$D_{返}=56.346$ m。问：相对误差 k 等于多少?

2. 有一钢尺，其尺长方程式为：$l_t=30-0.010+1.25\times10^{-5}\times30\times(t-20\ ℃)$，在标准拉力下，用该尺沿 5°30′的斜坡地面量得的名义距离为 400.354 m，丈量时的平均气温为 6 ℃。问：实际平距为多少?

3. 已知测站点高程 $H=81.34$ m，仪器高 $i=1.42$ m，视距测量记录见表 4-8。试求出地形点的平距及高程(竖直角计算公式为：$\alpha_{左}=90°-L$)。

表 4-8

点号	视距尺读数(m)	中丝读数(m)	盘左竖盘读数	竖直角	平距(m)	高差(m)	高程(m)
1	53.6	2.71	87°51′	2°09′			

项目五　控制测量

项目描述

本项目主要讲述小区域控制测量的原理及方法，从平面控制测量和高程控制测量两方面，分别介绍平面控制测量方法和高程控制测量方法，重点是导线测量和四等水准测量的施测方法及成果整理。

学习目标

通过本项目的学习，了解小区域控制测量的目的及布测方法，掌握布设导线进行小区域平面控制的方法，以及通过三、四等水准测量对小区域进行高程控制的技能。

引导案例

我国在中南与西南地区拟修建一条东西走向的公路，某设计单位中标该项目。该路段长 120 km，平均海拔 90 m，沿线有特大桥 2 座、中隧道 1 条。为保证工程勘测需要，需在首级控制网的基础上，沿线建立平面控制网和高程控制网。平面控制网的精度需要达到一级，高程控制网的等级需要达到三等。

该设计单位可利用的硬件设备有 2″全站仪 3 台、GNSS 测量设备 4 台、DS_3 微倾水准仪 4 台。

若你是该项目的测量技术负责人，该如何利用手中资源完成本项任务？

任务一　平面控制测量

在测区内选择若干有控制作用的点位，按一定的规律和要求组成的网状几何图形，称为“控制网”。控制网分为平面控制网和高程控制网。测定控制点平面位置(x,y)的工作，称为“平面控制测量”。测定控制点高程 H 的工作称为“高程控制测量”。平面控制测量和高程控制测量统称为“控制测量”。按控制范围，控制网可分为国家控制网、城市控制网和小区域控制网等。

在面积为 15 km^2 以下的范围内，为大比例尺测图和工程建设而建立的控制网，称为

“小区域控制网”。小区域控制网应尽可能与国家(或城市)的高级控制网连测,将国家(或城市)控制点的坐标和高程作为小区域控制网的起算和校核数据。若测区内或附近无国家(或城市)控制点,可以建立测区内的独立控制网。

测量的基本工作是确定地物和地貌特征点的位置,即确定空间点的三维坐标。这样的工作若从一个起点开始,逐步依据前一个点来测定后一点的位置,将会把前一个点的误差带到后一个点上。随着测量范围的扩大,误差不断累积,从而影响测量成果的准确性。因此在测量工作中,为了减弱测量误差的累计,必须按照“从整体到局部,先控制后碎部,从高级到低级”的原则来进行,为防止产生测量错误,还需做到“步步有检核”。

平面控制测量的方法有很多,仪器不同,那么方法也不一样,目前常用的是全站仪光电导线测量与GNSS控制测量两种方法。

由于道路是线状结构,导线更能适应建设需要,因此,重点介绍导线控制网的布设。

一、导线测量的外业工作

1. 导线测量

将测区内相邻控制点用直线连接而构成的折线称为“导线”。这些转折点称为“导线点”,相邻导线点间的距离称为“导线边”,相邻导线边之间的水平角称为“转折角”。导线测量就是依次测定各导线边的边长和各转折角,然后根据起算方向和起算坐标,推算各导线边的坐标方位角,从而求出各导线点的坐标。

导线测量是建立小区域平面控制网常用的一种方法,适用于地物分布较复杂的建筑区、视线障碍较多的隐蔽区和带状地区,非常适用于道路工程。若用经纬仪测量转折角,用钢尺丈量边长,这样的导线称为“经纬仪导线”;若用测距仪或全站仪测量边长,这样的导线称为“电磁波测距导线”。随着卫星定位测量技术的发展,GNSS测量也逐步应用到了工程中。

2. 导线的布设形式

根据测区的不同情况和工程要求,导线可布设成三种形式。

(1)附合导线

布设在两已知点间的导线,称为“附合导线”。如图5-1所示,导线从已知控制点B和已知方向AB出发,经过1,2,3点,最后附合到另一已知控制点C和已知方向CD。这种布设形式,具有检核观测成果的作用,通常用于平面控制测量的加密。

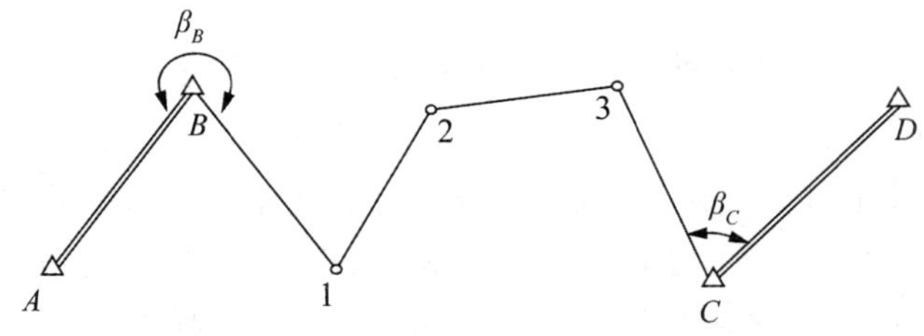

图5-1 附合导线

(2)闭合导线

起讫于同一已知点的导线,称为"闭合导线"。如图 5-2 所示,导线从已知控制点 B 和已知方向 AB 出发,经过 1,2,3,4 点,最后仍回到 B,形成一闭合多边形。它本身存在着严密的几何条件,具有检核作用,通常用于测区的首级控制。

(3)支导线

由一已知点出发,既不附合到另一已知点,又不回到原起始点的导线,称为"支导线"。如图 5-3 所示,B 为已知控制点,AB 为已知方向,1,2 为支导线点。由于支导线缺乏检核条件,其边数一般不超过 4 条,它仅适用于图根控制加密。

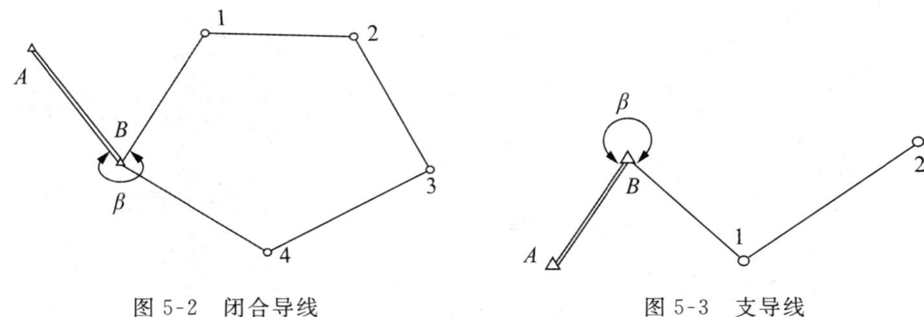

图 5-2　闭合导线　　　　图 5-3　支导线

用导线测量方法建立小区域平面控制网,通常分为一级导线、二级导线、三级导线和图根导线四个等级。现将各级导线测量的主要技术要求列入表 5-1。

表 5-1　　导线测量的主要技术要求

等级	导线长度(km)	平均边长(km)	测角中误差(″)	测回数		角度闭合差(″)	导线全长相对闭合差
				DJ_6	DJ_2		
一级	4	0.5	±5	4	2	$\pm10\sqrt{n}$	≤1/15000
二级	2.4	0.25	±8	3	1	$\pm16\sqrt{n}$	≤1/10000
三级	1.2	0.1	±12	2	1	$\pm24\sqrt{n}$	≤1/5000
图根	≤1.0M	≤1.5 倍测图最大视距	±20	1	—	$\pm40\sqrt{n}$	≤1/2000

注:1. 表中 n 为测站数或导线转折角的个数。

2. 表中 M 为测图比例尺分母。当测区测图的最大比例尺为 1∶1000 时,一、二、三级导线的导线长度、平均边长可适当放长,但最大长度不应大于表中规定相应长度的 2 倍。

3. 导线测量的外业工作

导线测量的外业工作包括踏勘选点、量边、测角和连测等工作。

(1)踏勘选点及建立标志

踏勘选点前,应调查收集测区已有的地形图和高等级控制点的成果资料,先在测区原有地形图上拟定导线的布设方案,然后到实地踏勘、核对、修改、选定点。

导线点选定后，用标志将点位在地面上固定下来。对于永久性的点，埋设混凝土桩（见图 5-4）或石桩，桩顶嵌入带“十”号的金属标志，或将标志直接嵌入水泥地面或岩石上。对于临时性的点，可在地面上打一木桩（见图 5-5），在桩顶钉一小钉以示点位，或在水泥地面上用红漆画一圆，圆内点一小点。导线点设置好后，应按顺序统一编号。为了便于寻找，应测出导线点与附近明显地物的距离，绘制草图，注明尺寸，称为“点之记”（见图 5-6）。

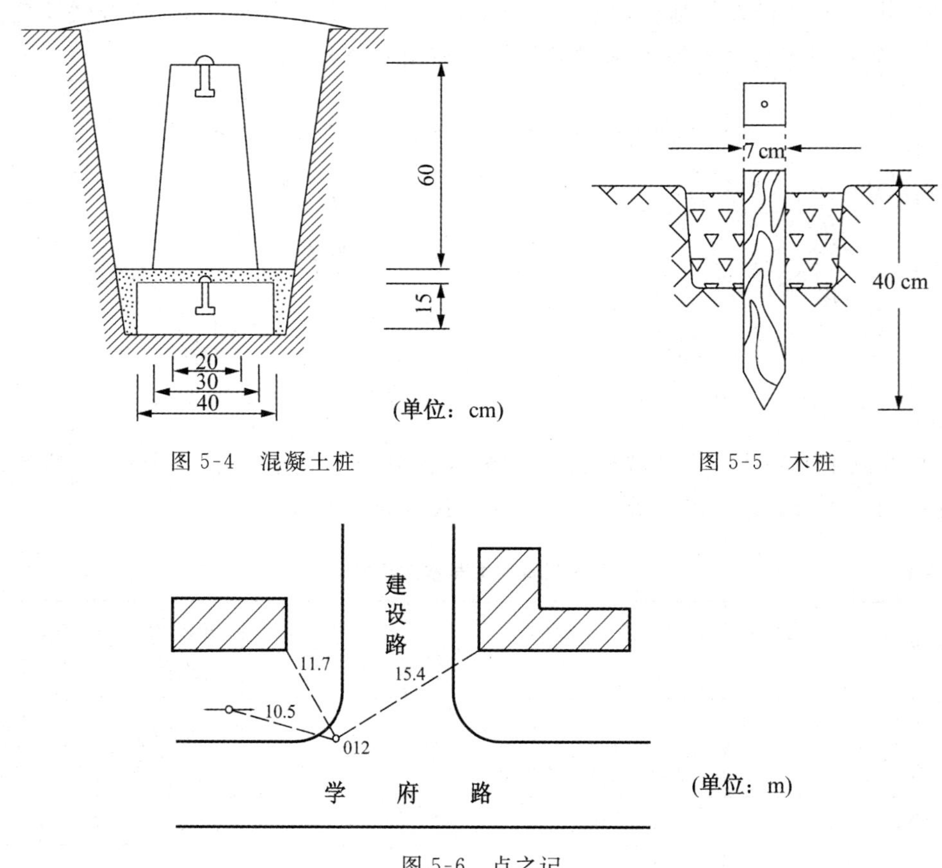

图 5-4 混凝土桩

图 5-5 木桩

图 5-6 点之记

（2）导线边长测量

导线边长测量可用钢尺丈量法，也可用光电测距仪测定。钢尺量距时，对于一、二、三级导线，应用检定过的钢尺，用精密方法进行丈量；对于图根导线，则用一般方法进行丈量，即采用往返丈量的方法，两次丈量数值取其平均，其相对误差不应大于 1/3000。光电测距仪测距时，应根据导线等级和技术要求，选用相应的测距仪，测定导线边的水平长度。

（3）导线转折角测量

导线转折角的测量一般采用测回法观测，多于两个方向的，可用方向法观测。导线转折角有左角、右角之分，沿导线前进方向左侧的角称为“左角”，右侧的角称为“右角”。在附合导线中，一般测量导线左角；在闭合导线中均测内角；对于图根支导线应分别观测左角和右角，以资检核。不同等级导线的测角技术要求已列入表 5-1。

(4)连测

导线连测指的是新布设的导线与高级控制点的连接测量，以取得新布设导线的起算数据，即起始点的坐标和起始边的方位角。

如图 5-1 所示，A,B,C,D 为已知点，1，2，3 为新布设的导线点，则导线连测为测定连接角 β_B,β_C 和连接边 AB,CD。连接角和连接边的测量方法与上述导线的测角、测边方法相同，但是如果连接角和连接边的测量出现错误，会使整个导线网方向旋转，出现点位的平移，所以，连测时角度和距离的精度均应比实测导线高一个等级。

如果测区及其附近没有高级控制点，可用罗盘仪测出导线起始边的磁方位角，并假定起始点的坐标，作为导线的起始数据，即建立独立平面直角坐标系。

二、导线测量的内业计算

导线测量内业计算的目的，是根据起始点的坐标和起始边的坐标方位角，以及外业观测的导线边长和转折角，通过误差调整，计算各导线点的平面坐标。

内业计算之前，应全面检查导线测量外业成果，包括数据是否齐全，有无记错、算错，成果是否符合精度要求，起算数据是否正确。然后绘制导线略图，并把边长、转折角、起始边方位角及已知点坐标等计算数据注在图上的相应位置。

1. 坐标计算的基本公式

(1)坐标正算

根据已知点的坐标、已知边长及该边的坐标方位角，计算未知点的坐标，称为"坐标的正算"。

如图 5-7 所示，设 A 点的坐标(x_A,y_A)，AB 的长 D_{AB} 及其坐标方位角 α_{AB} 为已知，则根据图示三角原理，计算坐标增量 Δx_{AB}，Δy_{AB} 为：

$$\left.\begin{aligned}\Delta x_{AB}=x_B-x_A=D_{AB}\cos\alpha_{AB}\\ \Delta y_{AB}=y_B-y_A=D_{AB}\sin\alpha_{AB}\end{aligned}\right\}\quad(5-1)$$

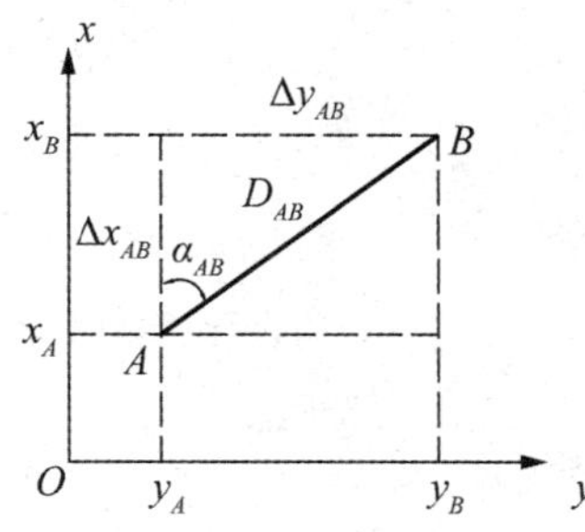

图 5-7　坐标正、反算示意图

坐标增量有正、负之分，其正、负号由 $\cos\alpha_{AB}$，$\sin\alpha_{AB}$ 的正、负号决定，即由 α_{AB} 所在的象限(直线的方向)确定。

最后，未知点 B 的坐标为：

$$\left.\begin{aligned}x_B=x_A+\Delta x_{AB}\\ y_B=y_A+\Delta y_{AB}\end{aligned}\right\}\quad(5-2)$$

(2)坐标反算

根据两个已知点的坐标求算两点间的边长及其方位角,称为"坐标反算"。

当导线与已知高级控制点连测时,一般应利用高级控制点的坐标,反算出高级控制点间的坐标方位角或边长,作为导线的起算数据与校核条件。此外,在施工放样前,也要利用坐标反算求出放样数据。

如图 5-7 所示,若 A,B 为两已知点,其坐标分别为(x_A,y_A)和(x_B,y_B),根据三角原理,可写出以下公式:

$$\alpha_{AB}=\arctan\frac{\Delta y_{AB}}{\Delta x_{AB}}=\arctan\frac{y_B-y_A}{x_B-x_A} \tag{5-3}$$

$$\left.\begin{aligned} D_{AB}&=\frac{\Delta y_{AB}}{\sin\alpha_{AB}}=\frac{\Delta x_{AB}}{\cos\alpha_{AB}} \\ D_{AB}&=\sqrt{\Delta x_{AB}{}^2+\Delta y_{AB}{}^2} \end{aligned}\right\} \tag{5-4}$$

计算方位角时应该注意,按式(5-3)计算出来的是象限角,因此,必须根据坐标增量 Δx,Δy 的正负号确定 AB 边所在的象限,然后再把象限角换算为 AB 边的坐标方位角。

2. 附合导线坐标的计算

以图 5-8 所示数据为例,结合表 5-2 的使用,介绍附合导线坐标计算的步骤。

计算前先将图 5-8 中的有关数据填入表 5-2 中的相应栏内,起算数据用下划线标明。

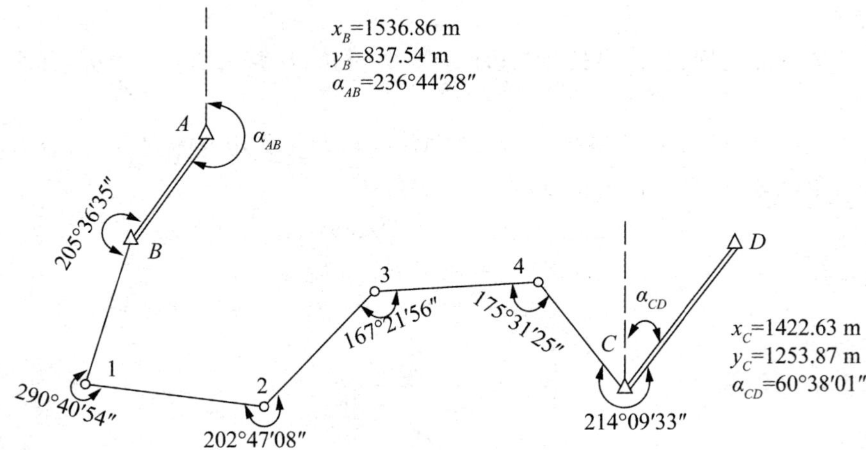

图 5-8　附合导线略图

表 5-2

附合导线坐标计算表

点号	转折角(右角)			方位角 α	边长 D (m)	坐标增量计算值				改正后增量		坐标	
	观测值	改正数	改正角			$\Delta x'$(m)	δx(cm)	$\Delta y'$(m)	δy(cm)	Δx(m)	Δy(m)	x(m)	y(m)
1	2	3	4=2+3	5	6	7	8	9	10	11=7+8	12=9+10	13	14
A													
				236°44′28″									
B	205°36′48″	−13″	205°36′35″									1536.86	837.54
				211°07′53″	125.36	−107.31	+4	−64.81	−2	−107.27	−64.83		
1	290°40′54″	−12″	290°40′42″									1429.59	772.71
				100°27′11″	98.76	−17.92	+3	+97.12	−2	−17.89	+97.10		
2	202°47′08″	−13″	202°46′55″									1411.70	869.81
				77°40′16″	114.63	+24.48	+3	+111.99	−2	+24.51	+111.97		
3	167°21′56″	−13″	167°21′43″									1436.21	981.78
				90°18′33″	116.44	−0.63	+4	+116.44	−2	−0.59	+116.42		
4	175°31′25″	−13″	175°31′12″									1435.62	1098.20
				94°47′21″	156.25	−13.04	+5	+155.70	−3	−12.99	+155.67		
C	214°09′33″	−13″	214°09′20″									1422.63	1253.87
				60°38′01″									
D													
总和	1256°07′44″	−77″	1256°06′27″		641.44	−114.42	+19	+416.44	−11	−114.23	+416.33		

辅助计算

$$f_\beta = \alpha'_{终} - \alpha_{终} = (\alpha_{AB} + 6 \times 180° - \sum \beta_{测}) - \alpha_{CD} = -1'17''$$

$$f_{\beta容} = \pm 40'' \sqrt{6} = \pm 98.0''$$

$$f_x = \sum \Delta x' - \sum \Delta x_{理} = \sum \Delta x' - (x_C - x_B) = -0.19 \text{ m}$$

$$f_y = \sum \Delta y' - \sum \Delta y_{理} = \sum \Delta y' - (y_C - y_B) = +0.11 \text{ m}$$

$$f_D = \sqrt{f_x^2 + f_y^2} = 0.22 \text{ m}$$

$$K = \frac{f_D}{\sum D} = \frac{1}{\frac{\sum D}{f_D}} = \frac{1}{2900} < \frac{1}{2000}$$

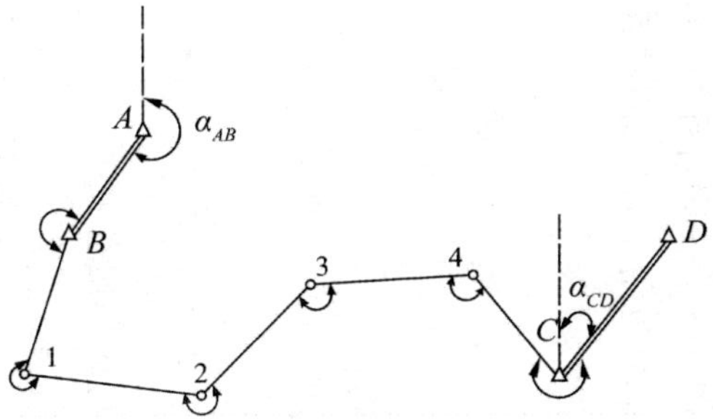

(1)角度闭合差的计算与调整

图 5-8 为一附合导线,A,B,C,D 为已知点,1,2,3,4 为布设的导线点,根据起始边 AB 的坐标方位角 α_{AB} 及观测的各转折角 $\beta_{右}$,按方位角公式推算出终边 CD 的坐标方位角 α'_{CD}。

$$\left.\begin{aligned} \alpha_{B1} &= \alpha_{AB} + 180^\circ - \beta_B \\ \alpha_{12} &= \alpha_{B1} + 180^\circ - \beta_1 \\ \alpha_{23} &= \alpha_{12} + 180^\circ - \beta_2 \\ \alpha_{34} &= \alpha_{23} + 180^\circ - \beta_3 \\ \alpha_{4C} &= \alpha_{34} + 180^\circ - \beta_4 \\ +)\alpha'_{CD} &= \alpha_{4C} + 180^\circ - \beta_C \end{aligned}\right\}$$

$$\alpha'_{CD} = \alpha_{AB} + 6 \times 180^\circ - \sum \beta_{测}$$

写成一般公式为:
$$\alpha'_{终} = \alpha_{起} \pm n \times 180^\circ \left.\begin{matrix} + \sum \beta_{左} \\ - \sum \beta_{右} \end{matrix}\right\} \tag{5-5}$$

式中:$\alpha'_{终}$——推算的终边坐标方位角;

$\alpha_{起}$——已知的起始边坐标方位角;

n——观测角的个数。

由于导线测角存在误差,故 $\alpha'_{终}$ 与 $\alpha_{终}$ 不相等,二者之差即为角度闭合差,其值为:

$$f_\beta = \alpha'_{终} - \alpha_{终} \tag{5-6}$$

各级导线角度闭合差的容许值 $f_{\beta容}$ 见表 5-1。图根导线 $f_{\beta容} = \pm 40''\sqrt{n}$,若 f_β 超过 $f_{\beta容}$,则应分析原因进行重测。若不超过,如果观测的是左角,将角度闭合差 f_β 反号平均分配到各观测角中;如果观测的是右角,将角度闭合差 f_β 同号平均分配到各观测角中,可依据公式 $v_\beta = \dfrac{\pm f_\beta}{n}$。当 f_β 不能被整除时,将余数均匀分配到若干较短边所夹角度的改正数中。角度改正数应满足 $\sum v_\beta = \pm f_\beta$,此条件用于计算检核。

改正后的角值(简称“改正角”)$\bar{\beta} = \beta + v_\beta$,其值填在表 5-2 的第 4 栏内。改正角之和应满足下列条件:

$$\alpha_{起} \pm n \times 180^\circ \left.\begin{matrix} + \sum \bar{\beta}_{左} \\ - \sum \bar{\beta}_{右} \end{matrix}\right\} = \alpha_{终} \tag{5-7}$$

(2)各边坐标方位角的计算

根据起始边已知坐标方位角和改正角,按下列公式推算各边的坐标方位角,并填入表 5-2 的第 5 栏内。

$$\alpha_{后} = \alpha_{前} \pm 180^\circ \pm \bar{\beta} \tag{5-8}$$

在具体推算时要注意如下几点:

①式(5-8)中的 ±180°,若 $\alpha_{前}$ 小于 180°,则取 +180°;若 $\alpha_{前}$ 大于 180°,则取 −180°。

②式(5-8)中的 $\pm\bar{\beta}$,若 $\bar{\beta}$ 是左角,则取 $+\bar{\beta}$;若 $\bar{\beta}$ 是右角,则取 $-\bar{\beta}$。

③推算出来的 $\alpha_{后}$ 若小于 0°,则 $\alpha_{后}$ 加上 360°;若 $\alpha_{后}$ 大于 360°,则应减去 360°。

例如:

$$\alpha_{B1} = \alpha_{AB} + 180^\circ - \bar{\beta}_B = 236^\circ 44' 28'' + 180^\circ - 205^\circ 36' 35'' = 211^\circ 07' 53''$$

按上述方法逐边推算坐标方位角,最后算出的终边坐标方位角,应与已知的终边坐标方位角相等，否则应重新检查计算。

(3)坐标增量的计算与调整

①坐标增量的计算

根据已推算出的导线各边的坐标方位角和相应边的边长，按式(5-1)计算各边的坐标增量。例如，导线边 $B1$ 的坐标增量为：

$$\Delta x'_{B1}=D_{B1}\cos\alpha_{B1}=125.36\times\cos 211°07'53''=-107.31\ \text{m}$$

$$\Delta y'_{B1}=D_{B1}\sin\alpha_{B1}=125.36\times\sin 211°07'53''=-64.81\ \text{m}$$

同法算得其他各边的坐标增量值，填入表 5-2 的第 7、9 两栏的相应格内。

②坐标增量闭合差的计算与调整

理论上，各边的纵、横坐标增量代数和应等于终、始两已知点间的纵、横坐标差，即：

$$\sum\Delta x_{理}=x_C-x_B$$

$$\sum\Delta y_{理}=y_C-y_B$$

由于调整后的各转折角和实测的各导线边长均含有误差，导致以它们为基础计算的各边纵、横坐标增量代数和不等于附合导线终点和起点的纵、横坐标之差，该差值即为纵、横坐标增量闭合差 f_x 和 f_y，即：

$$f_x=\sum\Delta x'-\sum\Delta x_{理}=\sum\Delta x'-(x_C-x_B)$$

$$f_y=\sum\Delta y'-\sum\Delta y_{理}=\sum\Delta y'-(y_C-y_B)$$

坐标增量闭合差的一般公式为：

$$\left.\begin{aligned}f_x&=\sum\Delta x'-(x_{终}-x_{始})\\f_y&=\sum\Delta y'-(y_{终}-y_{始})\end{aligned}\right\}\tag{5-9}$$

从图 5-9 中可以看出，由于 f_x 和 f_y 的存在，导线不能和 CD 连接。CC'的长度 f_D 称为“导线全长闭合差”，并用下式计算：

$$f_D=\sqrt{f_x^2+f_y^2}\tag{5-10}$$

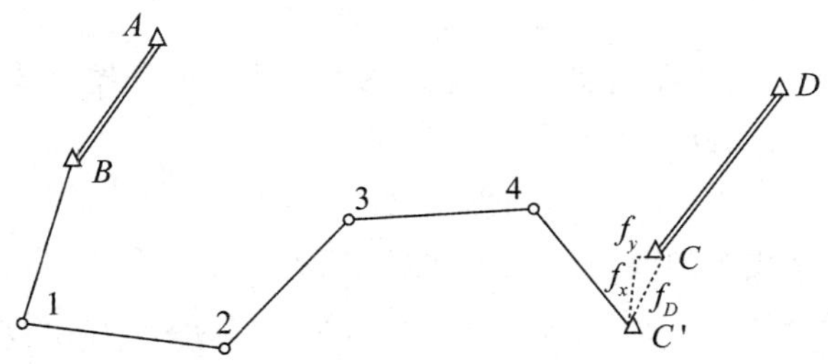

图 5-9　导线闭合差的产生

仅以 f_D 值的大小还不能显示导线测量的精度，应当将 f_D 与导线全长 $\sum D$ 相比较，即以分子为 1 的分数来表示导线全长的相对闭合差：

$$K=\frac{f_D}{\sum D}=\frac{1}{\dfrac{\sum D}{f_D}}\tag{5-11}$$

以相对闭合差 K 来衡量导线测量的精度，K 的分母越大，精度越高。不同等级的导线，其容许相对闭合差见表 5-1。图根导线的相对闭合差不大于 1/2000。

本例中 f_x，f_y，f_D 及 K 的计算见表 5-2 辅助计算栏。

若 K 大于 $K_容$，则说明成果不合格，应首先检查内业计算有无错误，然后检查外业观测成果，必要时要重测。若 K 不超过 $K_容$，则说明测量成果符合精度要求，可以进行调整。

坐标增量闭合差调整的原则是：将 f_x，f_y 以相反符号按边长成正比例分配到相应纵、横坐标增量中去。以 δx_i，δy_i 分别表示第 i 边的纵、横坐标增量改正数，即：

$$\left.\begin{aligned}\delta x_i &= -\frac{f_x}{\sum D}D_i \\ \delta y_i &= -\frac{f_y}{\sum D}D_i\end{aligned}\right\} \tag{5-12}$$

本例中导线边 1～2 的坐标增量改正数为：

$$\delta x_{12} = -\frac{f_x}{\sum D}D_{12} = -\frac{-0.19}{641.44}\times 98.76 = 0.03\ \text{m}$$

$$\delta y_{12} = -\frac{f_y}{\sum D}D_{12} = -\frac{+0.11}{641.44}\times 98.76 = -0.02\ \text{m}$$

同理求得其他各导线边的纵、横坐标增量改正数填入表 5-2 的第 8、10 栏内。改正数取位到厘米。

纵、横坐标增量改正数之和应满足下式：

$$\left.\begin{aligned}\sum \delta x &= -f_x \\ \sum \delta y &= -f_y\end{aligned}\right\} \tag{5-13}$$

各边坐标增量计算值加改正数，即得各边改正后的坐标增量（见表 5-2 第 11、12 两栏），即：

$$\left.\begin{aligned}\Delta x_i &= \Delta x_i' + \delta x_i \\ \Delta y_i &= \Delta y_i' + \delta y_i\end{aligned}\right\} \tag{5-14}$$

本例中导线边 1～2 的改正后坐标增量分别为第 7、8 栏和第 9、10 栏内两数之和：

$$\left.\begin{aligned}\Delta x_{12} &= -17.92 + 0.03 = -17.89\ \text{m} \\ \Delta y_{12} &= +97.12 - 0.02 = +97.10\ \text{m}\end{aligned}\right\}$$

同理求得其他各导线边的改正后坐标增量，填入表 5-2 的第 11、12 栏内。改正后的纵、横坐标增量之代数和应分别等于终、始已知点坐标之差，以此作为计算检核。

（4）导线点的坐标计算

根据导线起始点 A 的已知坐标及改正后的坐标增量，按式（5-2）依次推算出其他各导线点的坐标，填入表 5-2 中的第 13、14 栏内。最后推算出终点 C 的坐标，其值应与 C 点已知坐标相同，以此作为计算检核。

3. 闭合导线坐标的计算

闭合导线的坐标计算与附合导线基本相同，主要区别是角度闭合差与坐标增量闭合差的计算方法不同。以图 5-10 中闭合导线的数据为例说明上述不同点的计算方法。

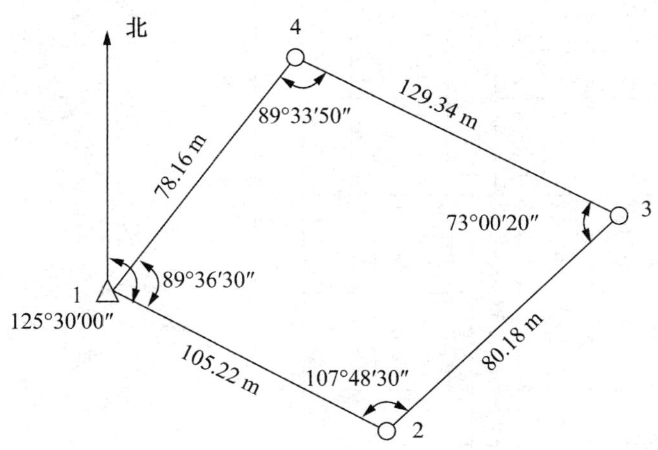

图 5-10　闭合导线计算示意图

(1)角度闭合差的计算

闭合导线组成一个闭合多边形，并观测多边形的各个内角。若多边形为 n 边，则内角和理论值应为：

$$\sum \beta_{理}=(n-2)\times 180°$$

由于观测角不可避免地存在误差，导致实测的内角和 $\sum \beta_{测}$ 不等于 $\sum \beta_{理}$，从而产生角度闭合差，即：

$$f_{\beta}=\sum \beta_{测}-\sum \beta_{理}=\sum \beta_{测}-(n-2)\times 180°$$

闭合导线角度闭合差的调整与附合导线相同，将角度闭合差反号平均分配到各观测角中。若有余数时，应遵循短边相邻角多分的原则，然后求出改正后的角值。求出改正角值后，再计算改正角的总和，其值应与理论值相等，作为计算检核。

(2)坐标增量闭合差的计算

根据闭合导线本身的几何特点，由边长和坐标方位角计算的各边纵、横坐标增量，其代数和的理论值应等于 0，即：

$$\left.\begin{array}{l}\sum \Delta x_{理}=0 \\ \sum \Delta y_{理}=0\end{array}\right\}$$

实际上，由于量边的误差和角度闭合差调整后的残余误差，往往使 $\sum \Delta x_{测}$，$\sum \Delta y_{测}$ 不等于 0，从而产生纵坐标增量闭合差 f_x 和横坐标增量闭合差 f_y，即：

$$\left.\begin{array}{l}f_x=\sum \Delta x_{测} \\ f_y=\sum \Delta y_{测}\end{array}\right\} \quad (5\text{-}15)$$

如本例中纵、横坐标增量闭合差为：

$$f_x=0.09 \text{ m}, f_y=-0.07 \text{ m}$$

坐标增量闭合差的调整与附合导线相同。闭合导线坐标计算的全过程见表 5-3 算例。

表 5-3

闭合导线坐标计算表

点号	转折角(右角)			方位角 α	边长 D (m)	坐标增量计算值				改正后增量		坐标	
	观测值	改正数	改正角			$\Delta x'$(m)	δx(cm)	$\Delta y'$(m)	δy(cm)	Δx(m)	Δy(m)	x(m)	y(m)
1	2	3	4=2+3	5	6	7	8	9	10	11=7+8	12=9+10	13	14
1				125°30′00″	105.22	−61.10	−2	+85.66	+2	−61.12	+85.68	500.00	500.00
2	107°48′30″	+12″	107°48′42″	53°18′42″	80.18	+47.90	−2	+64.30	+2	+47.88	+64.32	438.88	585.68
3	73°00′20″	+12″	73°00′32″	306°19′14″	129.34	+76.61	−3	−104.21	+2	+76.58	−104.19	486.76	650.00
4	89°33′50″	+13″	89°34′03″	215°53′17″	78.16	−63.32	−2	−45.82	+1	−63.34	−45.81	563.34	545.81
1	89°36′30″	+13″	89°36′43″	125°30′00″								500.00	500.00
2													
总和	359°59′10″	+50″	360°00′00″		392.90	+0.09	−9	−0.07	+7	0.00	0.00		

辅助计算

$$f_\beta = \sum \beta_{测} - \sum \beta_{理} = \sum \beta_{测} - (4-2)\times 180° = -50''$$

$$f_{\beta容} = \pm 40''\sqrt{4} = \pm 80''$$

$$f_x = \sum \Delta x_{测} = +0.09\ \text{m}$$

$$f_y = \sum \Delta y_{测} = -0.07\ \text{m}$$

$$f_D = \sqrt{f_x^2 + f_y^2} = 0.11\ \text{m}$$

$$K = \frac{f_D}{\sum D} = \frac{1}{\frac{\sum D}{f_D}} = \frac{1}{3500} < \frac{1}{2000}$$

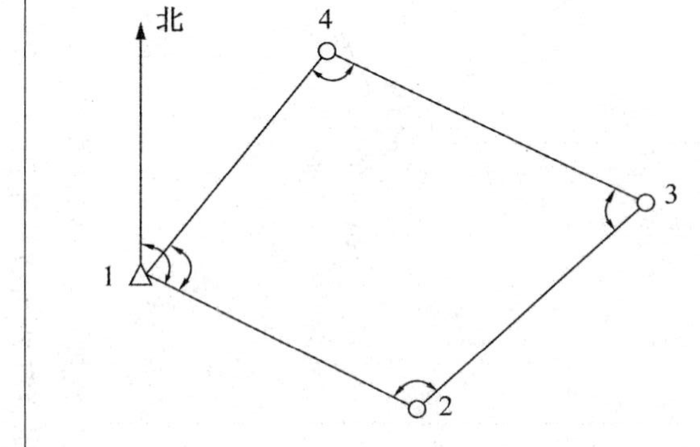

任务二 水准测量

小区域高程控制测量的方法主要有水准测量和三角高程测量，而水准测量一般采用三、四等水准测量。如果测区地势比较平坦，可采用四等或图根水准测量。

一、三、四等水准测量

三、四等水准测量除用于国家高程控制网的加密，还用于建立小区域首级高程控制网。三、四等水准测量起算点的高程一般应从附近的国家一、二等水准点引测，若测区内或附近没有国家等级水准点，也可建立独立的首级高程控制网，这样起算点的高程采用假定高程。

三、四等水准网的布设形式：如果是作为测区的首级控制，一般布设成闭合水准路线；如果是加密，可采用附合水准路线和结点网。

三、四等水准路线一般沿铁路、公路等坡度较小、便于施测的路线布设。三、四等水准点应选在土质坚硬、便于长期保存和使用的地方，并应埋设水准标石，亦可利用埋石的平面控制点作为水准点。为了便于寻找，各水准点应绘点之记。三、四等水准测量的主要技术指标要求见表 5-4。

表 5-4　三、四等水准测量的主要技术指标要求(GB 50026—2007)

<table>
<tr><th rowspan="2">等级</th><th rowspan="2">水准仪</th><th rowspan="2">水准尺</th><th rowspan="2">附合路线长度(km)</th><th rowspan="2">视线长度(m)</th><th rowspan="2">视线离地面最低高度(m)</th><th rowspan="2">前后视距差(m)</th><th rowspan="2">前后视距累积差(m)</th><th rowspan="2">基辅分划(黑、红面读数较差)(mm)</th><th rowspan="2">一测站所测高差之差(mm)</th><th colspan="2">观测次数</th><th colspan="2">往返较差、附合或环形闭合差</th></tr>
<tr><th>与已知点连测</th><th>附合或环形</th><th>平地(mm)</th><th>山地(mm)</th></tr>
<tr><td rowspan="2">三等</td><td>DS_1</td><td>因瓦</td><td rowspan="2">≤50</td><td>≤100</td><td rowspan="2">0.3</td><td rowspan="2">≤3.0</td><td rowspan="2">≤6.0</td><td>1.0</td><td>1.5</td><td rowspan="2">往返各一次</td><td>往一次</td><td rowspan="2">$\pm 12\sqrt{L}$</td><td rowspan="2">$\pm 4\sqrt{n}$</td></tr>
<tr><td>DS_3</td><td>双面</td><td>≤75</td><td>2.0</td><td>3.0</td><td>往返各一次</td></tr>
<tr><td>四等</td><td>DS_3</td><td>双面</td><td>≤16</td><td>≤100</td><td>0.2</td><td>≤5.0</td><td>≤10</td><td>3.0</td><td>5.0</td><td>往返各一次</td><td>往一次</td><td>$\pm 20\sqrt{L}$</td><td>$\pm 6\sqrt{n}$</td></tr>
<tr><td>图根</td><td>DS_3</td><td>单面</td><td>—</td><td>≤100</td><td>—</td><td>近似相等</td><td>—</td><td>—</td><td>—</td><td>往返各一次</td><td>往一次</td><td>$\pm 30\sqrt{L}$</td><td>—</td></tr>
</table>

注：1. L 为往返测段、附合或环线的水准路线长度(km)；n 为测站数。

2. 二等水准视线长度小于 20 m 时，其视线高度不应低于 0.3 m。

3. 三、四等水准测量采用变动仪器高法观测单面水准尺时，所测两次高差较差，应与黑、红面所测高差之差的要求相同。

三、四等水准测量的观测应在通视良好、成像清晰稳定的情况下进行。常用的观测方法有双面尺法和变动仪器高法。

1.双面尺法

(1)一个测站上的观测顺序

按以下顺序观测，读数填入记录表(见表5-5)的相应位置。

①照准后视水准点上的黑面尺，读取上、下、中丝读数：(1)(2)(3)；

②照准后视水准点上的红面尺，读取中丝读数：(4)；

③照准前视水准点上的黑面尺，读取上、下、中丝读数：(7)(8)(9)；

④照准前视水准点上的红面尺，读取中丝读数：(10)。

以上(1)(2)…表示观测与记录的顺序。这样的观测顺序简称为“后后前前”，这种顺序比较简便。三等水准测量的观测顺序为“后前前后”，其优点是可以消除或减弱仪器和尺垫下沉误差的影响。

表5-5　　三、四等水准测量记录(双面尺法)

测站编号	点号	后尺 上丝 / 下丝 / 后视距 / 视距差	前尺 上丝 / 下丝 / 前视距 / $\sum d$	方向及尺号	水准尺读数 黑面	水准尺读数 红面	K＋黑－红	平均高差(m)
		(1)	(7)	后	(3)	(4)	(6)	
		(2)	(8)	前	(9)	(10)	(14)	
		(5)	(11)	后－前	(15)	(16)	(17)	(18)
		(12)	(13)					
1	B～TP1	1536	1030	后5	1242	6030	－1	
		0947	0442	前6	0736	5422	＋1	
		58.9	58.8	后－前	＋0.506	＋0.608	－2	＋0.5070
		＋0.1	＋0.1					
2	TP1～TP2	1954	1276	后6	1664	6350	＋1	
		1373	0693	前5	0985	5773	－1	
		58.1	58.3	后－前	＋0.679	＋0.577	＋2	＋0.6780
		－0.2	－0.1					
3	TP2～TP3	1146	1744	后5	1024	5811	0	
		0900	1499	前6	1622	6308	＋1	
		24.6	24.5	后－前	－0.598	－0.497	－1	－0.5975
		＋0.1	0					
4	TP3～A	1479	0982	后6	1171	5859	－1	
		0864	0373	前5	0678	5465	0	
		61.5	60.9	后－前	＋0.493	＋0.394	－1	＋0.4935
		＋0.6	＋0.6					

续表

<table>
<tr><th rowspan="4">测站编号</th><th rowspan="4">点号</th><th rowspan="2">后尺</th><th>上丝</th><th rowspan="2">前尺</th><th>上丝</th><th rowspan="4">方向及尺号</th><th colspan="2" rowspan="2">水准尺读数</th><th rowspan="4">K＋黑－红</th><th rowspan="4">平均高差（m）</th><th rowspan="4">备注</th></tr>
<tr><th>下丝</th><th>下丝</th></tr>
<tr><th colspan="2">后视距</th><th colspan="2">前视距</th><th rowspan="2">黑面</th><th rowspan="2">红面</th></tr>
<tr><th colspan="2">视距差</th><th colspan="2">$\sum d$</th></tr>
<tr><td colspan="2">每页检核</td><td colspan="10">$\sum(5) = 203.1$
$-)\sum(11) = 202.5$
$=+0.6$
$=4$ 站(13)

$\sum[(3)+(4)] = 29.151$
$-)\sum[(9)+(10)] = 26.989$
$=+2.162$

$\sum[(15)+(16)] = +2.162$
$\sum(18) = +1.081$
$2\sum(18) = +2.162$

总视距 $= \sum(5) + \sum(11) = 405.6$ m</td></tr>
</table>

注：1. K 为尺常数：$K_5=4787$，$K_6=4687$。

2. 带小数点的数据单位为 m；不带小数点的数据单位为 mm。

(2)测站计算与检核

每个测站的观测、记录和计算应尽量同步进行，即边观测边计算，以便及时发现和纠正错误，不能等测完再算。测站上的计算分为视距、高差和检核计算三部分。

①视距部分

后视距离：(5)＝(1)－(2)，四等双面尺法此差不得大于 100 m；

前视距离：(11)＝(7)－(8)，四等双面尺法此差不得大于 100 m；

前后视距差：(12)＝(5)－(11)，四等双面尺法此差不得大于 5 m；

前后视距累积差：(13)＝上站之(13)＋本站(12)，四等双面尺法此值不得大于 10 m。

②高差部分

黑、红面读数差：(6)＝K＋(3)－(4)，(14)＝K＋(9)－(10)，四等双面尺法此差不得大于 3 mm；

黑面所测高差：(15)＝(3)－(9)；

红面所测高差：(16)＝(4)－(10)；

黑、红面所测高差之差：(17)＝(15)－[(16)±0.100]＝(6)－(14)，0.100 m 为两红面水准尺的常数差，四等双面尺法此差不得大于 5 mm；

平均高差：(18)＝1/2{(15)＋[(16)±0.100]}。

③检核计算

a. 视距计算检核

后视距离总和减前视距离总和应等于末站视距累积差，即：

$$\sum(5) - \sum(11) = \text{末站}(13)$$

检核无误后，算出总视距为：

$$\text{总视距} = \sum(5) + \sum(11)$$

b. 高差计算检核

黑、红面后视总和减黑、红面前视总和应等于黑、红面高差总和，还应等于平均高差总和的两倍，即：

$$\sum[(3)+(4)]-\sum[(9)+(10)]=\sum[(15)+(16)]=2\sum(18)$$

上式适用于测站数为偶数。

$$\sum[(3)+(4)]-\sum[(9)+(10)]=\sum[(15)+(16)]=2\sum(18)\pm 0.100$$

上式适用于测站数为奇数。

用双面尺法进行三、四等水准测量的记录、计算与检核实例见表 5-5。

④水准点的高程计算

外业成果经检核无误后，按项目二中水准测量成果计算的方法，计算各水准点的高程。

2. 变动仪器高法

进行四等水准测量时，如果没有黑、红双面尺，可采用单面水准尺，用变动仪器高法进行检核。在每一测站上需变动仪器高度 0.1 m 以上。观测时将上述手簿中黑、红面中丝读数改为第一次和第二次仪器高读数，(6)(14)两项不必计算。变动仪器高所测得的两次高差之差不得超过 5 mm，其他要求与双面尺法相同。

二、图根水准测量

图根水准测量用于测定测区首级平面控制点和图根点高程，其精度低于四等水准测量，故又称为“等外水准测量”。图根水准测量的水准路线可根据平面控制点和图根点在测区的分布情况布设。其观测方法及记录、计算参阅项目二，其技术要求见表 5-4。

任务三　三角高程测量

一、三角高程测量原理

三角高程测量同水准测量相比，速度快，效率高，特别适合地形起伏较大的山区。但是，三角高程测量的精度较水准测量的精度低，一般用于较低等级的高程控制中。实验表明，采取适当的措施，全站仪三角高程测量的精度可以达到三等、四等水准测量的精度要求。

简言之，三角高程测量是根据两点间的水平距离和竖直角计算这两点间的高差，从而推算出待定点高程的方法。三角高程测量所测定的地面点称为“三角高程点”，三角高程测量所经过的路线称为“三角高程路线”。

如图 5-11 所示，已知 A 点高程 H_A，欲测定 B 点高程 H_B，可在 A 点安置经纬仪，在 B 点竖立觇标，用望远镜中丝瞄准觇标的顶点，测得竖直角 α，量取桩顶至仪器横轴的高度 i（仪器高）和觇标高 v，再根据 AB 之间的平距 D，即可算出 A，B 两点间的高差为：

$$h_{AB}=D\tan\alpha+i-v \tag{5-16}$$

B 点的高程为：

$$H_B=H_A+h_{AB}=H_A+D\tan\alpha+i-v \tag{5-17}$$

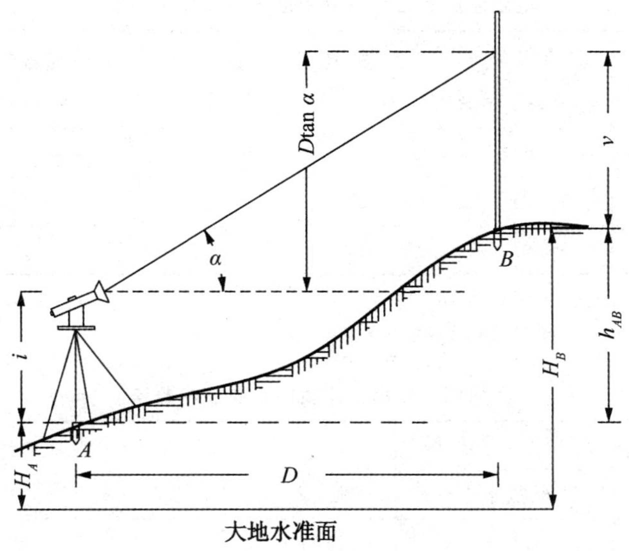

图 5-11　三角高程测量原理

三角高程测量中，在已知点 A 上观测已知点 A 到未知点 B 的竖直角，以推算未知点 B 的高程的方法称为“直觇”；在未知点 B 上观测未知点 B 到已知点 A 的竖直角，以推算未知点 B 的高程的方法称为“反觇”。反觇的高差为：

$$h_{BA}=D_{BA}\tan\alpha_{BA}+i_B-v_A \tag{5-18}$$

B 点高程为：

$$H_B=H_A-h_{BA}=H_A-(D_{BA}\tan\alpha_{BA}+i_B-v_A) \tag{5-19}$$

在两点间仅进行直觇观测或反觇观测，称为“单向观测”；在两点间既进行直觇观测，又进行反觇观测，称为“对向观测”或“双向观测”。对向观测时，A，B 两点高差由式(5-16)和式(5-18)取平均求得，为：

$$h_{AB中}=\frac{h_{AB}+h_{BA}}{2} \tag{5-20}$$

三角高程测量一般采用对向观测，对向观测可以消除地球曲率和大气折光的影响。三角高程测量对向观测所求得的高差较差不应大于规范要求(见表 5-6 和表 5-7)。若符合要求，则取两次高差的平均值作为高程计算依据。若只进行了三角高程的单向观测，则在计算高差时一定要加入地球曲率和大气折光的改正。在地形测量中，当水平距离小于 200 m 时，这两项改正数小于 3 mm，可以不予考虑。

二、三角高程测量技术要求

三角高程测量有电磁波测距三角高程测量、经纬仪三角高程测量和独立高程点三种。三者精度不同，有不同的精度分级，各级三角高程测量视需要均可作为测区的首级高程控制。

表 5-6 电磁波测距三角高程测量的主要技术要求

等级	仪器	竖直角测回数		指标差较差(″)	竖直角较差(″)	对向观测高差较差(mm)	附合或环形闭合差(mm)
		三丝法	中丝法				
四等	DJ_2		3	7	7	$\pm 40\sqrt{D}$	$\pm 20\sqrt{D}$
一级(五等)	DJ_2	1	2	10	10	$\pm 60\sqrt{D}$	$\pm 30\sqrt{D}$
二级(图根)	DJ_6		2	25	25		$\pm 40\sqrt{D}$

注:1. D 为电磁波测距边长度,单位为 km。

2. 单向观测时,应考虑地球曲率和大气折光的影响。

表 5-7 经纬仪三角高程测量的主要技术要求

等级	仪器	总长(km)	竖直角测回数		指标差较差(″)	竖直角较差(″)	对向观测高差较差(mm)	附合或环形闭合差(mm)
			三丝法	中丝法				
一级	DJ_2	1.5	1	2	15	15	$\pm 200S$	$\pm 0.07\sqrt{n}$
二级(图根)	DJ_6	0.5		2	25	25	$\pm 400S$	$\pm 0.11H_d\sqrt{n}$

注:1. S 为边长,单位为 km;n 为边数;H_d 为等高距,单位为 m。

2. 单向观测时,应考虑地球曲率和大气折光的影响。

三、三角高程成果计算

1. 检查抄录有关数据,绘制三角高程路线略图

三角高程路线略图如图 5-12 所示。

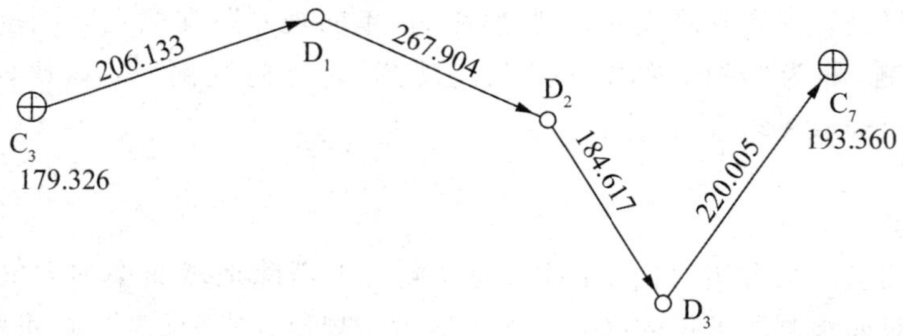

图 5-12 三角高程路线略图

2. 计算三角高程路线各边的高差

如表 5-8 所示,先按三角高程路线前进方向填写所求点、起算点的点号或点名,再将检查的观测数据,包括竖直角 α、仪器高 i、觇标高 v 一一抄录到相应的栏内。数据抄录检查无误后,按式(5-16)(5-18)计算各边直、反觇高差。两点间直、反觇高差的较差应满足表 5-6 和表 5-7 所列要求。若不超限,取中数,符号以直觇为准;若超限,则应重新观测。

表 5-8　　　　三角高程路线高差计算

路线	C_3-D_1		D_1-D_2		D_2-D_3		D_3-C_7	
觇法	直觇	反觇	直觇	反觇	直觇	反觇	直觇	反觇
竖直角 α	−0°27′42″	0°32′26″	0°37′32″	−0°37′25″	0°56′52″	−0°54′43″	2°34′09″	−2°30′55″
平距 D(m)	206.133	206.133	267.904	267.904	184.617	184.617	220.005	220.005
仪器高 i(m)	1.424	1.518	1.518	1.477	1.477	1.383	1.383	1.456
觇标高 v(m)	1.500	1.750	1.500	1.500	1.500	1.500	1.500	1.550
高差 h(m)	−1.737	+1.713	+2.943	−2.939	+3.031	−3.056	+9.755	−9.758
Δh(m)	−0.024		+0.004		−0.025		−0.003	
平均高差 $h_{中}$(m)	−1.725		+2.941		+3.044		+9.756	

3.计算并分配路线高差闭合差

三角高程路线观测总高差＝−1.725＋2.941＋3.044＋9.756＝14.016 m

三角高程路线闭合差为：

$$
\begin{aligned}
f_h &= \sum h_{测} - (H_{终} - H_{起}) \\
&= 14.016 - (193.360 - 179.326) \\
&= -0.018\ \text{m}
\end{aligned}
$$

三角高程路线闭合差应满足规范要求。若超限，则应重测；若不超限，则按路线距离成比例地反号分配到各边高差中数上。闭合差的分配也应遵循凑整闭合的原则，完全消除闭合差。闭合差的分配见表 5-9。

表 5-9　　　　三角高程路线计算

点号	距离(m)	观测高差(m)	改正数(m)	改正后高差(m)	高程(m)	备注
C_3					179.326	已知点
	206.133	−1.725	+0.004	−1.721		
D_1					177.605	
	267.904	+2.941	+0.005	+2.946		
D_2					180.551	
	184.617	+3.044	+0.004	+3.048		
D_3					183.599	
	220.005	+9.756	+0.005	+9.761		
C_7					193.360	已知点
$\sum$	878.659	+14.016	+0.018	+14.034		
辅助计算	$f_h = 179.326 + 14.016 - 193.360 = -0.018$(m) $f_{容} = \pm 30 \times \sqrt{0.879} = \pm 28$(mm) $= \pm 0.028$(m)					

4.计算路线各未知点的高程

用加入改正数的高差中数，从已知高程起点开始，依次推算路线各未知点的高程。最后推算的已知点高程，应与该点给定高程完全一致。

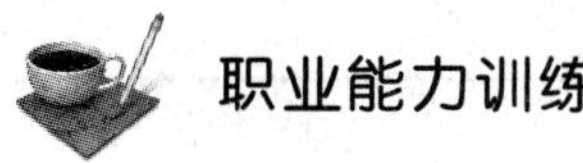

职业能力训练

训练一　三级导线测量

1. 训练目标

(1)学会用全站仪进行导线外业测量的基本工作。

(2)能够独立完成闭合(附合)导线的内业测量工作。

2. 训练条件

(1)由仪器室借领:全站仪 1 套、棱镜组 2 套。

(2)自备:计算器、铅笔、小刀、计算用纸。

3. 情景描述

本次训练在控制测量实训场地完成,测区围绕教学楼,组成长、宽约 250 m×200 m 四边形的路线。

4. 工作流程

(1)准备仪器

(2)外业观测

①测区踏勘、选点,确定导线线路;②导线转折角测量;③导线边长测量。

(3)内业处理

5. 操作步骤

(1)仪器及工具

DJ_2 型经纬仪(带三脚架)1 台,测钎 2 根,水准尺 1 把,记录板 1 块,小锤 1 把,导线记录纸、导线计算表、铅笔等若干。

(2)导线外业观测步骤

①测区踏勘、选点,确定导线线路。了解测区高级控制点标志完好情况,根据技术要求,确定导线布设形式及点的位置,并绘制出注有高级控制点和导线点点位的导线观测略图。

②导线转折角测量。在与测站相邻的导线点上架设棱镜,采用全站仪用测回法观测水平角一测回,上下半测回互差 24 s,测角中误差 $M=12$ s,方位角闭合差为$\pm 24\sqrt{n}$ s。

③导线边长测量。采用全站仪测距,进行往返对向观测,每方向观测两次取平均值作为单向距离成果。

(3)导线内业计算

①计算连接边坐标方位角。如果已知的仅是连接点坐标时,根据坐标反算式(5-3)计算连接边坐标方位角。

②导线点坐标计算。依据观测数据,参考式(5-5)～(5-14)计算各导线点坐标。

导线测量内业计算表见表 5-2、表 5-3。

训练二　四等水准测量

1. 训练目标

(1)学会用双面水准尺进行四等水准测量的观测、记录、计算方法。

(2)熟悉四等水准测量的主要技术指标,掌握测站及水准路线的检核方法。

2. 训练条件

(1)由仪器室借领:DS_3 型水准仪 1 台、双面尺 2 根、尺垫 2 个。

(2)自备:计算器、铅笔、小刀、计算用纸。

3. 情景描述

本次训练在控制测量实训场地完成,测区围绕教学楼,组成长约 1000 m 的环形的路线。

4. 工作流程

(1)准备仪器

(2)外业观测

①测区踏勘、选点,确定水准路线;②路线测量。

(3)内业处理

5. 操作步骤

(1)仪器及工具

DS_3 型水准仪(带三脚架)1 台,水准尺(双面尺)1 对,尺垫 2 个,记录板 1 块,四等水准记录纸、计算表、铅笔等若干。

(2)四等水准测量外业观测步骤

①明确路线。根据技术要求,确定水准测量观测路线。

②安置仪器。在第一测站中点处(即前、后视距大致相等处,可用目估法或步测法判定)安置水准仪,作粗略整平和目镜对光。

③精平、读数。在后视点、前视点上分别垂直竖立水准尺(水准点和间歇点上不能放尺垫,转点处必须放尺垫),当水准仪瞄准水准尺后即可精平、读数,注意消除视差。一测站的观测顺序可采用“后后前前”法。要求记录者当场记录,并计算所有相关成果,填入四等水准测量观测手簿中。当观测成果不符合规范要求时,立即重测。

④第一测站观测完成后,将该测站的后尺及尺垫移至下一点,作为第二测站的前尺;原前尺不动,变为第二测站的后尺,依第一测站相同的工作程序进行第二站的观测,直至全部路线观测完毕。

(3)四等水准测量内业成果整理

①数据检核。检查、整理数据,计算高差闭合差。如果高差闭合差超限,则必须重测。

②四等水准测量成果计算。参考项目二中任务二的内容,计算各水准点的高程。

同步测试

一、填空题

1. 闭合导线的纵、横坐标增量之和理论上应为__________，但由于有误差存在，实际不为__________，应为__________。

2. 导线测量的外业工作包括__________、__________、__________、__________等。

3. 闭合导线坐标计算过程中，闭合差的计算与调整有__________、__________。

4. 观测水平角时，观测方向为两个方向时，其观测方法采用__________测角；3 个以上方向时，采用__________测角。

5. 小区域平面控制网一般采用__________和__________。

6. 导线的布设形式有__________、__________、__________。

7. 控制测量分为__________和__________。

8. 平面控制测量的基本形式有__________和__________。

9. 一对双面水准尺的红、黑面的零点差应为__________、__________。

二、单选题

1. 某直线段 AB 的坐标方位角为 230°，其两端间的坐标增量分别为(　　)。

   A. $-\Delta x, +\Delta y$　　B. $+\Delta x, -\Delta y$　　C. $-\Delta x, -\Delta y$

2. 在全圆测回法的观测中，同一盘位起始方向的两次读数之差叫(　　)。

   A. 归零差　　B. 测回差　　C. 互差

3. 用导线全长相对闭合差来衡量导线测量精度的公式是(　　)。

   A. $K=\frac{M}{D}$　　B. $K=\frac{|\Delta D|}{D}$　　C. $K=\frac{f_D}{\sum D}$

4. 导线的坐标增量闭合差调整后，应使纵、横坐标增量改正数之和等于(　　)。

   A. 纵、横坐标增值量闭合差，其符号相同　　B. 导线全长闭合差，其符号相同

   C. 纵、横坐标增量闭合差，其符号相反

5. 导线的布置形式有(　　)。

   A. 一级导线、二级导线、图根导线　　B. 单向导线、往返导线、多边形导线

   C. 闭合导线、附合导线、支导线

6. 导线测量的外业工作是(　　)。

   A. 选点、测角、量边、连测　　B. 埋石、造标、绘草图

   C. 距离丈量、水准测量、角度测量

7. 导线角度闭合差的调整方法是将闭合差反符号后(　　)。

   A. 按角度大小成正比例分配　　B. 按角度个数平均分配

   C. 按边长成正比例分配

8. 导线坐标增量闭合差的调整方法是将闭合差反符号后(　　)。

A. 按角度个数平均分配　　B. 按导线边数平均分配

C. 按边长成正比例分配

三、多选题

1. 闭合导线的角度闭合差与(　　)。

A. 导线的几何图形无关　　B. 导线的几何图形有关

C. 导线各内角和的大小有关　　D. 导线各内角和的大小无关

E. 导线的起始边方位角有关

2. 在测量内业计算中，其闭合差按反号分配的有(　　)。

A. 高差闭合差　　B. 闭合导线角度闭合差

C. 附合导线角度闭合差　　D. 坐标增量闭合差

E. 导线全长闭合差

3. 闭合导线坐标计算的步骤是(　　)。

A. 坐标正算　　B. 坐标反算　　C. 坐标方位角推算

D. 高差闭合差调整　　E. 导线全长闭合差计算

4. 导线测量的外业工作包括(　　)。

A. 踏勘选点及建立标志　　B. 量边

C. 测角　　D. 连测　　E. 进行高程测量

5. 闭合导线和附合导线内业计算的不同点是(　　)。

A. 方位角推算方法不同　　B. 角度闭合差计算方法不同

C. 坐标增量闭合差计算方法不同　　D. 导线全长闭合差计算方法不同

E. 坐标增量改正计算方法不同

6. 用两点的平面直角坐标值来反算这两点所在边长的坐标方位角时，应给反算角度加一个常数才能转化为实际的坐标方位角，即(　　)。

A. 当 $\Delta x>0$ 时，应加 360°　　B. 当 $\Delta x<0$ 时，应加 180°

C. 当 $\Delta x>0$ 时，应减 180°　　D. 当 $\Delta x<0$ 时，应加 360°

E. 当 $\Delta x>0$ 时，应加 180°

四、简答题

1. 简要说明导线选点的基本要求。

2. 导线测量的外业工作有哪些？

3. 闭合导线的内业计算有几步？有哪些闭合差？

4. 导线网的布网形式有哪些？各自适用于什么范围？

5. 什么是导线？什么是导线测量？导线测量的适用范围是什么？

五、计算题

1. 已知四边形闭合导线内角的观测值，计算角度闭合差、改正后的角值和各边的坐标方位角，将结果填入表 5-10。

表 5-10

点号	角度观测值(左角)	改正数	改正后的角值	坐标方位角
1	112°15′23″			
2	67°14′12″			
3	54°15′20″			
4	126°15′25″			
1				
2				
$\sum$				
$\sum\beta=$		$f_{\beta}=$		

2. 表 5-11 中已列出某闭合导线的观测数据，试列表计算各导线点的坐标。

表 5-11

导线点号	观测值(右角)	坐标方位角	边长(m)	坐标	
				x (m)	y (m)
1	83°21′45″	74°20′00″	92.65	200	200
2	96°31′30″		70.71		
3	176°50′30″		116.2		
4	90°37′45″		74.17		
5	98°32′45″		109.85		
6	174°05′30″		84.57		
1					

3.用双面尺进行三等水准测量，其中三个测站的观测数据如图 5-13 所示，根据观测数据列表计算。已知 BM_A 点上使用的水准尺红面尺常数为 4.787 m，TP_1 点上使用的水准尺红面尺常数为 4.687 m，交替使用。

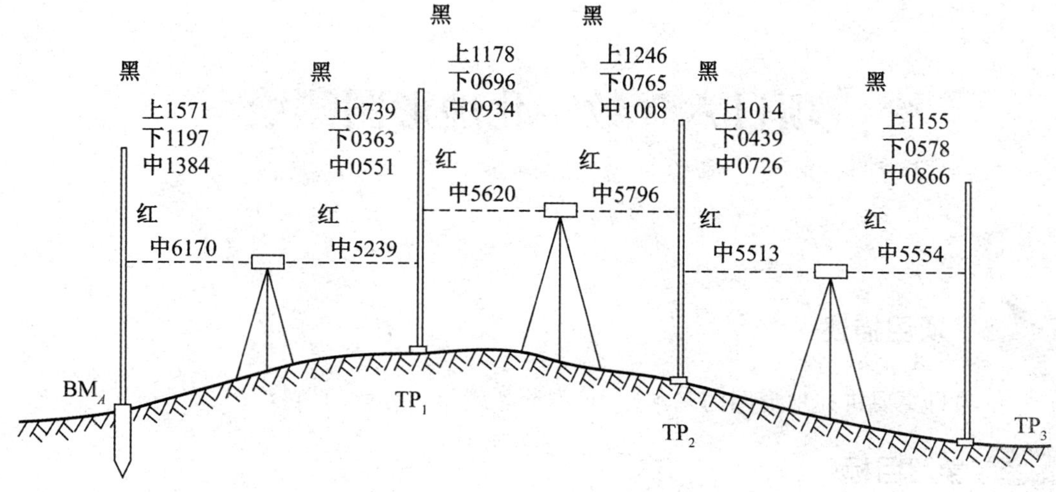

图 5-13

项目六　数字化地形图测绘

项目描述

本项目主要讲述地形图的基本知识、测绘和应用三方面的内容。

学习目标

1. 了解地形图测绘比例尺、图式的基本概念。
2. 熟悉数字地形图的基本概念及新的测绘理念。
3. 熟悉 CASS 软件的基本界面。
4. 学会 CASS 软件绘制地形图的方法。

引导案例

在校园内使用全站仪或 GPS-RTK，完成校园地形图的测量，并使用 CASS 软件绘制该地形图。

任务一　地形图基本知识

地形图测绘的任务就是在地面上测定地形特征点在图上的平面位置和高程，进而描绘地物和地貌。根据课堂讲解，能在实习场地设站、测点，完成特征点的测量工作，然后根据所测点的空间、平面关系将所有点展绘在 CASS 软件内，并根据《1∶500、1∶1000、1∶2000 地形图图式》(GB/T 20257.1—2007)要求，完成地形图的绘制。

一、地形图基本知识

1. 比例尺

地形测量指的是地形图的作业，即对地球表面的地物、地形在水平面上的投影位置和高程进行测定，并按一定比例缩小，用符号和注记绘制地形图的工作。地形图指的是地表起伏状态和地物位置、形状在水平面上的投影图。具体来讲，就是将地面上的地物和地貌按水平距离投影的方法(沿铅垂线方向投影到水平面上)，并按一定的比例尺缩绘到图纸上。当测区面积不大,半径小于 10 km(甚至 25 km)时,可以水平面代替水准面。在这个前提下,可以把测区内的地面景物沿铅垂线方向投影到平面上,按规定的符号和比例缩绘成相似图形,称为“平面图”。

(1)比例尺的表示方法

实地的图形经过缩小绘制在图纸上。图上线段的长度与地面代表的实际长度之比,称为“比例尺”。

①数字比例尺。数字比例尺可表示为分子为 1、分母为整数的分数。设图上一段直线长度为 d,相应实地的水平长度为 D,则该图的比例尺为:

$$\frac{d}{D}=\frac{1}{\frac{D}{d}}=\frac{1}{M} \tag{6-1}$$

式中,M 为比例尺分母。分母越大,则比例尺越小。数字比例尺一般写成 1∶500,$\frac{1}{2000}$等形式。

②直线比例尺。为方便用图并消除图纸变形而引起的量距误差,在绘制地形图时常在图的下方绘制直线比例尺。以一定长度的线段和数字注记表示的比例尺,称为“直线比例尺”。

(2)比例尺精度

在正常情况下,人的眼睛能分辨的两点间的最小距离为 0.1 mm,因此,一般在图上量度或实地测图时,就只能达到图上 0.1 mm 的精确度。把相当于图上 0.1 mm 的实地水平距离称为“比例尺精度”,其数值等于 0.1 与比例尺分母 M 的乘积,即 $D=0.1\ \text{mm}\times M$。显然,比例尺越大,其比例尺精度也越高。不同比例尺的精度见表 6-1。比例尺精度的概念对测图和用图都有重要意义。

表 6-1　比例尺精度

比例尺	1∶500	1∶1000	1∶2000	1∶5000	1∶10000
比例尺精度(m)	0.05	0.1	0.2	0.5	1.0

①根据量距精度选取测图比例尺。例如,某项工程设计要求在图上能反映出地面上 0.1 m 的长度,则所选用的测图比例尺不应小于 1∶1000。

②根据测图比例尺确定量距精度。例如,在 1∶2000 比例尺地形图上,实地量距只需精确到 0.2 m 即可,因为即使量得再精确,在图上无法表示出来,也是徒劳的。

图的比例尺愈大,表示的地物、地貌愈详细,精度也愈高,一幅图所包含的地面面积也愈小,而测绘工作量也会愈大,测图费用也会成倍增加。因此,在测图时应从工程规划、实际图的精度要求出发,选择适当的比例尺。

2. 大比例尺地形图图式

地形图是地球表面的地物和地貌在图上的缩影。为便于测图和用图,需要制定统一的符号式样和规则。用各种符号将实地的地物和地貌在图上表示出来,这些符号总称为“地形图图式”。我国当前使用的最新的大比例尺地形图图示是由国家测绘总局组织制定、国家技术监督局发布的《1∶500、1∶1000、1∶2000 地形图图式》(GB/T 20257.1—2007),它是测绘和使用地形图的重要依据。作为测绘员,必须理解并熟记地形图图式。

地形图图式中有三类符号,即地物符号、地貌符号和注记符号。地物符号和地貌符号用来表示地物和地貌。注记符号则是用数字、文字和箭头对地物和地貌所做的说明标注,如房屋的结构和层数、地名、路名、等高线高程和水流流向等。

(1)地物符号

①比例符号。地面上有些地物的轮廓较大,其形状和大小可以按测图比例尺缩绘在图纸上,再配以特定的符号说明,以表达其位置和轮廓特征,这类符号称为"比例符号",它们与实际地物的形状相似,如房屋、湖波、田地等。

②非比例符号。地面上一些轮廓较小,但具有特殊意义的地物,不能按比例尺缩绘在图纸上,只能用特定的符号表示它的中心位置,不能表示其形状和大小,这类符号称为"非比例符号",如控制点、独立树、电线杆、消防栓等。绘制非比例符号时,应按实测的地物中心位置,确定符号的定位点,再根据规定的格式绘制符号。各类符号的定位点位置,在地形图图式总则中需有说明。

③半比例符号。地面上一些呈线状延伸的地物,其长度能按比例缩绘,而宽度不能按比例缩绘,须按规定的符号表示地物的位置和长度,此类符号称为"半比例符号",如围墙、渠道、通信线等。

(2)注记符号

有些地物除用一定符号表示,还需要对地物的性质、名称等在图上用文字、数字和箭头加以说明和注解。如居民地的名称,森林树种,控制点高程,河流、沟渠的流向等注记,它们是地物、地貌的辅助性说明符号。

(3)地貌符号

表示地貌的方法有多种,在平面的图纸上显示具有三维空间特点的地貌是比较困难的,目前常用的是等高线法。因为等高线不仅能表示地面的起伏状态,而且还能科学地表示出地面坡度、地面点高程和山脉走向。对于峭壁、冲沟等特殊地形,以相应的地貌符号表示。

二、数字地形图

随着科学技术的进步和计算机技术的迅速发展,以及全站仪、GPS 技术等测量仪器和技术的应用,地形测量向自动化和数字化方向发展,数字化测图技术应运而生。数字地形图发展过程可分为两个阶段:第一阶段主要是利用全站仪采集数据,利用电子手簿记录,同时人工绘制标注测点点号的草图,到室内将测量数据直接由记录器传输到计算机,再由人工按草图编辑图形文件,并键入计算机自动绘图,经人机交互编辑修改,最终生成数字地形图,由绘图仪绘制地形图。这虽是数字测图发展的初级阶段,但人们看到了数字测图自动成图的美好前景。第二阶段仍采用野外测记模式,但成图软件有了实质性的进展。一是开发了智能化的外业数据采集软件;二是计算机成图软件能直接对接收的地形信息进行处理。目前,国内利用全站仪、GPS-RTK 配合便携式计算机进行大比例尺测图的方法已得到了广泛应用。其中,利用 GPS-RTK 系统已成为地面数字测图的主要方法。

数字测图实质上是一种全解析测图方法，在地形测量发展过程中是一次根本性的技术变革。这种变革主要表现在：图解法测图的最终成果是地形图，图纸是地形信息的唯一载体；数字测图地形信息的载体是计算机的存储介质（磁盘或光盘），其提交的成果是可供计算机处理、远距离传输、多方共享的数字地面模型（DTM）。更具深远意义的是，数字地形信息作为地理空间数据的基本信息之一，已成为地理信息系统（GIS）的重要组成部分。

在实际的测绘生产中，可分为地面数字测图和数字绘图两项工作，也是传统所说的外业和内业两部分。

1. 地面数字测图

地面数字测图是指对利用全站仪、GPS 接收机等一起采集的数据及其编码，通过计算机图形处理而自动绘制地形图的方法。地面数字测图基本硬件包括全站仪或 GPS 接收机、计算机、绘图仪等。软件基本功能主要有野外数据的输入和处理、图形文件生成、等高线自动生成、图形编辑与注记和地形图自动绘制。

（1）地面数字测图直接利用碎部点坐标在计算机上自动成图，且距离用电磁波测距法测得，因此，与传统测图相比，地面数字测图具有较高的测图精度。

（2）地面数字测图外业测量工作实现自动记录、自动解算处理、自动成图，具有较高的自动化程度。

（3）地面数字测图的图根控制测量与碎部测量可同时进行，即在进行图根控制测量的同时，可在图根控制点上同步测量本站的碎部点，再根据图根控制点的平差后坐标，对碎部点坐标重新计算，以提高碎部坐标的精度，而后进行计算机处理并自动生成图形（这种方法叫“一步测图法”）。

（4）地面数字测图主要采用极坐标测量碎部点，根据电磁波测距的精度，在几百米范围内误差均在 1 cm 左右，因此在通视良好、定向边较长的情况下，碎部点到测站点的距离可放得更长一些。

（5）地面数字测图在测区内可不受图幅限制，作业小组的任务可按河流、道路等自然分界线划分，以便于碎部测图，也减少了图幅接边问题。

（6）数字测图必须有足够的特征点坐标才能绘制地物符号，有足够而又分布合理的地形特征点才能绘制等高线，因此，地面数字测图中直接测量碎部点的数目有所增加，且碎部点（尤其是地形特征点）的位置选择尤为重要。

2. 地物的分类

在地面数字测绘中，地物的分类见表 6-2。在实际选择测绘地物时，地物测绘必须根据规定的比例尺，按规范和图式的要求，进行综合取舍、合理选择，将各种地物表示在地形图上。

表 6-2　　地物分类

地物类型	地物类型举例
水系	江河、运河、沟渠、湖泊、池塘、井、泉、堤坝、闸及其附属建筑物
居民地	城市、集镇、村庄、窑洞、蒙古包以及居民地的附属建筑物
道路网	铁路、公路、乡村路、大车路、小路、桥梁、涵洞以及其他道路附属建筑物
独立地物	三角点等各种测量控制点，亭、塔、碑、牌坊、气象站、独立石等
管线设置	输电线路、通信线路、地面及地下管道等
垣墙	城墙、围墙、栅栏、篱笆等
境界与界碑	国界、省界、县界及其界碑
土质与植被	森林、果园、菜园、耕地、草地、沙地、石块地、沼泽等

3. 地面数字测绘的原则

地物的类别、形状、大小、位置在图上用地物符号表示的原则如下：凡能按比例尺表示的地物用水平投影按比例描绘在地图上，如房屋、河流等；凡单体不能表示大小，而群体有边界的，将其边界位置按比例表示在图上，边界内绘上相应的符号，如果园、森林、耕地等；不能按比例尺表示的地物，在地形图上用相应的地物符号表示地物的中心位置，如水塔、烟囱、纪念碑等；凡是长度能按比例尺表示，而宽度不能按比例尺表示的地物，其长度按比例尺表示，宽度以相应符号表示。

4. 地物测绘方法

(1)居民地测绘

居民地是人类居住和进行各种活动的中心场所，是地形图上的一项重要内容。在进行居民地测绘时，应在地形图上表示出居民地的类型、形状、质量和行政意义。居民地房屋的排列形式很多，农村房屋排列不规则的较多，城市中的房屋则排列比较整齐。测绘居民地根据测图比例尺的不同，在综合取舍方面有所不同。对于居民地的外部轮廓，都应准确测绘。1∶1000 或更大的比例尺测图，各类建筑物和构筑物及其附属设施应按实地轮廓逐个测绘，其内部的主要街道和较大的空地区应予以区分，图上宽度小于0.5 mm的次要道路不予表示，其他碎部可综合取舍。房屋以房基角为准立镜测绘，并按建筑材料和质量分类予以注记，对于楼房还应注记层数。圆形建筑物(如油库、烟囱、水塔等)的轮廓线应实测三个点并用圆连接。房屋和建筑物轮廓的凸凹在图上小于 0.4 mm(简单房屋小于 0.6 mm)时，可用直线连接。对于散列式的居民地、独立房屋，应分别测绘。1∶2000 比例尺测图，房屋可适当综合取舍。围墙、栅栏等可根据其永久性、规整性、重要性等综合取舍。

(2)独立地物测绘

独立地物是判定方位、确定位置、制定目标的重要标志，必须准确测绘并按规定的符号予以正确表示。

(3)道路测绘

道路包括铁路、公路及其他道路。所有铁路、有轨电车道、公路、大车路、乡村路均应测绘。车站及其附属建筑物、隧道、桥涵、路堑、路堤、里程碑等均需表示。在道路稠密地区,次要的人行道可适当取舍。

①铁路测绘应立镜于铁轨的中心线,对于 1∶1000 或更大比例尺测图,依比例测绘铁路符号,标准轨距为 1.435 m。铁路线上应测绘轨顶高程,曲线部分测取内轨顶面高程。路堤、路堑应测坡顶、坡脚的位置和高程。铁路两旁的附属建筑物,如信号灯、扳道房、里程碑等都按实际位置测绘。铁路与公路或其他轨道在同一水平面内相交时,铁路符号不中断,而将另一道路符号中断表示;不在同一水平面相交的道路交叉点处,应绘以相交的桥梁或涵洞、隧道等符号。

②公路应实测路面位置,并测定道路中心高程。高速公路应测出两侧围建的栏杆、收费站,中央分隔带视用途需要测绘。公路、街道一般在边线上取点立镜,并量取路的宽度或在路两边取点立镜。当公路弯道有圆弧时,至少要测起、中、终三点,并用圆滑曲线连接。路堤、路堑均应按实地宽度绘出边界,并应在其坡顶、坡脚适当注记高程。公路路堤、路堑应分别绘出路边线与路堤、路堑边线,二者重合时,可将其中之一移位 0.2 mm 表示。公路、街道按路面材料划分为水泥、沥青、碎石、砾石等,以文字注记在图上,路面材料改变处应实测其位置并用点线分离。

③其他道路测绘。其他道路有大车路、乡村路和小路等。测绘时,一般在中心线上取点立镜,道路宽度能依比例表示时,按道路宽度的 1/2 在两侧绘平行线。对于宽度在图上小于 0.6 mm 的小路,选择路中心线立镜测定,并用半比例符号表示。

④桥梁测绘。铁路、公路桥应实测桥头、桥身和桥墩位置,桥面应测定高程,桥面上的人行道路上宽度大于 1 m 的应实测。各种人行桥图上宽度大于 1 m 的应实测桥面位置,不能依比例的,实测桥面中心线。

⑤有围墙、垣栏的公园、工厂、学校、机关等内部道路,除通行汽车的主要道路外均按内部道路绘出。

(4)管线与垣栏测绘

永久性的电力线、通信线路的电杆、铁塔位置应实测。同一杆上架有多种线路时,应表示其中主要线路,并要做到各种线路走向连贯、线类分明。居民地、建筑区内的电力线、通信线可不连线,但应在杆架处绘出连线方向。电杆上有变压器时,变压器的位置按其与电杆的相应位置绘出。

地面上的、架空的、有堤基的管道应实测并注记输送的物质类型。当架空的管道直线部分的支架密集时,可适当取舍。地下管线检修井测定其中心位置,按类别以相应符号表示。

城墙、围墙及永久性的栅栏、篱笆、铁丝网、活树篱笆等均应实测。境界线应测绘至县和县级以上。乡与国营农、林、牧场的界线应按需要进行测绘。两级境界重合时,只绘高一级符号。

(5)水系测绘

水系测绘时,海岸、河流、溪流、湖泊、水库、池塘、沟渠、泉、井以及各种水工设施均应实测。河流、沟渠、湖泊等地物,通常无特殊要求时均以岸边为界;如果要求测出水涯线(水面与地面的交线)、洪水位(历史上最高水位的位置)及平水位(常年一般水位的位置),

应按要求在调查研究的基础上进行测绘。

河流的两岸一般不太规则，在保证精度的前提下，对于小的弯曲和岸边不甚明显的地段可进行适当取舍。河流图上宽度小于 0.5 m、沟渠实际宽度小于 1 m(1∶500 测图时小于 0.5 m)时，不必测绘其两岸，只要测出其中心位置即可。渠道比较规则，有的两岸有堤，测绘时可参照公路的测法。对于那些田间临时性的小渠不必测出，以免影响图面清晰。

湖泊的边界经人工整理、筑堤、修有建筑物的地段是明显的，在自然耕地的地段大多数不甚明显，测绘时要根据具体情况和用图单位的要求来确定以湖岸或水涯线为准。在不甚明显的地段确定湖岸线时，可采用调查平水位的边界或根据农作物的种植位置等方法来确定。水渠应测渠边和渠底高程。时令河应测河底高程。堤坝应测顶部及坡脚高程。泉、井应测注泉的出水口及井台高程，并根据需要注记井台至水面的深度。

(6)植被与土质测绘

植被测绘时，对于各种树木、苗圃、灌木林丛、散树、独立树、行树、经济林等，要测定其边界。若边界与道路、河流、栏栅等重合时，则可不绘地类界，但与境界、高压线等重合时，地类界应移动位置表示。对经济林应加以种类说明注记。要测出农村用地的范围，并区分出稻田、旱地、菜地、经济作物地和水中经济作物区等。一年几季种植不同作物的耕地，以夏季主要作物为准。田埂的宽度在图上大于 1 mm(1∶500 测图时大于 2 mm)时用双线描绘，田块内要测注有代表性的高程。

地形图上要测绘沼泽地、沙地、岩石地、龟裂地、盐碱地等。

(7)几种典型地貌的测绘

地貌形态虽然千变万化、千姿百态，但归纳起来，不外乎由山地、盆地、山脊、山谷、鞍部等基本地貌组成。地球表面的形态，可被看作是由一些不同方向、不同倾斜面的不规则曲面组成，两相邻倾斜面相交的棱线，称为“地貌特征线”(“地性线”)。如山脊线、山谷线即为地性线。在地性线上比较显著的点有：山顶点、洼地点的中心点、鞍部的最低点、谷口点、山脚点、坡度变换点等，这些点被称为“地貌特征点”。

①山顶。山顶是山的最高部分。山地中突出的山顶，有很好的控制作用和方位作用。因此，山顶要按实地形状来描绘。山顶的形状很多，有尖山顶、圆山顶、平山顶等。

②山脊。山脊是山体延伸的最高棱线。山脊的等高线均向下坡方向凸出，两侧基本对称。山脊的坡度变化反映了山脊纵断面的起伏状况，山脊等高线的尖圆程度反映了山脊横断面的形状。山地地貌显示得像不像，主要看山脊与山谷，如果山脊测绘得真实、形象，整个山形就逼真。测绘山脊要真实地表现其坡度和走向，特别是大的分水线、坡度变换点和山脊、山谷转折，应形象地表示出来。

③山谷。山谷等高线表示的特点与山脊等高线所表示的相反。山谷的形状可分为尖底谷、圆底谷和平底谷。

④鞍部。鞍部是两个山脊的会合处，呈马鞍形，是山脊上一个特殊的部位，可分为窄短鞍部、窄长鞍部和平宽鞍部。鞍部往往是山区道路通过的地方，有重要的方位作用。测绘时，在鞍部的最低处必须立镜测量。

⑤盆地。盆地是四周高、中间低的地形，其等高线的特点与山顶等高线相似，但其高

低相反，即外圈等高线的高程高于内圈等高线。一般在盆地最低点和盆壁地形变化的地方均应适当选立镜点。

⑥山坡。山坡是山脊、山谷等基本地貌间的连接部位。应在坡度变化处立镜。

⑦梯田。梯田是高山上、山坡上及山谷中经人工改造的地貌。测绘时，沿梯坎立镜，在地形图上一般以等高线、梯田坎符号和高程注记（或比高注记）相配合表示梯田。

⑧特殊地貌测绘。除了用等高线表示的地貌以外，有些特殊地貌如冲沟、雨裂、砂崩崖、陡崖、滑坡等不能用等高线表示。对于这些地貌，用测绘地物的方法测绘出这些地貌轮廓、位置，用图式规定的符号表示。

5. 地形图上各要素配合表示的一般原则

地形图上各要素配合表示是地形图绘制的一个重要问题。配合表示的原则是：

(1)当两个地物重合或接近难以同时准确表示时，可将重要地物准确表示，次要地物移位或缩小表示。

(2)独立地物与其他地物（如房屋、道路、水系等）重合时，可将独立地物完整绘出，而将其他地物符号中断 0.2 mm 表示；两独立地物重合时，可将重要独立地物准确表示，次要独立地物移位表示，但应保证其相关位置正确。

(3)房屋或围墙等高出地面的建筑物，直接建筑在陡坎或斜坡上的建筑物，应按正确位置绘出，坡坎无法准确绘出时，可移位 0.2 mm 表示；悬空建筑在水上的房屋轮廓与水涯线重合时，可间断水涯线，而将房屋完整表示。

(4)水涯线与陡坎重合时，可用陡坎边线代表水涯线；水涯线与坡脚重合时，仍应在坡脚将水涯线绘出。

任务二　CASS 9.1 软件绘制地形图

CASS 地形地籍成图软件是基于 AutoCAD 平台技术的数字化测绘数据采集系统，广泛应用于地形成图、地籍成图、工程测量应用三大领域，且全面面向 GIS，彻底打通数字化成图系统与 GIS 接口，使用骨架线实时编辑、简码用户化、GIS 无缝接口等先进技术。自推出以来，CASS 软件已经成长为用户量最大、升级最快、服务最好的主流成图系统。

一、CASS 9.1 快速入门

CASS 9.1 的安装可在软件的安装说明中学习，此处不再讲述。CASS 9.1 安装之后，就可以绘制一幅简单的地形图。CASS 9.1 的成图模式有多种，这里主要介绍点号定位的成图模式。例图 6-1 的路径为 C:\CASS 9.1\DEMO\STUDY.DWG（以安装在 C 盘为例）。

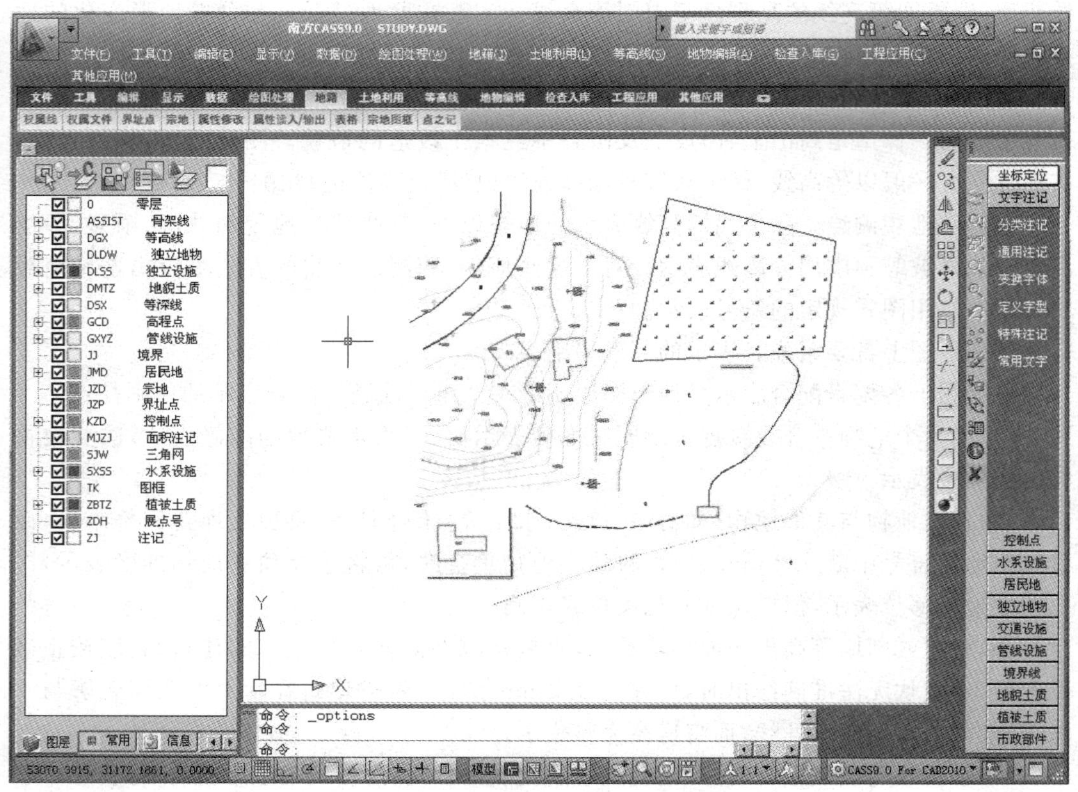

图 6-1 例图 STUDY. DWG

1. 定显示区

定显示区就是通过坐标数据文件中的最大、最小坐标定出屏幕窗口的显示范围。进入 CASS 9.1 主界面，单击“绘图处理”项，即出现如图 6-2 所示下拉菜单。然后移至“定显示区”项，使之以高亮度显示，按左键，即弹出一个对话框，如图 6-3 所示。这时，输入坐标数据文件的路径及文件名，如 C:\CASS 9.1\DEMO\STUDY. DAT。双击选择坐标数据文件。这时，命令区显示：

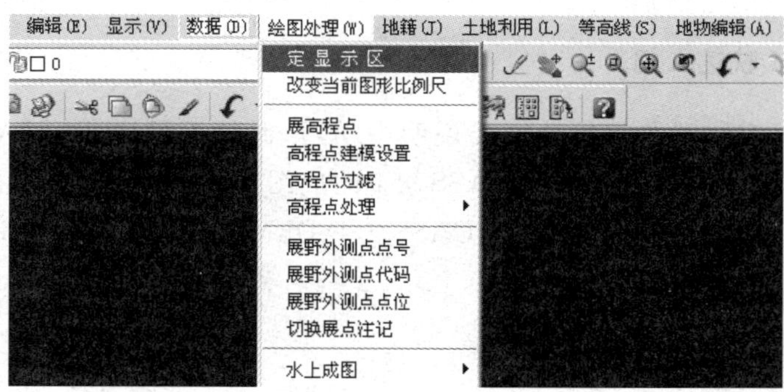

图 6-2 “定显示区”菜单

图 6-3　选择"定显示区"数据文件

最小坐标(米):X=31056.221,Y=53097.691

最大坐标(米):X=31237.455,Y=53286.090

2.选择测点点号定位成图法

单击右侧菜单"测点点号"项,即弹出图 6-4 所示的对话框。输入点号坐标数据文件名 C:\CASS 9.1\DEMO\STUDY.DAT 后,命令区提示:

读点完成! 共读入 106 个点。

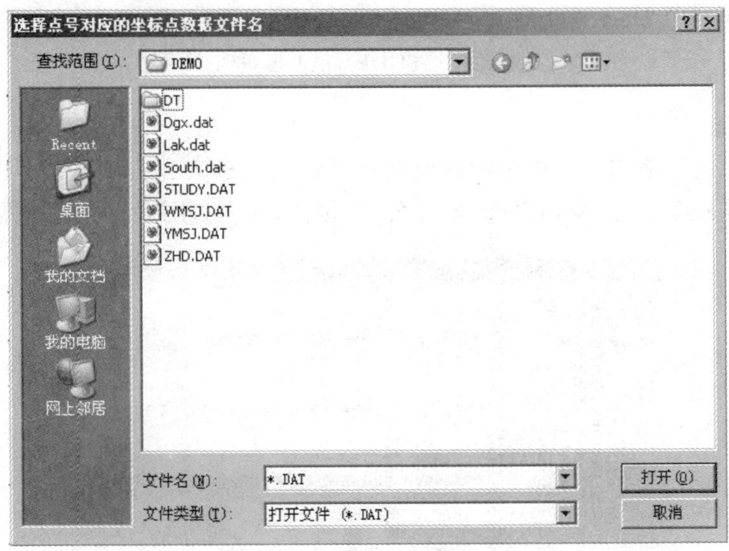

图 6-4　选择"点号定位"数据文件

3.展点

单击顶部菜单"绘图处理"项,这时系统弹出一个下拉菜单。再单击"绘图处理"下的"展野外测点点号"项,如图 6-5 所示,便弹出如图 6-3 所示的对话框。

输入对应的坐标数据文件名 C:\CASS 9.1\DEMO\STUDY.DAT 后，便可在屏幕上展出野外测点的点号，如图 6-6 所示。

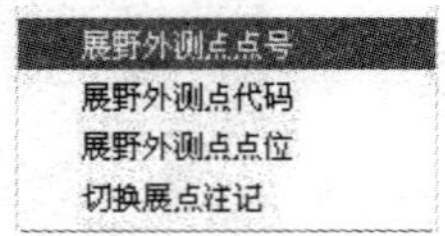

图 6-5　选择“展野外测点点号”

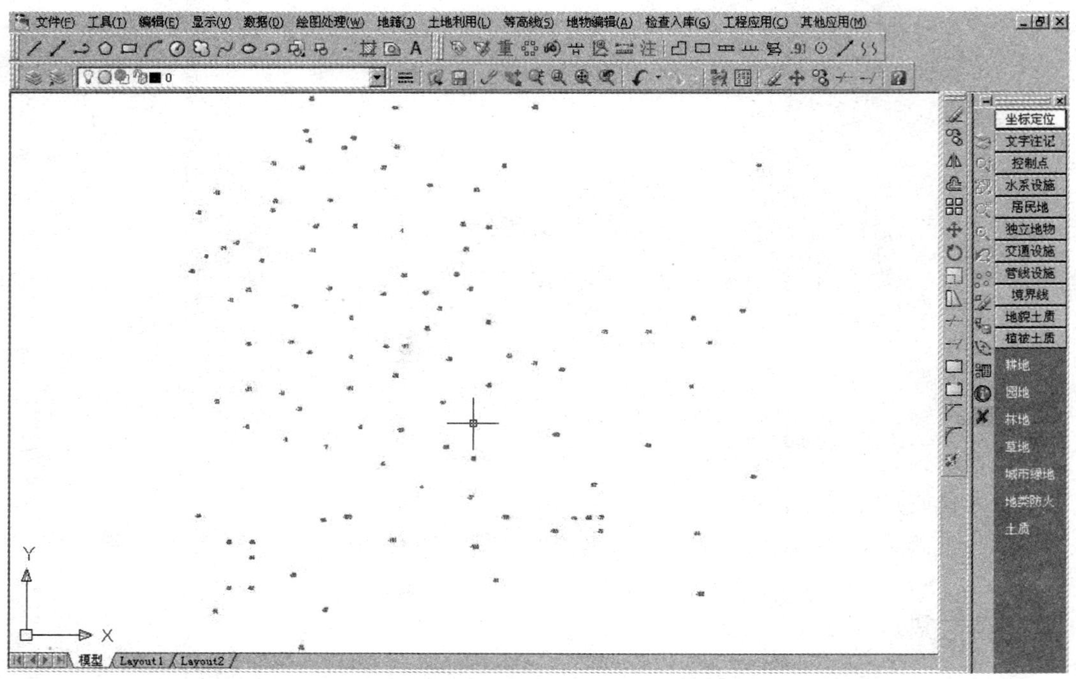

图 6-6　STUDY.DAT 展点图

4. 绘平面图

下面，可以灵活使用工具栏中的缩放工具进行局部放大以方便编图。先把左上角放大，单击右侧屏幕菜单的“交通设施/城际公路”按钮，弹出如图 6-7 所示的界面。

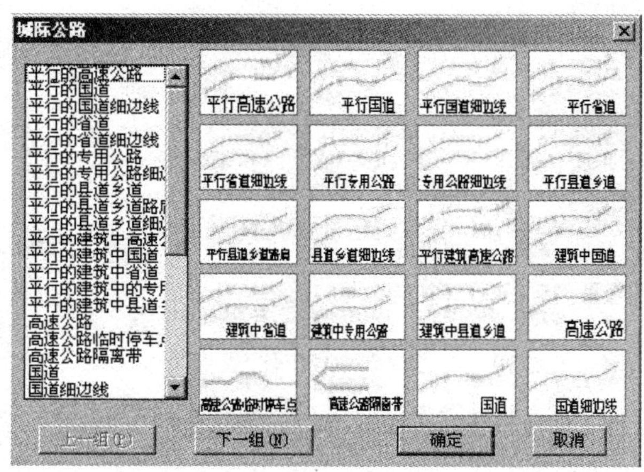

图 6-7　选择屏幕菜单“交通设施/城际公路”

找到“平行高速公路”并选中，再单击“确定”，命令区提示：

绘图比例尺 1：输入 500，回车。

点 P/〈点号〉：输入 92，回车。

点 P/〈点号〉：输入 45，回车。

点 P/〈点号〉：输入 46，回车。

点 P/〈点号〉：输入 13，回车。

点 P/〈点号〉：输入 47，回车。

点 P/〈点号〉：输入 48，回车。

点 P/〈点号〉：回车。

拟合线〈N〉？输入 Y，回车。

说明：输入 Y，将该边拟合成光滑曲线；输入 N(缺省为 N)，则不拟合该边。

1. 边点式/2. 边宽式〈1〉：回车(默认 1)。

说明：选 1(缺省为 1)，将要求输入公路对边上的一个测点；选 2，要求输入公路宽度。

对面一点

点 P/〈点号〉：输入 19，回车。

这时，平行高速公路就作好了，如图 6-8 所示。

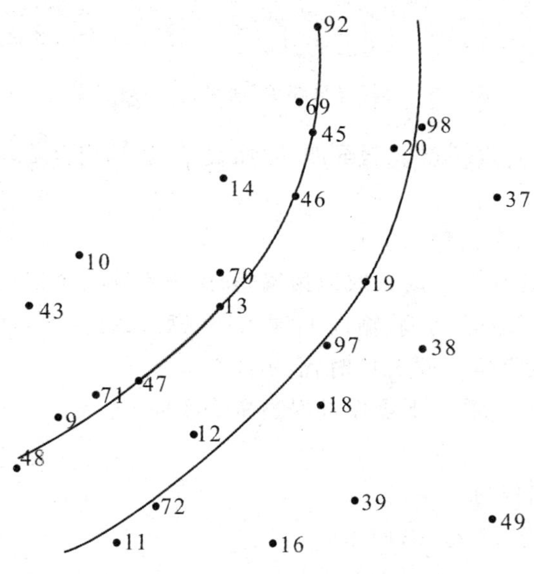

图 6-8 作好的一条平行高速公路

下面作一个多点房屋。选择右侧屏幕菜单的“居民地/一般房屋”选项，弹出如图 6-9 所示界面。

先用鼠标左键选择“多点砼房屋”，再单击“确定”，命令区提示：

第一点：

点 P/〈点号〉：输入 49，回车。

指定点：

点 P/〈点号〉：输入 50，回车。

闭合 C/隔一闭合 G/隔一点 J/微导线 A/曲线 Q/边长交会 B/回退 U/点 P/〈点号〉输入 51，回车。

闭合 C/隔一闭合 G/隔一点 J/微导线 A/曲线 Q/边长交会 B/回退 U/点 P/〈点号〉输入 J，回车。

点 P/〈点号〉：输入 52，回车。

闭合 C/隔一闭合 G/隔一点 J/微导线 A/曲线 Q/边长交会 B/回退 U/点 P/〈点号〉输入 53，回车。

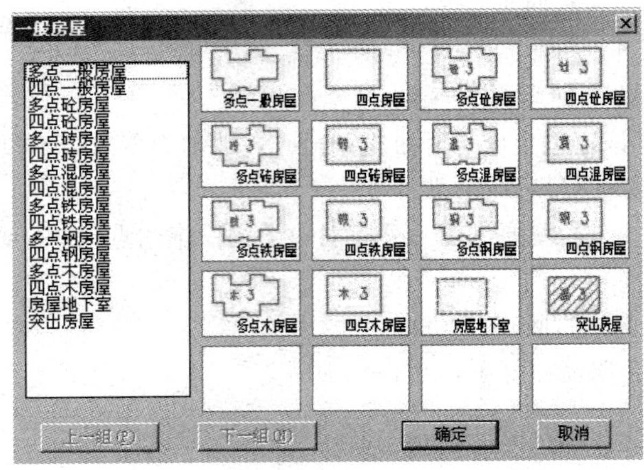

图 6-9　选择屏幕菜单“居民地/一般房屋”

闭合 C/隔一闭合 G/隔一点 J/微导线 A/曲线 Q/边长交会 B/回退 U/点 P/〈点号〉输入 C，回车。

输入层数：〈1〉回车(默认输 1 层)。

说明：选择多点砼房屋后自动读取地物编码，用户不须逐个记忆。从第三点起弹出许多选项，这里以“隔一点”功能为例，输入 J，输入一点后系统自动算出一点，使该点与前一点及输入点的连线构成直角。输入 C 时，表示闭合。

再作一个多点砼房，熟悉一下操作过程。命令区提示：

Command：dd

输入地物编码：〈141111〉141111

第一点：点 P/〈点号〉输入 60，回车。

指定点：

点 P/〈点号〉：输入 61，回车。

闭合 C/隔一闭合 G/隔一点 J/微导线 A/曲线 Q/边长交会 B/回退 U/点 P/〈点号〉输入 62，回车。

闭合 C/隔一闭合 G/隔一点 J/微导线 A/曲线 Q/边长交会 B/回退 U/点 P/〈点号〉输入 a，回车。

微导线一键盘输入角度(K)/〈指定方向点(只确定平行和垂直方向)〉用鼠标左键在 62 点上侧一定距离处单击。

距离〈m〉：输入 4.5，回车。

闭合 C/隔一闭合 G/隔一点 J/微导线 A/曲线 Q/边长交会 B/回退 U/点 P/〈点号〉输入 63，回车。

闭合 C/隔一闭合 G/隔一点 J/微导线 A/曲线 Q/边长交会 B/回退 U/点 P/〈点号〉输入 j，回车。

点 P/〈点号〉：输入 64，回车。

闭合 C/隔一闭合 G/隔一点 J/微导线 A/曲线 Q/边长交会 B/回退 U/点 P/〈点号〉输入 65，回车。

闭合 C/隔一闭合 G/隔一点 J/微导线 A/曲线 Q/边长交会 B/回退 U/点 P/〈点号〉输入 C，回车。

输入层数：〈1〉输入 2，回车。

说明："微导线"功能由用户输入当前点至下一点的左角(度)和距离(米)，输入后软件将计算出该点并连线。要求输入角度时若输入 K，则可直接输入左向转角，若直接用鼠标单击，只可确定垂直和平行方向。此功能特别适合知道角度和距离但看不到点的位置的情况，如房角点被树或路灯等障碍物遮挡时。两栋房子和平行等外公路"建"好后，效果如图 6-10 所示。

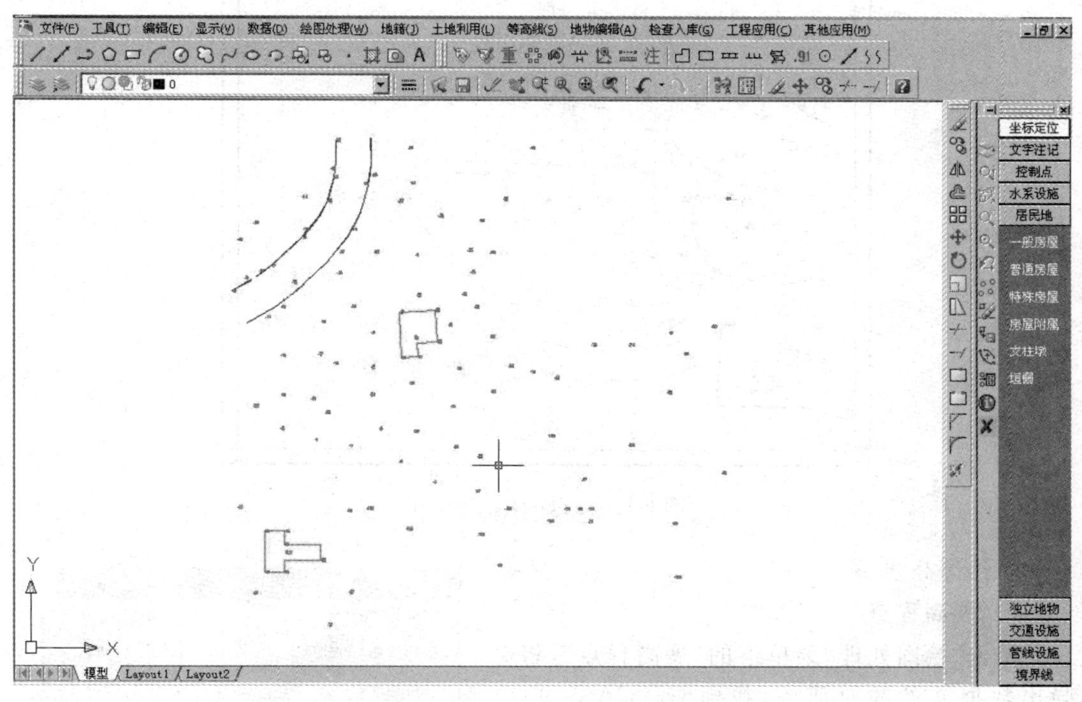

图 6-10 "建"好的两栋房子和平行等外公路

类似以上操作，分别利用右侧屏幕菜单绘制其他地物。

在"居民地"菜单中，用 3、39、16 三点完成利用三点绘制 2 层砖结构的四点房；用 68、67、66 绘制不拟合的依比例围墙；用 76、77、78 绘制四点棚房。

在"交通设施"菜单中，用 86、87、88、89、90、91 绘制拟合的小路；用 103、104、105、106 绘制拟合的不依比例乡村路。

在“地貌土质”菜单中，用 54、55、56、57 绘制拟合的坎高为 1 m 的陡坎；用 93、94、95、96 绘制不拟合的坎高为 1 m 的加固陡坎。

在“独立地物”菜单中，用 69、70、71、72、97、98 分别绘制路灯；用 73、74 绘制宣传橱窗；用 59 绘制不依比例肥气池。

在“水系设施”菜单中，用 79 绘制水井。

在“管线设施”菜单中，用 75、83、84、85 绘制地面上输电线。

在“植被园林”菜单中，用 99、100、101、102 分别绘制果树独立树；用 58、80、81、82 绘制菜地（第 82 号点之后仍要求输入点号时直接回车），要求边界不拟合，并且保留边界。

在“控制点”菜单中，用 1、2、4 分别生成埋石图根点，在提问点名. 等级：时分别输入 D121、D123、D135。

最后选取“编辑”菜单下的“删除”二级菜单下的“删除实体所在图层”，鼠标符号变成了一个小方框，用左键点取任何一个点号的数字注记，所展点的注记将被删除。平面图作好后效果如图 6-11 所示。

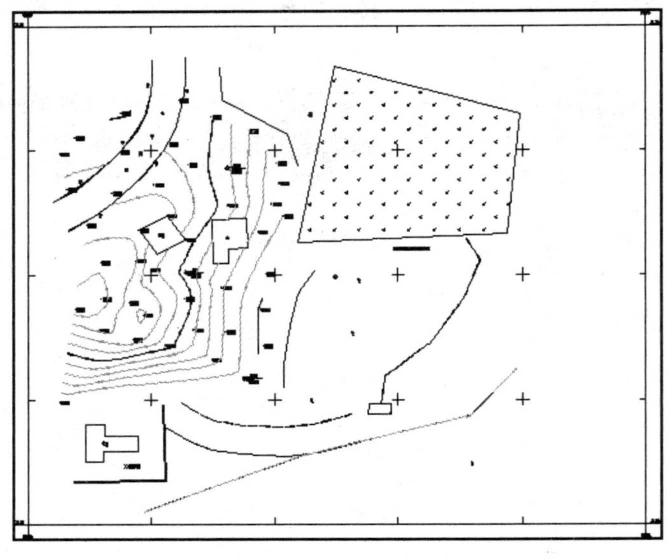

图 6-11　STUDY 的平面图

5. 绘等高线

(1)展高程点

单击“绘图处理”菜单下的“展高程点”，将会弹出数据文件的对话框，找到 C:\CASS 9. 1\DEMO\STUDY. DAT，选择“确定”，命令区提示：注记高程点的距离（米）：直接回车，表示不对高程点注记进行取舍，全部展出来。建立 DTM 模型：单击“等高线”菜单下的“建立 DTM”，弹出如图 6-12 所示对话框。

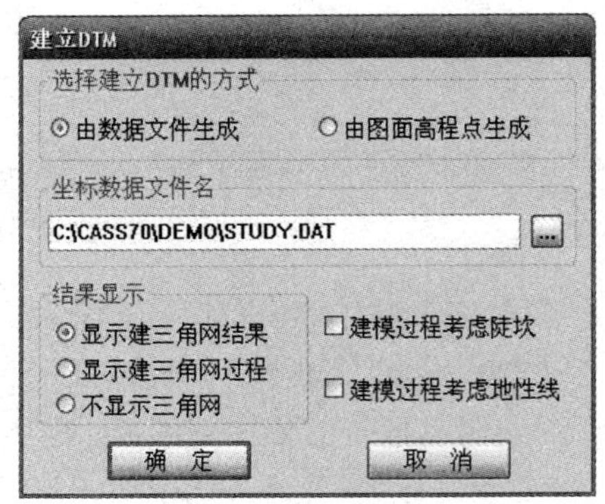

图 6-12　“建立 DTM”对话框

根据需要选择建立 DTM 的方式和坐标数据

文件名，然后选择建模过程是否考虑陡坎和地性线，选择“确定”，生成如图 6-13 所示 DTM 模型。

(2)绘等高线

单击“等高线/绘制等高线”，弹出如图 6-14 所示对话框。

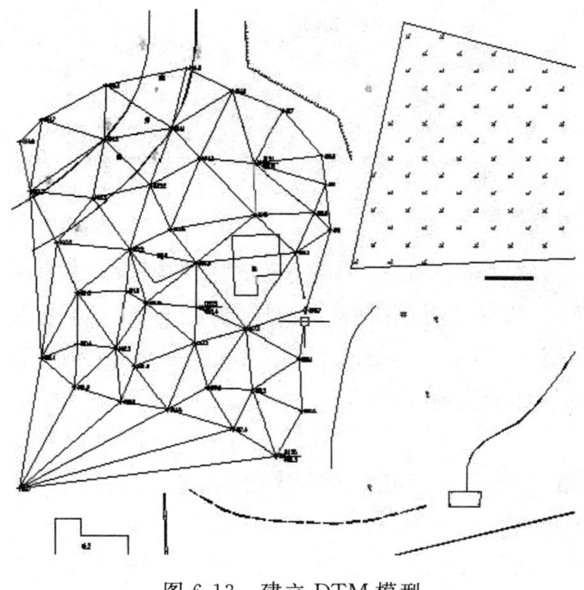

图 6-13 建立 DTM 模型

图 6-14 “绘制等高线”对话框

输入等高距后，选择拟合方式，然后单击“确定”，则系统马上绘制出等高线。再选择“等高线”菜单下的“删三角网”，这时屏幕显示如图 6-15 所示。

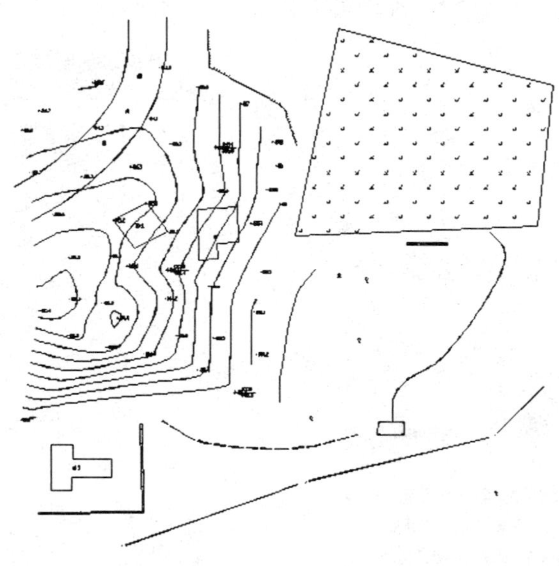

图 6-15 绘制等高线

(3)等高线的修剪

利用“等高线”菜单下的“等高线修剪”二级菜单可对高等线进行修剪，如图 6-16 所示。

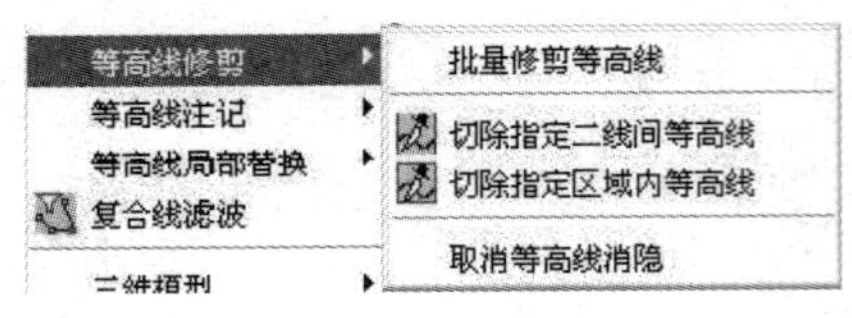

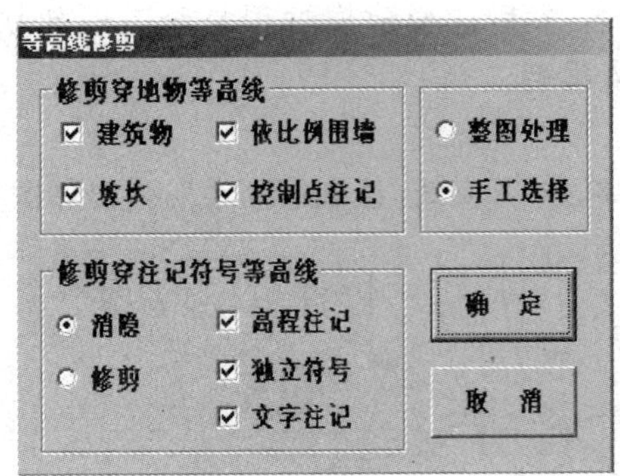

图 6-16 “等高线修剪”菜单

单击“批量修剪等高线”,选择“建筑物”,软件将自动搜寻穿过建筑物的等高线并将其进行整饰。点取“切除指定二线间等高线”,依提示依次用鼠标左键选取左上角的道路两边,CASS 9.1 将自动切除等高线穿过道路的部分。点取“切除穿高程注记等高线”,CASS 9.1 将自动搜寻,把等高线穿过注记的部分切除。

6. 加注记

下面演示在平行等外公路上加“经纬路”三个字。单击右侧屏幕菜单的“文字注记”→“通用注记”项,弹出如图 6-17 所示的界面。

首先在需要添加文字注记的位置绘制一条拟合的多功能复合线,然后在注记内容中输入“经纬路”并选择注记排列和注记类型,输入文字大小确定后选择绘制的拟合的多功能复合线即可完成注记。经过以上各步,生成的图如图 6-1 所示。

7. 加图框

单击“绘图处理”菜单下的“标准图幅(50×40)”,弹出如图 6-18 所示的界面。

图 6-17 “文字注记信息”对话框

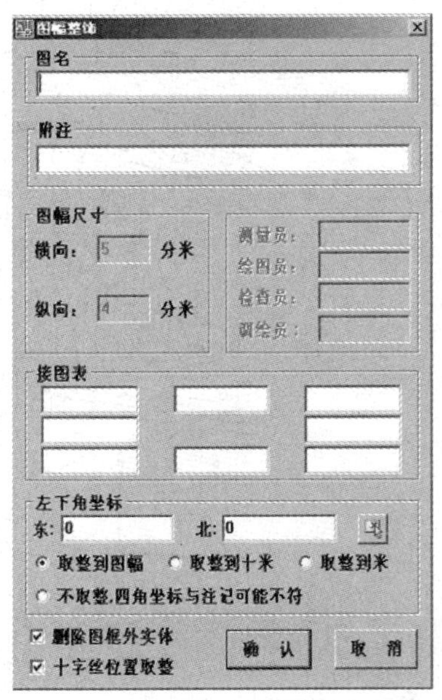

图 6-18 输入图幅信息

在“图名”栏里，输入“建设新村”；在“左下角坐标”的“东”“北”栏内分别输入“53073”“31050”；在“删除图框外实体”栏前打勾，然后单击“确认”按钮。这样，这幅图就作好了，如图6-19所示。

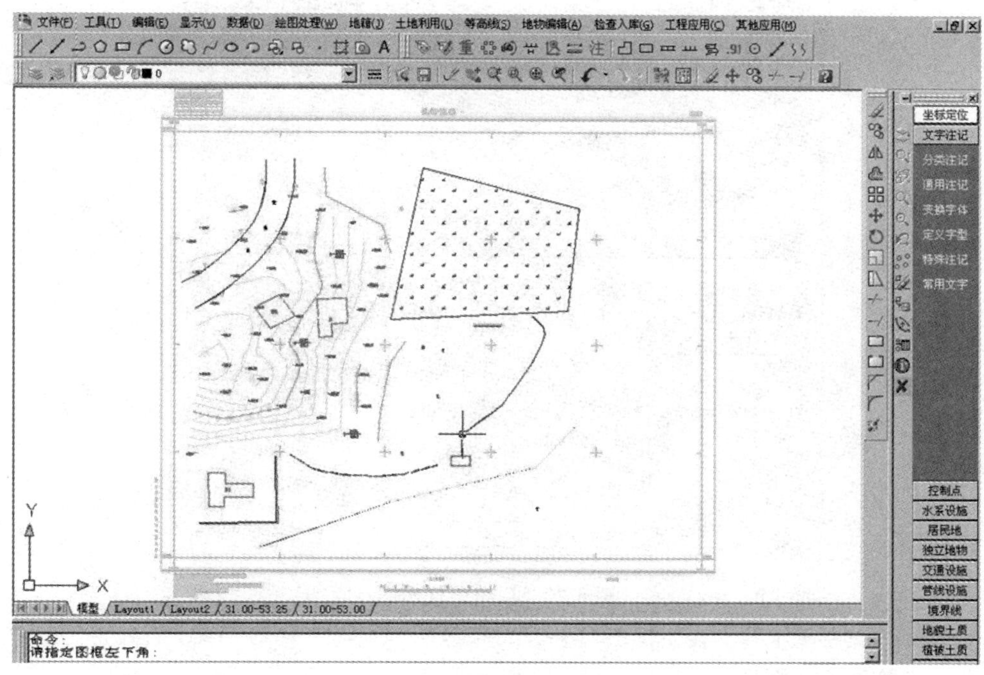

图 6-19　加图框

8. 绘图输出

单击“文件”菜单下的“用绘图仪或打印机出图”，进行绘图输出，如图6-20所示。

选好图纸尺寸、图纸方向之后，单击“窗选”按钮，用鼠标圈定绘图范围。将“打印比例”一项选为“2∶1”(表示满足 1∶500 比例尺的打印要求)，通过“部分预览”和“全部预览”可以查看出图效果，满意后就可单击“确定”按钮进行出图了。若一步一步地按着上面的提示操作，到现在就可以看到第一份成果了。

在操作过程中要注意以下事项：

千万别忘了存盘(其实在操作过程中也要不断地进行存盘，以防操作不慎导致丢失)。正式工作时，最好不要把数据文件或图形保存在 CASS 9.1 或其子目录下，应该创建工作目录。如在 C 盘根目录下创建 DATA 目录存放数据文件，在 C 盘根目录下创建 DWG 目录存放图形文件。

在执行各项命令时，每一步都要注意看下面命令区的提示，当出现命令:提示时，要求输入新的命令，出现选择对象:提示时，要求选择对象，等等。当一个命令没执行完时最好不要执行另一个命令。若要强行终止，可按键盘左上角的 Esc 键或按 Ctrl 的同时按下 C 键，直到出现命令:提示为止。

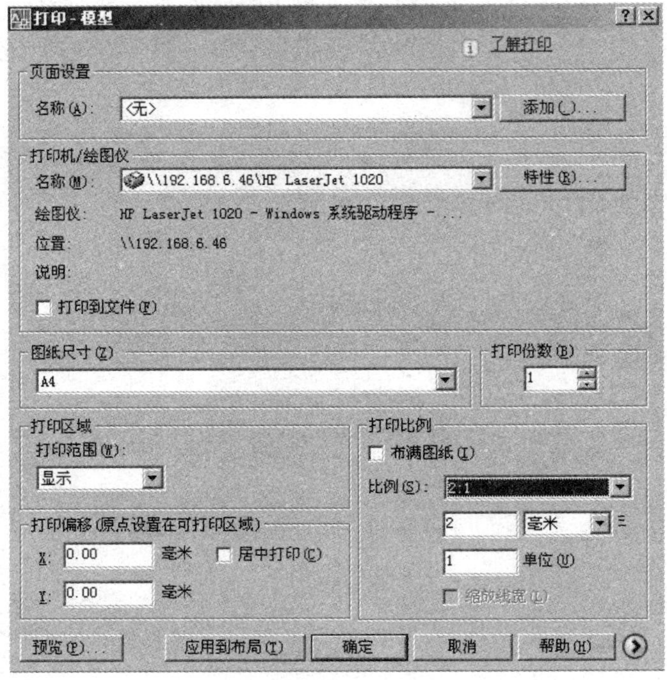

图 6-20　用绘图仪出图

二、完整测绘地形图

本节将用到 CASS 9.1 本身提供的演示数据文件 YMSJ. DAT，WMSJ. DAT，DGX. DAT。主要学习以下内容：

(1)数字化测图的准备工作(包括测区控制、碎部测量、测区分幅、人员安排等)。

(2)绘制平面图。

(3)绘制等高线(绘制地形图)。

(4)图形编辑(包括常用编辑、图形分幅、图幅整饰等)。

(5)地形测图的基本技巧。

(一)地形图测绘前的准备工作

1. 控制测量和碎部测量原则

当在一个测区内进行等级控制测量时，应该尽可能多地选制高点(如山顶或楼顶)，在规范或甲方允许范围内布设最大边长，以提高等级控制点的控制效率。完成等级控制测量后，可用辐射法布设图根点，点位及点之密度完全按需要而测设，灵活多变。如图 6-21 所示，对整个 18 幅图 3.25 km^2 来说，总共布设了 49 个控制点，除去图幅外的点，平均每幅图最多 5 个控制点。

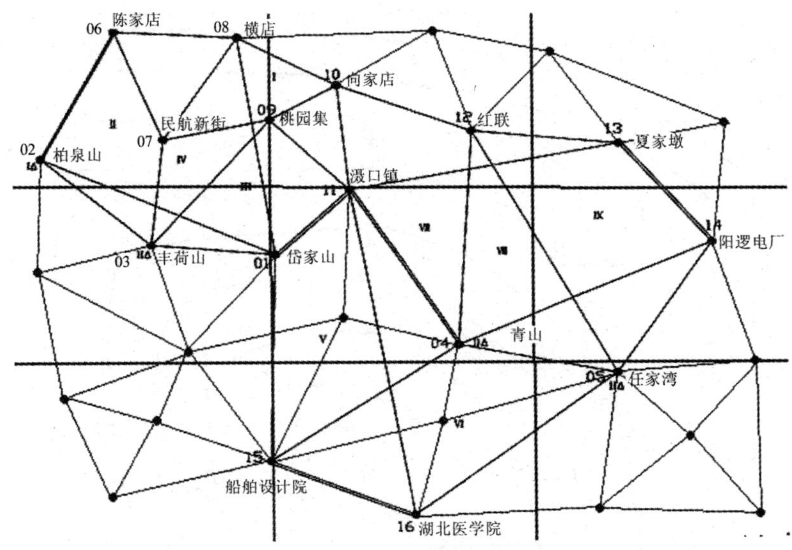

图 6-21 某数字化测图工程的控制网略图

在进行碎部测量时，对于比较开阔的地方，在一个制高点上可以测完大半幅图，就不用因为距离“太远”(其实也不过几百米)而忙于搬站，如图 6-22 所示。对于比较复杂的地方，就不要因为“麻烦”(其实也浪费不了几分钟)而不愿搬站，要充分利用电子手簿的优势和全站仪的精度，测一个支导线点是很容易的，如图 6-23 所示。

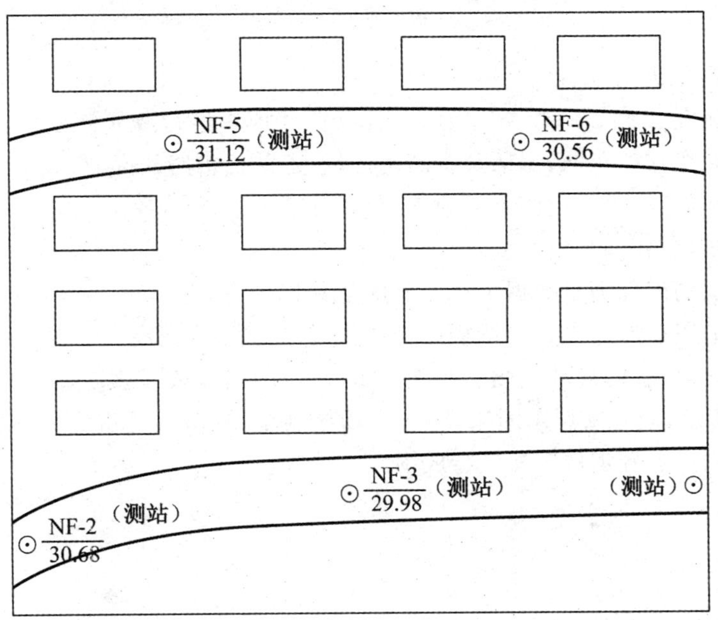

图 6-22 利用制高点可能少搬站

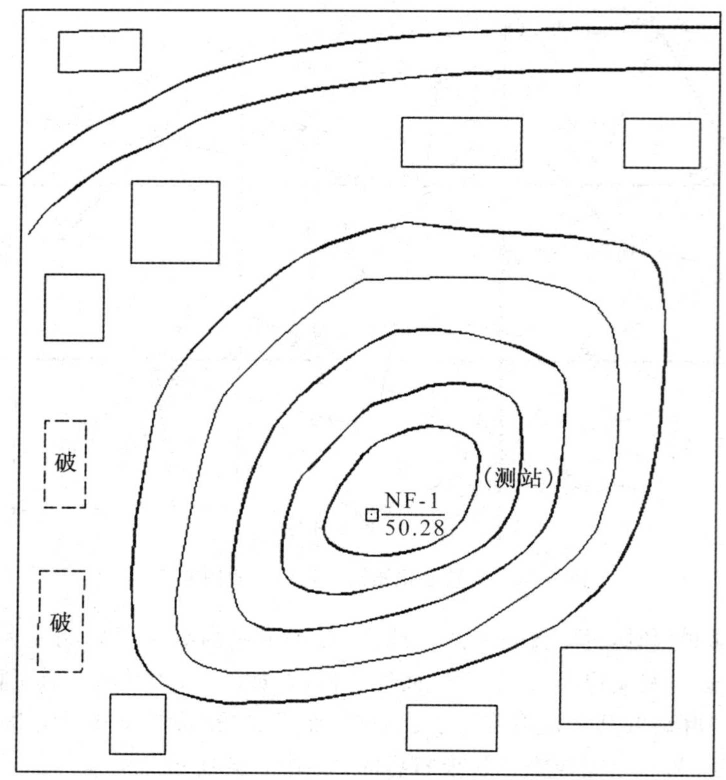

图 6-23　地物较多时可能要经常搬站

2. 测区分幅及进程

数字化测图是以路、河、山脊等为界线，以自然地块进行分块测绘，如图 6-24 所示。例如，有甲、乙两个作业小队，甲队负责路南区域，乙队负责路北区域(包括公路)。甲队再以山谷和河为界，乙队再以公路和河为界，分块分期测绘。

3. 碎部测量

数字化测图的碎部测量数据采集一般用全站仪进行，工作时应将全站仪与电子手簿用数据传输电缆正确地连接。当地物比较规整时，如图 6-25 所示，可以采用简码法模式，在现场可输入简码，室内自动成图。与图 6-25 对应的简码表见表 6-3。当地物比较杂乱时，如图 6-26 所示，最好采用草图法模式，现场绘制草图，室内用编码引导文件(如表 6-4 的样本)，或用测点点号定位方法进行成图。

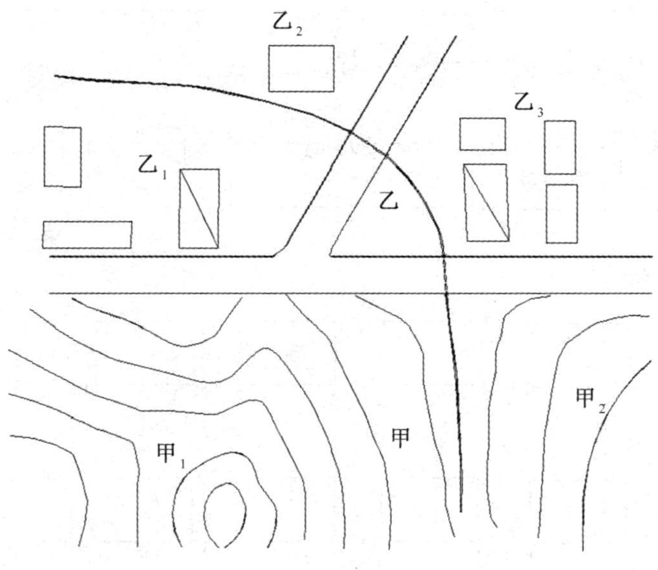

图 6-24　数字化测图是分块测的

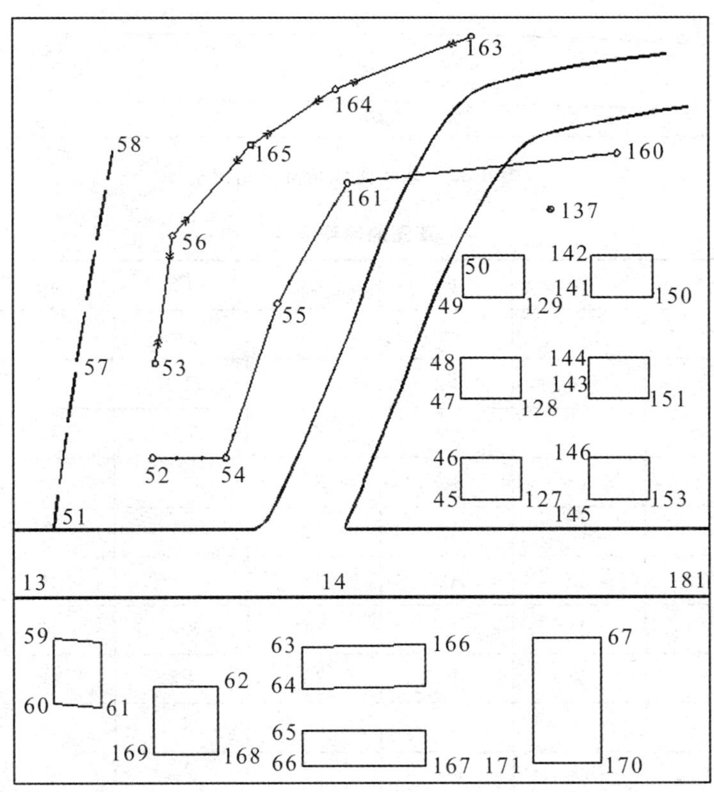

图 6-25　地物比较规整的情况

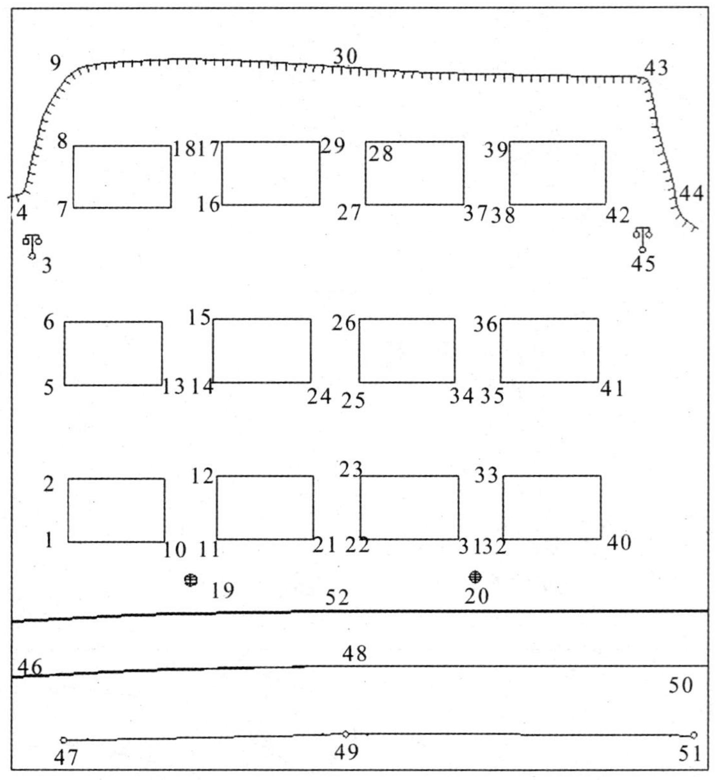

图 6-26　地物比较杂乱的情况

表 6-3　　草图的简码表

1	F2	14	F2	27	F2	40	7－
2	＋	15	＋	28	＋	41	5－
3	A70	16	F2	29	11＋	42	3－
4	K0	17	＋	30	20－	43	12－
5	F2	18	9＋	31	8－	44	－
6	＋	19	A26	32	F2	45	A70
7	F2	20	A26	33	＋	46	X0
8	＋	21	9－	34	8－	47	D3
9	4－	22	F2	35	F2	48	1＋
10	8－	23	＋	36	＋	49	1＋
11	F2	24	9－	37	9－	50	1＋
12	＋	25	F2	38	F2	51	1＋
13	7－	26	＋	39	＋	52	1P

表 6-4　编码引导文件的样本

```
D1,53,56,165,164,163
D3,52,54,55,161,160
X2,51,57,58
X0,13,14,181
F2,46,45,127
⋮
F2,67,170,171
A30,137
```

当所测地物比较复杂时，如图 6-27 所示，为了减少镜站数，提高效率，可适当采用皮尺丈量方法测量，室内用交互编辑方法成图。

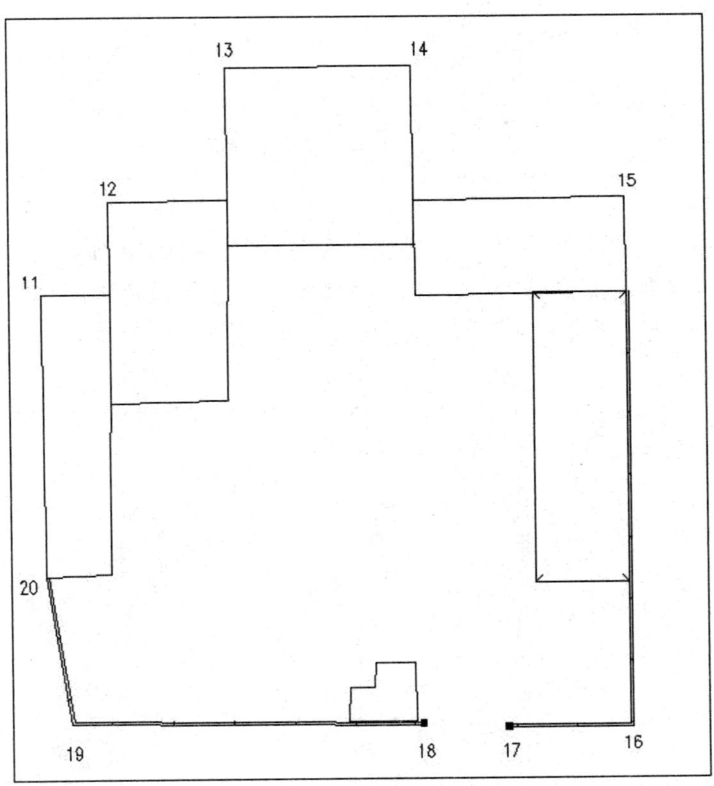

图 6-27　复杂地物可用皮尺丈量方法测量

注意：在进行地貌采点时，可以用多镜测量，一般在地性线上要采集足够密度的点，尽量多观测特征点，如图 6-28 所示。例如，在沟底测了一排点，也应该在沟边再测一排点，这样生成的等高线才真实；而在测量陡坎时，最好坎上、坎下同时测点，这样生成的等高线才能真实地反映实际地貌。在其他地形变化不大的地方，可以适当放宽采点密度。

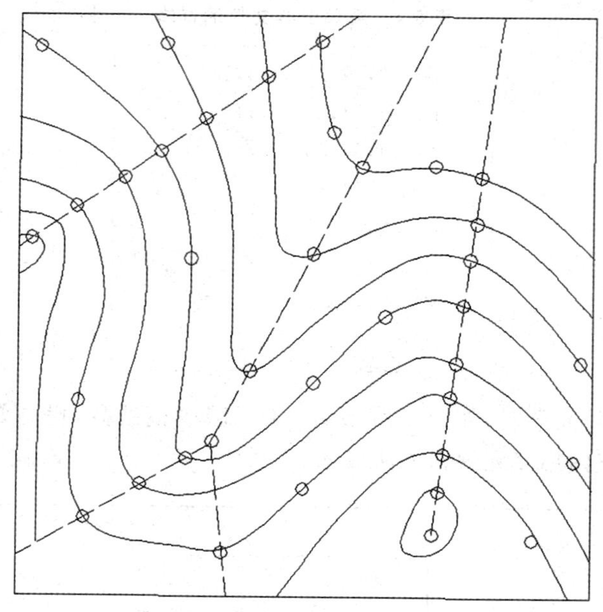

图 6-28　地貌采点要采集特征点

4. 人员安排

根据 CASS 9.1 的特点，一个作业小组可配备：测站 1 人，镜站 1～3 人，领尺员 2 人。如图 6-29 所示，根据地形情况，镜站可用单人或多人。领尺员负责画草图和室内成图，是核心成员，一般外业一天，内业一天，2 人轮换，也可根据本单位实际情况自由安排。

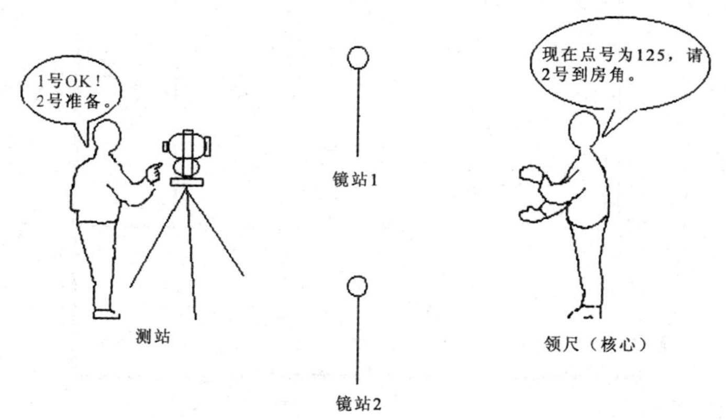

图 6-29　一小组作业人员配备情况示意图

需要注意的是，领尺员必须与测站保持良好的通信联系(可通过对讲机)，使草图上的点号与手簿上的点号一致。

5. 文件管理

数字化测图的内业处理涉及的数据文件较多。因此，进入 CASS 9.1 成图系统后，将面临输入各种各样的文件名的情况，所以最好养成一套较好的命名习惯，以减少内业工作中不必要的麻烦。建议采用如下的命名约定：

(1)简编码坐标文件。由手簿传输到计算机中带简编码的坐标数据文件,建议采用 * JM. DAT格式;由内业编码引导后生成的坐标数据文件,建议采用 * YD. D. AT 格式。

(2)坐标数据文件。由手簿传输到计算机的原始坐标数据文件的一种,建议采用 *. DAT格式。

(3)引导文件。由作业人员根据草图编辑的引导文件,建议采用 *.YD 格式。

(4)坐标点(界址点)坐标文件。由手簿传输到计算机的原始坐标数据文件的一种,建议采用 *.DAT 格式。

(5)权属引导信息文件。作业人员在作权属地籍图时根据草图编辑的权属引导信息文件,建议采用 * DJ.YD 格式。

(6)权属信息文件。由权属合并或由图形生成权属形成的文件,建议采用 *.QS 格式。

(7)图形文件。是在 CASS 9.1 绘图系统生成的图形文件,规定采用 *.DWG 格式。

(二)绘制平面图

对于图形的生成,CASS 9.1 提供了草图法、简码法等多种成图作业方式,并可实时地将地物定位点和邻近地物(形)点显示在当前图形编辑窗口中,操作十分方便。

首先,要确定计算机内是否有要处理的坐标数据文件(即是否将野外观测的坐标数据从电子手簿或带内存的全站仪传到计算机上来)。如果没有,则要进行数据通信。

1. 数据通信

数据通信的作用是完成电子手簿或带内存的全站仪与计算机两者之间的数据相互传输。南方公司开发的电子手簿的载体有 PC-E500、HP2110。

(1)与 PC-E500 电子手簿通信

数据可以由 PC-E500 向计算机传输,将数据存在计算机的硬盘供计算机后处理;也可以将计算机中的数据由计算机向 PC-E500 传输(如将在计算机平差好的已知点数据传给 PC-E500)。

进行数据通信操作之前,首先在电子手簿(PC-E500)与计算机的串口之间用 E5-232C 电缆连上,然后打开计算机进入 Windows 系统,双击 CASS 9.1 的图标或单击 CASS 9.1 的图标再按回车键,即可进入 CASS 系统,此时屏幕上将出现系统的操作界面。使用 ALT+D 组合键也可以执行这一功能。

①单击"数据",便出现如图 6-30 所示的下拉菜单。

②移动鼠标至"读取全站仪数据"项,该处以高亮度(深蓝)显示,单击,这时,便弹出如图 6-31 所示的对话框。

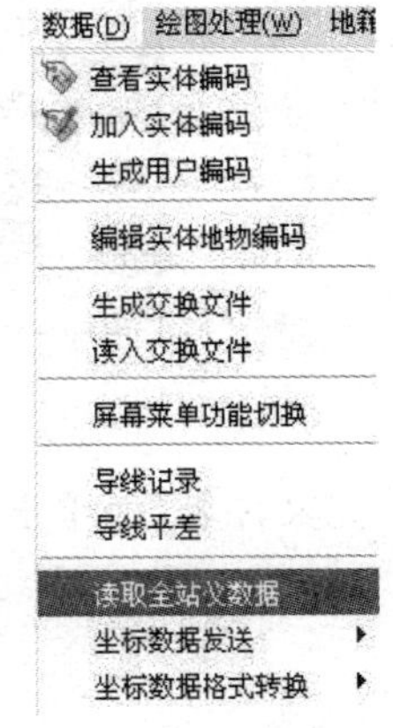

图 6-30 "数据"的下拉菜单

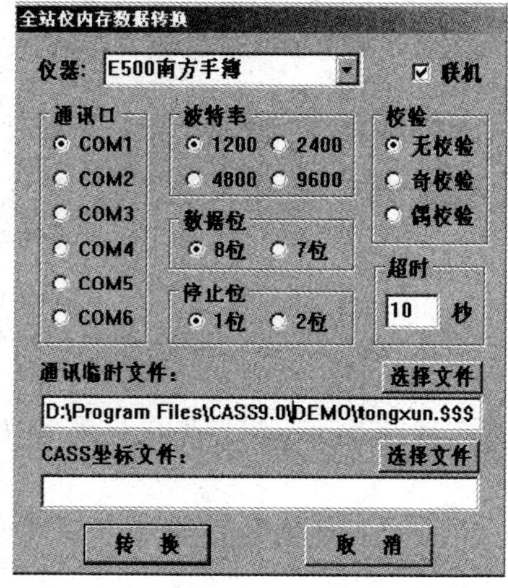

图 6-31 “全站仪内存数据转换”对话框

③单击“仪器”下拉列表中的“E500 南方手簿”选项，然后检查通信参数是否设置正确。在对话框最下面的“CASS 坐标文件:”下的空栏里输入要保存的文件名、路径，为了避免找不到文件，可以输入完整的路径。最简单的方法是单击“选择文件”，弹出如图 6-32 所示的对话框，在“文件名(N):”后输入想要保存的文件名，单击“保存”。这时，系统已经自动将文件名填在了“CASS 坐标文件:”下的空白处，省去了手工输入路径的步骤。

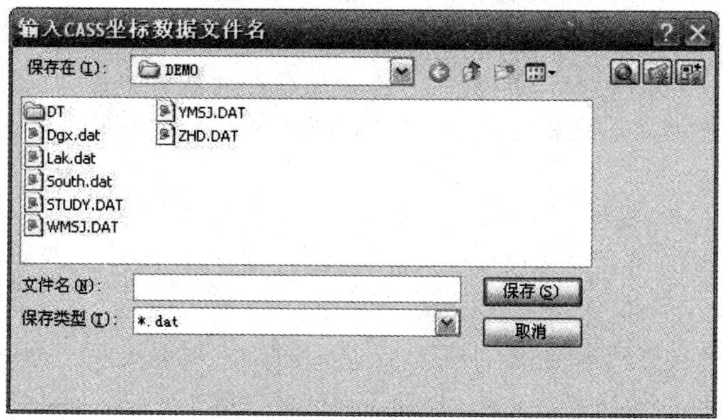

图 6-32 执行“选择文件”操作的对话框

输完文件名后，单击“转换”，或直接按回车键，便出现图 6-33 所示的提示。

图 6-33 计算机等待 PC-E500 信号

如果输入的文件名已经存在，则屏幕会弹出警告信息。

当不想覆盖原文件时，单击“否(N)”即返回图 6-32 所示对话框，重新输入文件名。当想覆盖原文件时，单击“是(Y)”。

④如果仪器选择错误会导致传到计算机中的数据文件格式不正确，这时会出现图 6-34 所示的对话框。

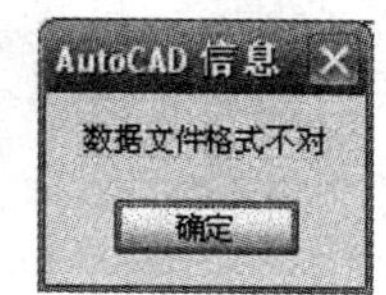

图 6-34 数据格式错误的对话框

⑤操作 PC-E500 电子手簿，做好通信准备。在 PC-E500 上输入本次传送数据的起始点号后，然后先在计算机上按回车键再在 PC-E500 上按回车键。命令区便逐行显示点位坐标信息，直至通信结束。

(2)与带内存的全站仪通信

①将全站仪通过适当的通信电缆与微机连接好。

②移动鼠标至“读取全站仪数据”项，该处以高亮度(深蓝)显示，单击，弹出如图6-31所示的对话框。

③根据不同仪器的型号设置好通信参数，再选取好要保存的数据文件名，单击“转换”。大体步骤同前。

如果想将以前传过来的数据(比如用超级终端传过来的数据文件)进行数据转换，可先选好仪器类型，再将仪器型号后面的“联机”选项取消。这时会发现，通信参数全部变灰。接下来，在“通信临时文件”选项下面的空白区域填上已有的临时数据文件，再在“CASS 坐标文件:”选项下面的空白区域填上转换后的 CASS 坐标数据文件的路径和文件名，单击“转换”即可。若出现“数据文件格式不对”提示时，有可能是以下的情形:数据通信的通路问题，电缆型号不对或计算机通信端口不通;全站仪和软件两边通信参数设置不一致;全站仪中传输的数据文件中没有包含坐标数据，这种情况可以通过查看 tongxun. MYmmYmmYM 来判断。

2. 内业成图

内业成图一般有草图法和简码法两种作业方法。

(1)草图法的工作方式

草图法的工作方式要求外业工作时，除了测量员和跑尺员，还要安排一名绘草图的人员，在跑尺员跑尺时，绘图员要标注出所测的是什么地物(属性信息)及记下所测点的点号(位置信息)，在测量过程中要和测量员及时联系，使草图上标注的某点点号和全站仪里记录的点号一致，而在测量每一个碎部点时不用在电子手簿或全站仪里输入地物编码，故又称为“无码方式”。草图法在内业工作时，根据作业方式的不同，分为点号定位、坐标定位、编码引导几种方法。

①点号定位法作业流程

a. 定显示区

定显示区的作用是根据输入坐标数据文件的数据大小定义屏幕显示区域的大小，以保证所有点可见。单击“绘图处理”项，即出现如图 6-35 所示下拉菜单。

图 6-35 “绘图处理”下拉菜单

然后选择“定显示区”项，单击，即弹出一个对话框。

这时，需输入碎部点坐标数据文件名。可直接通过键盘输入，如在“文件(N)：”(即光标闪烁处)输入 C:\CASS 9.1\DEMO\YMSJ. DAT 后单击“打开(O)”。也可参考 Windows 选择打开文件的操作方法操作。这时，命令区显示：

最小坐标(米)X:=87.315,Y=97.020

最大坐标(米):X=221.270,Y=200.00

b. 选择测点点号定位成图法

单击屏幕右侧菜单区的“坐标定位/点号定位”项，即弹出图 6-36 所示的对话框。

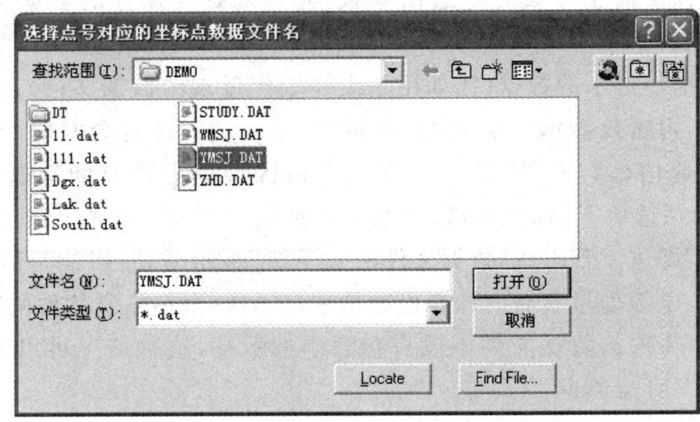

图 6-36 选择测点点号定位成图法出现的对话框

输入点号坐标点数据文件名 C:\CASS 9.1\DEMO\YMSJ. DAT 后，命令区提示：

读点完成！共读入 60 点。

c. 绘平面图

根据野外作业时绘制的草图，移动鼠标至屏幕右侧菜单区选择相应的地形图图式符号，然后在屏幕中将所有的地物绘制出来。系统中所有地形图图式符号都是按照图层来划分的。例如，所有表示测量控制点的符号都放在“控制点”这一层，所有表示独立地物的符号都放在“独立地物”这一层，所有表示植被的符号都放在“植被土质”这一层。

第一步：为了更加直观地在图形编辑区内看到各测点之间的关系，可以先将野外测点点号在屏幕中展出来。其操作方法是：单击屏幕的顶部菜单“绘图处理”项，这时系统弹出一个下拉菜单。再单击“展野外测点点号”项，便弹出对话框。输入对应的坐标数据文件名 C:\CASS 9.1\DEMO\YMSJ. DAT 后，便可在屏幕展出野外测点的点号。

第二步：根据外业草图，选择相应的地图图式符号在屏幕上将平面图绘出来。如图 6-37 所示，由 34、33、35 号点连成一间普通房屋。单击右侧菜单“居民地/一般房屋”处，系统便弹出如图 6-38 所示的对话框。再移动鼠标到“四点房屋”的图标处单击，图标变亮表示该图标已被选中，然后单击“确定”键。这时命令区提示：

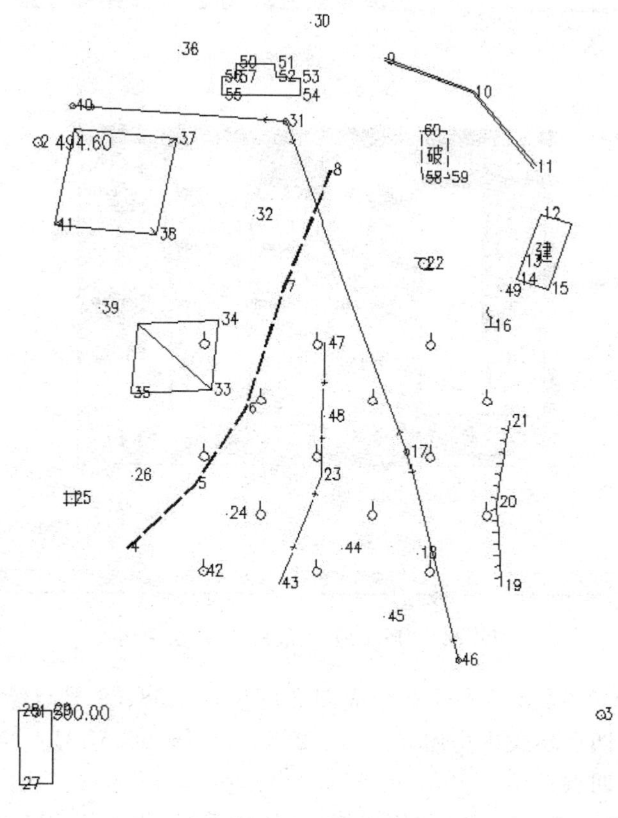

图 6-37　外业作业草图

绘图比例尺 1:输入 1000，回车。

1.已知三点/2.已知两点及宽度/3.已知四点〈1〉:输入 1，回车（或直接回车默认选 1）。

说明:“已知三点”是指测矩形房子时测了三个点;“已知两点及宽度”则是指测矩形房子时测了两个点及房子的一条边;“已知四点”则是测了房子的四个角点。

点 P/〈点号〉:输入 34，回车。

说明:点 P 是指根据实际情况在屏幕上指定的一个点;点号是指绘地物符号定位点的点号（与草图的点号对应），此处使用点号。

点 P/〈点号〉:输入 33，回车。

点 P/〈点号〉:输入 35，回车。

这样，即将 34、33、35 号点连成一间普通房屋。

注意:绘房子时，点号必须按顺时针或逆时针的顺序输入，如上例的点号按 34、33、35 或 35、33、34 的顺序输入，否则绘出来的房子就不对。

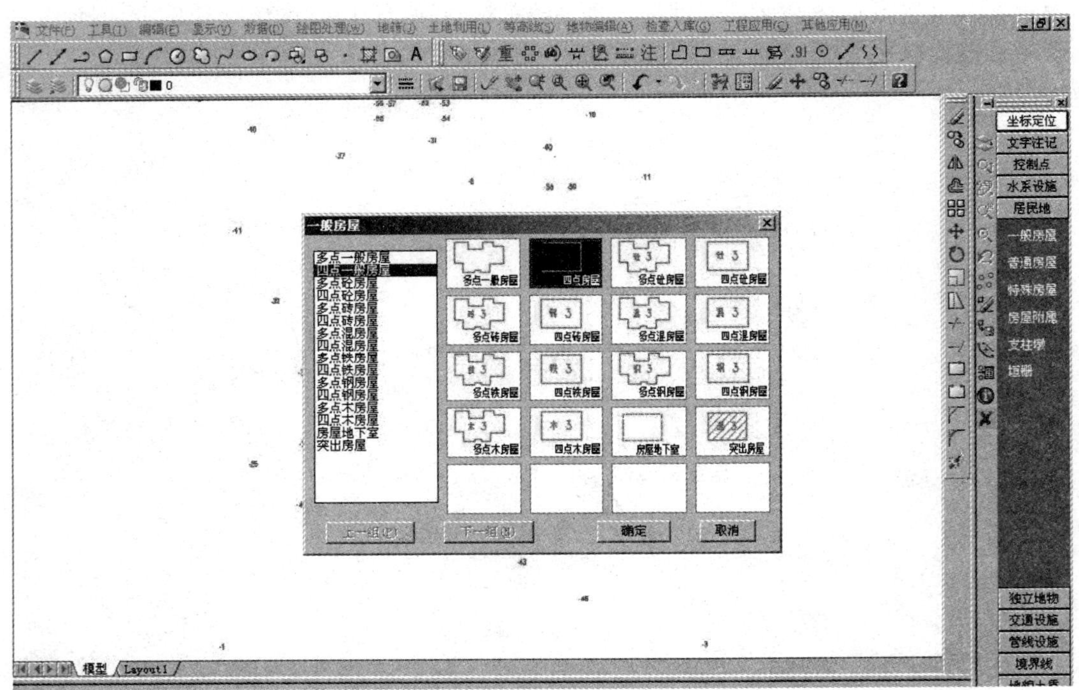

图 6-38 “居民地/一般房屋”图层图例

重复上述操作，将 37、38、41 号点绘成四点棚房；60、58、59 号点绘成四点破坏房子；12、14、15 号点绘成四点建筑中房屋；50、51、52、53、54、55、56、57 号点绘成多点一般房屋；27、28、29 号点绘成四点房屋。

同样，在“居民地/垣栅”层找到“依比例围墙”的图标，将 9、10、11 号点绘成依比例围墙的符号；在“居民地/垣栅”层找到“篱笆”的图标，将 47、48、23、43 号点绘成篱笆的符号。完成这些操作后，其平面图如图 6-39 所示。

再把草图中的 19、20、21 号点连成一段陡坎，其操作方法是：先单击右侧屏幕菜单“地貌土质/人工地貌”，这时系统弹出如图 6-40 所示的对话框。

移鼠标到表示未加固陡坎符号的图标处按左键选择其图标，点击“确认”。命令区便分别出现以下的提示：

请输入坎高，单位：米〈1.0〉：输入坎高，回车（直接回车默认坎高 1 m）。

说明：在这里输入的坎高（实测得的坎顶高程），系统将坎顶点的高程减去坎高得到坎底点高程，这样在建立 DTM 时，坎底点便参与组网的计算。

点 P/〈点号〉：输入 19，回车。

点 P/〈点号〉：输入 20，回车。

点 P/〈点号〉：输入 21，回车。

点 P/〈点号〉：回车或右击，结束输入。

如果需要在点号定位的过程中临时切换到坐标定位，可以按 P 键，这时进入坐标定位状态，想回到点号定位状态时再次按 P 键即可。

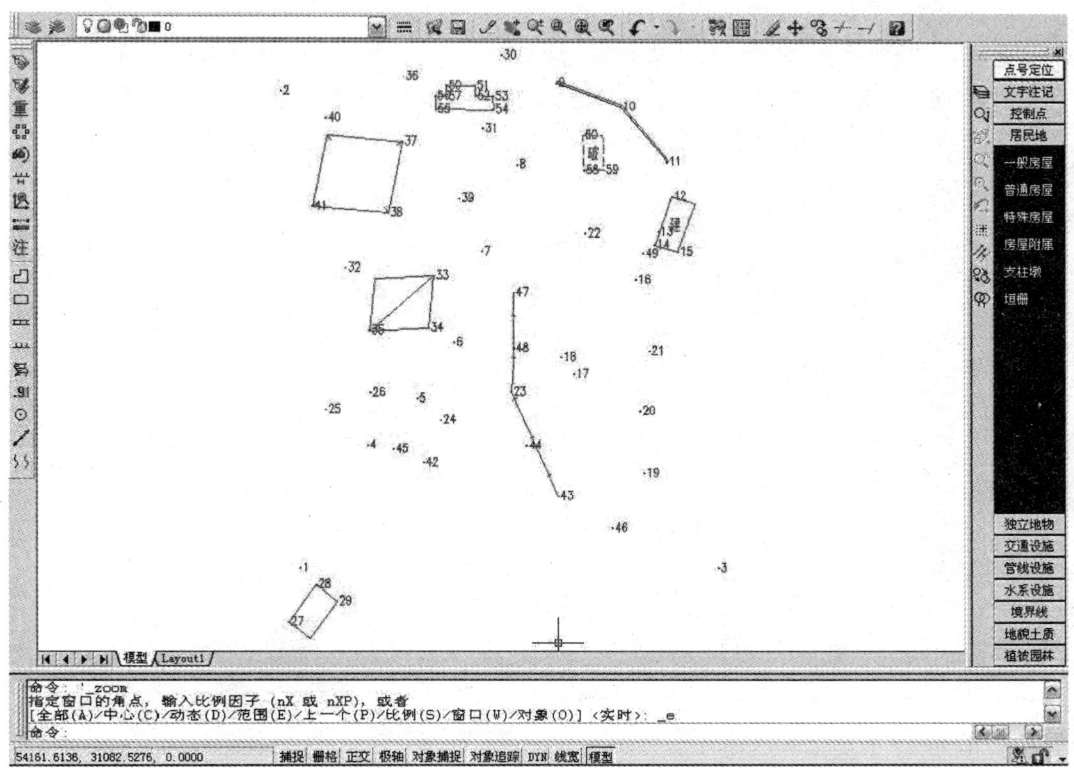

图 6-39 用“居民地”图层绘的平面图

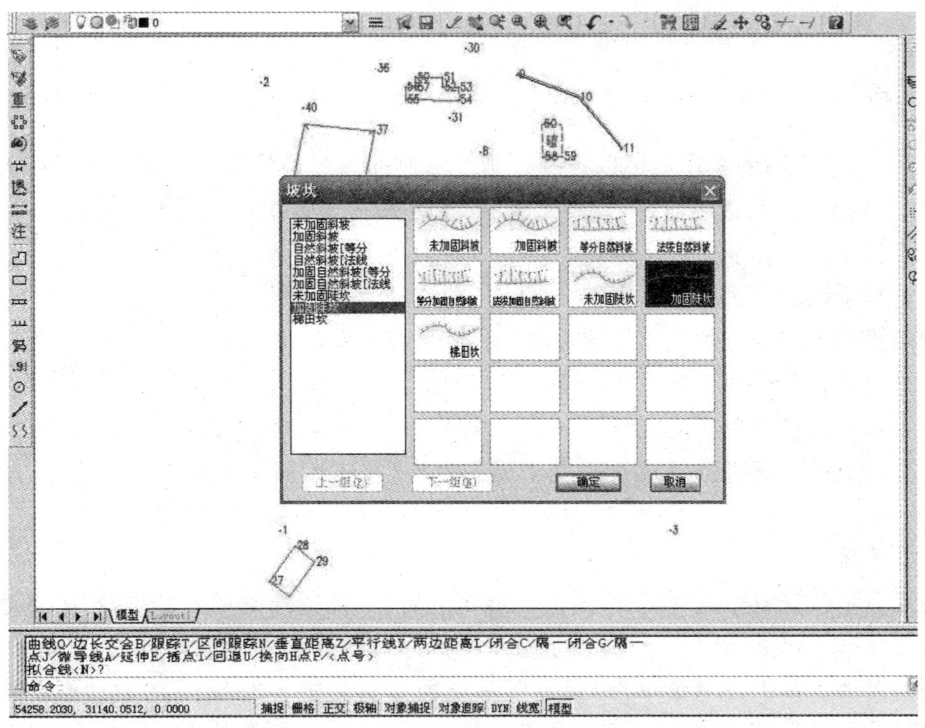

图 6-40 “地貌土质”图层图例

拟合吗？〈N〉回车或按鼠标的右键，默认输入 N。

说明：拟合的作用是对复合线进行圆滑。

这时，便在 19、20、21 号点之间绘成陡坎的符号，如图 6-41 所示。

注意：陡坎上的坎毛生成在绘图方向的左侧。

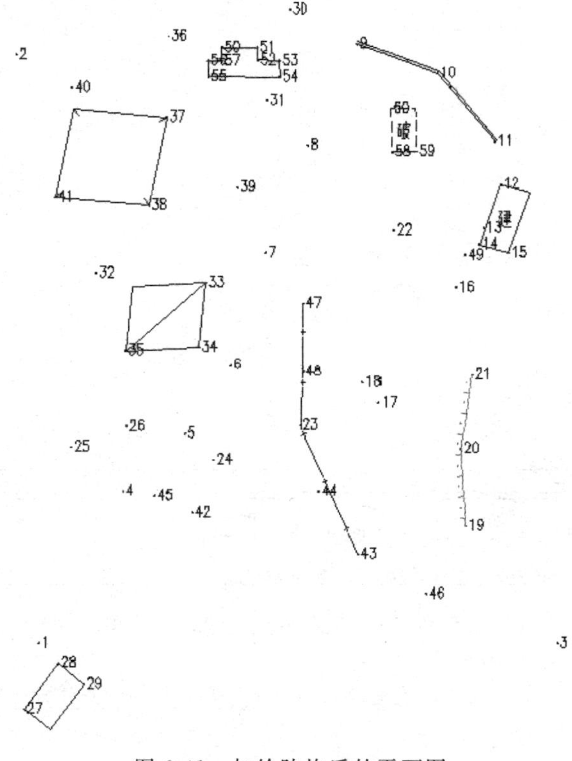

图 6-41　加绘陡坎后的平面图

这样，重复上述的操作便可以将所有测点用地图图式符号绘制出来。在操作的过程中，可以嵌用 CAD 的透明命令，如放大显示、移动图纸、删除、文字注记等。

②坐标定位法作业流程

a. 定显示区

此步操作与点号定位法作业流程的“定显示区”的操作相同。

b. 选择坐标定位成图法

单击屏幕右侧菜单区之“坐标定位”项，即进入“坐标定位”项的菜单。如果刚才在“测点点号”状态下，可通过选择“CASS 9.1 成图软件”按钮返回主菜单之后再进入“坐标定位”菜单。

c. 绘平面图

与点号定位法成图流程类似，需先在屏幕上展点，根据外业草图，选择相应的地图图式符号在屏幕上将平面图绘出来，区别在于不能通过测点点号来进行定位了。仍以作居民地为例讲解。单击右侧菜单“居民地”，系统便弹出如图 6-38 所示的对话框。再单击“四点房屋”的图标，图标变亮表示该图标已被选中，然后单击“确定”。这时，命令区提示：

1.已知三点/2.已知两点及宽度/3.已知四点〈1〉:输入1,回车(或直接回车默认选1)。

输入点:单击右侧屏幕菜单的"捕捉方式"项,弹出如图6-42所示的对话框。单击"NOD"(节点),图标变亮表示该图标已被选中,然后单击"确定"。这时鼠标靠近33号点,出现黄色标记,单击,完成捕捉工作。在输入点时,嵌套使用了捕捉功能,选择不同的捕捉方式会出现不同形式的黄颜色光标,适用于不同的情况。

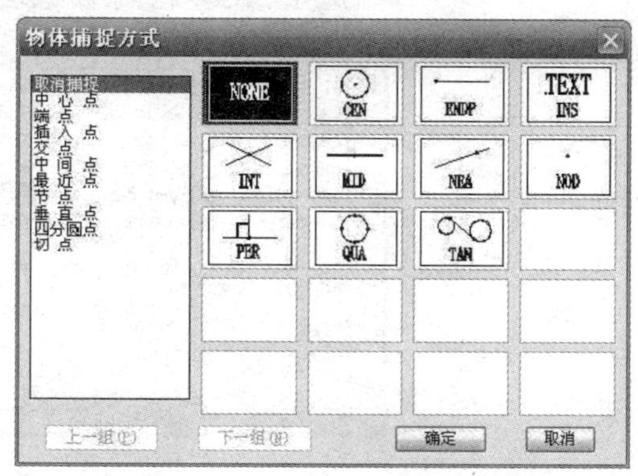

图6-42 捕捉方式选项

输入点:同上操作捕捉34号点。

输入点:同上操作捕捉35号点。

这样,即将33、34、35号点连成一间普通房屋。

命令区要求输入点时,也可以用鼠标左键在屏幕上直接点击,为了精确定位也可输入实地坐标。下面以"路灯"为例进行演示。单击右侧屏幕菜单"独立地物/公共设施",这时系统便弹出"独立地物/其他设施"的对话框,如图6-43所示,单击"路灯",图标变亮表示该图标已被选中,然后单击"确定"。这时,命令区提示:

输入点:输入143.35,159.28,回车。

这时就在(143.35,159.28)处绘好了一个路灯。随着鼠标在屏幕上移动,左下角提示的坐标实时变化。

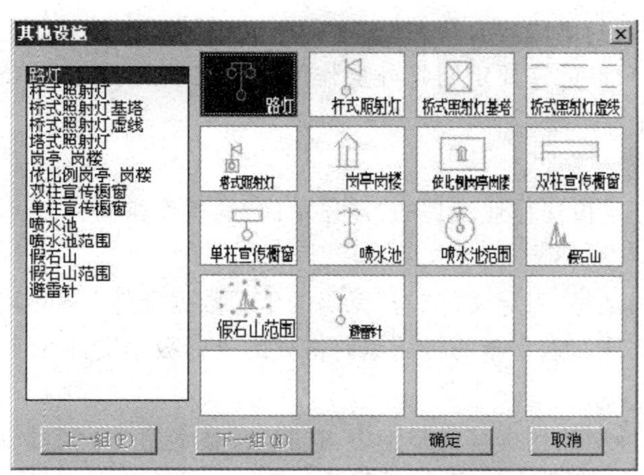

图6-43 "独立地物/其他设施"图层图例

③编码引导法作业流程

此方式也称为"编码引导文件+无码坐标数据文件自动绘图方式"。

a.编辑引导文件

第一步:移动鼠标至绘图屏幕的顶部菜单,选择"编辑"的"编辑文本文件"项,该处以高亮度(深蓝)显示,单击,屏幕命令区弹出如图6-44所示对话框。

以C:\CASS 9.10\DEMO\WMSJ.YD为例。

图 6-44 “编辑文本”对话框

屏幕上将弹出记事本，这时根据野外作业草图，参考地物代码以及文件格式，编辑好此文件。

第二步：单击“文件(F)”，便出现文件类操作的下拉菜单，然后移动鼠标至“退出(X)”项，此时需注意以下几点：

(1)每一行表示一个地物；

(2)每一行的第一项为地物的“地物代码”，以后各数据为构成该地物的各测点的点号(依连接顺序排列)；

(3)同行的数据之间用逗号分隔；

(4)表示地物代码的字母要大写；

(5)用户可根据自己的需要定制野外操作简码，通过更改 C:\CASS 9.1\SYSTEM\JCODE.DEF 文件即可实现。

b.定显示区

此步操作与点号定位法作业流程的“定显示区”的操作相同。

c.编码引导

编码引导的作用是将“引导文件”与“无码的坐标数据文件”合并生成一个新的带简编码格式的坐标数据文件。这个新的带简编码格式的坐标数据文件在下一步“简码识别”操作时将要用到。

第一步：移动鼠标至绘图屏幕的最上方，选择“绘图处理”→“编码引导”项，该处以高亮度(深蓝)显示，单击，即弹出如图 6-45 所示对话框。输入编码引导文件名 C:\CASS 9.1\DEMO\WMSJ.YD，或通过 Windows 窗口操作找到此文件，然后单击“确定”。

第二步：屏幕弹出图 6-46 所示对话框。要求输入坐标数据文件名，此时输入 C:\CASS 9.1\DEMO\WMSJ.DAT。

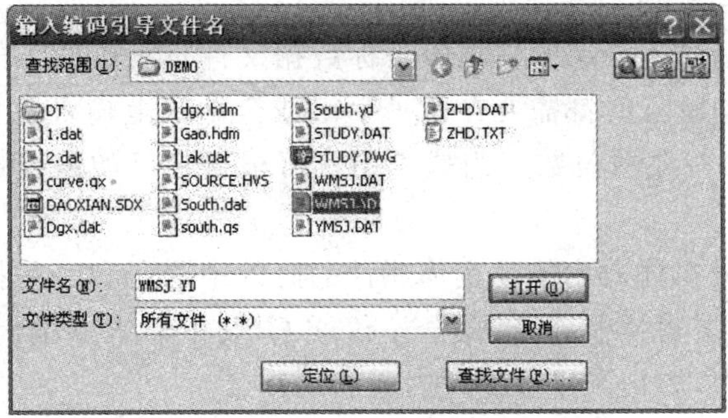

图 6-45 输入编码引导文件

图 6-46 输入坐标数据文件

第三步:屏幕按照这两个文件自动生成图形,如图 6-47 所示。

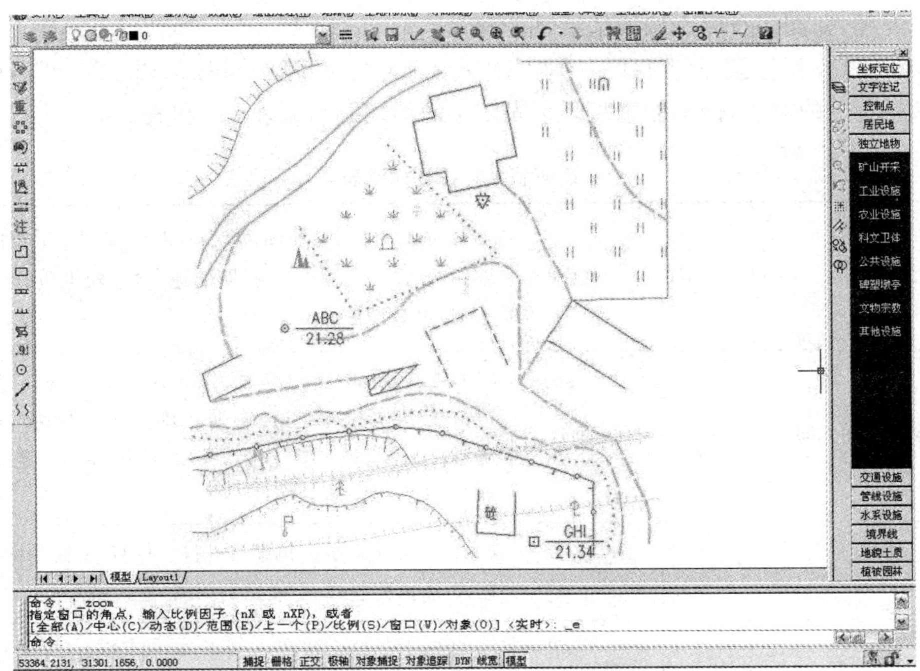

图 6-47 系统自动绘出图形

(2)简码法的编码规则

此种工作方式也称“带简编码格式的坐标数据文件自动绘图方式”,与草图法在野外测量不同,每测一个地物点时都需要在电子手簿或全站仪上输入地物点的简编码。简编码一般由一位字母和一或两位数字组成。用户可根据自己的需要通过 JCODE. DEF 文件定制野外操作简码。

CASS 9.1 的野外操作码由描述实体属性的野外地物码和一些描述连接关系的野外连接码组成。在地形图测量中,可以在全站仪或 GPS 中输入点编码,在用 CASS 9.1 绘图时,可直接生成地物,简化测量员整理内业的工作量。

野外操作码的定义规则如下:

①野外操作码有 1～3 位,第一位是英文字母,大小写等价,后面是范围为 0～99 的数字,无意义的 0 可以省略。例如,A 和 A00 等价,F1 和 F01 等价。

②野外操作码后面可跟参数,如野外操作码不到 3 位,与参数间应有连接符“-”;如有 3 位,后面可紧跟参数。参数有下面几种:控制点的点名,房屋的层数,陡坎的坎高等。

③野外操作码第一个字母不能是“P”,该字母只代表平行信息。

④Y0、Y1、Y2 三个野外操作码固定表示圆,以便和老版本兼容。

⑤可旋转独立地物要测两个点以便确定旋转角。

⑥野外操作码如以“U”“Q”“B”开头,将被认为是拟合的,所以如果某地物有的拟合,有的不拟合,就需要两种野外操作码。

⑦房屋类和填充类地物将自动被认为是闭合的。

⑧房屋类和符号定义文件第 14 类别地物如只测三个点,系统会自动给出第四个点。

⑨对于查不到 CASS 编码的地物以及没有测够点数的地物,如只测一个点,自动绘图时不作处理,如测两点以上按线性地物处理。

CASS 9.1 系统预先定义了一个 JCODE. DEF 文件,用户可以编辑 JCODE. DEF 文件以满足自己的需要,但不能重复。预先定义的编码总结见表 6-5 和表 6-6。

表 6-5　　线面状地物符号代码表

坎类(曲)	K(U) + 数	(0-未加固陡坎;1-加固陡坎;2-未加固斜坡;3-加固斜坡;4-不依比例石垄;5-石质的陡崖)地貌土质;(6-双线干沟)水系设施
线类(曲)	X(Q) + 数	[(0-县道、乡道;1-内部道路;2-小路;3-机耕种路虚线边;4-建筑中县道乡道)交通设施;(5-地类界)植被土质];(X6-乡、镇界;X7-县界;X8-地级界;X9-省界)境界线
垣栅类	W + 数	(0,1-宽为 0.5 m 的围墙;2-栅栏、栏杆;3-铁丝网;4-篱笆;5-活树篱笆;6-不依比例围墙)居民地
电力线类	D +数	[0-地面上的输电线(大);1-地面上的输电线(小);2-地面上的配电线]管线设施

续表

植被土质	B(H)一数	(0-桑园;1-稻田;2-花圃;3-天然草地;4-成林地;5-菜地;6-果园;7-水生经济作物地;8-大面积灌木林;9-大面积竹林) B:拟合边界　H:不拟合边界
平行体	P +	P +(X(0-9),Q(0-9),K(0-6),U(0-6)…)
控制点	C + 数	(0-不埋石图根点;1-埋石图根点;2-导线点;3-小三角点;4-三角点;5-土堆上的三角点;6-土堆上的小三角点;7-独立天文点;8-水准点;9-卫星定位等级点;10-土堆上的导线点)控制点

表 6-6　　点状地物符号代码表

符号类别	编码及符号名称				
水系设施	A13 泉	A14 水井	A85 水轮泵、抽水机站		
居民地	F0 一般房屋	F1 1∶2000 房屋	F2 砼房屋	F3 建筑房屋	F4 破坏房屋
	F5 棚房	F6 简单房屋			
独立地物	A00 水文站	A16 学校	A17 不依比例积肥池	A18 医疗点	A20 电视发射塔
	A22 窑	A23 蒙古包	A34 依比例液体、气体储存设备	A41 无线电杆、塔	A43 旧碉堡
	A54 烟囱	A55 露天设备	A56 地磅	A57 起重机	A58 不依比例探井
	A59 钻孔	A60 石油、天然气井	A61 盐井	A62 废弃的小矿井	A63 废弃的平洞洞口
	A64 废弃的竖井井口(圆)	A65 开采的小矿井	A66 开采的平洞洞口	A67 开采的竖井井口(圆)	A68 加油站
	A69 气象站	A70 路灯	A71 杆式照射灯	A72 喷水池	A73 不依比例垃圾台
	A74 旗杆	A75 亭	A76 岗亭、岗楼	A77 钟楼、城楼、鼓楼	A78 水塔
	A79 水塔烟囱	A80 环保检测站	A81 不依比例粮仓	A82 风车	A83 水磨房、水车
	A84 避雷针	A87 纪念碑	A88 碑、柱、墩	A89 塑像	A90 庙宇
	A91 土地庙	A92 教堂	A93 清真寺	A95 宝塔、经塔	A96 假石山
	A97 塔形建筑物	A98 独立大坟	A99 不依比例坟地		

续表

符号类别	编码及符号名称				
交通设施	A01 停泊场	A02 不依比例灯塔	A03 灯桩	A04 灯船	A10 信号标
	A45 里程碑	A46 坡度标	A47 路标	A48 汽车停车站	A49 臂板信号灯
	T0 依比例一般铁路	T2 依比例窄轨铁路	T4 依比例简易铁路	T5 不依比例简易铁路	T6 缆车道
	T8 不依比例架空索道	T9 过河缆			
	A11 露出的沉船	A12 淹没的沉船	A08 急流		
管线设施	A24 给水检修井	A25 排水、雨水检修井	A26/A39 圆/长形污水篦子	A27 排水暗井	A28 煤气、天然气检修井
	A29 热力检修井	A30 电信入孔	A31 电信手孔	A32 电力检修井	A33 工业、石油检修井
	A34 液体、气体储存设备	A35 不明用途检修井	A36 消火栓	A37 阀门	A38 水龙头
	A42 电杆	D0/D1 地面上的输电线	D2 地面上的配电线	D3 地面上的通信线	G0 架空的上水管道
	G2 地面上的上水管道	G3 地面下的上水管道	G4 有管堤的上水管道		
地貌土质	A15 不依比例石堆				
植被土质	A50 阔叶独立树	A51 针叶独立树	A52 果树独立树	A53 椰子槟榔独立树	

描述连接关系的符号的含义见表 6-7。

表 6-7　　描述连接关系的符号的含义

符号	含义
+	本点与上一点相连，连线依测点顺序进行
—	本点与上一点相连，连线依测点顺序相反方向进行
n+	本点与上 n 点相连，连线依测点顺序进行
n—	本点与上 n 点相连，连线依测点顺序相反方向进行

续表

符号	含义
p	本点与上一点所在地物平行
np	本点与上 n 点所在地物平行
+A$	断点标识符，本点与上点连
-A$	断点标识符，本点与下点连

“+”“-”符号的意义(“+”“-”表示连线方向)：

操作码的具体构成规则如下：

①对于地物的第一点，操作码=地物代码。如图 6-48 中的 1、5 两点(点号表示测点顺序，括号中为该测点的编码，下同)。

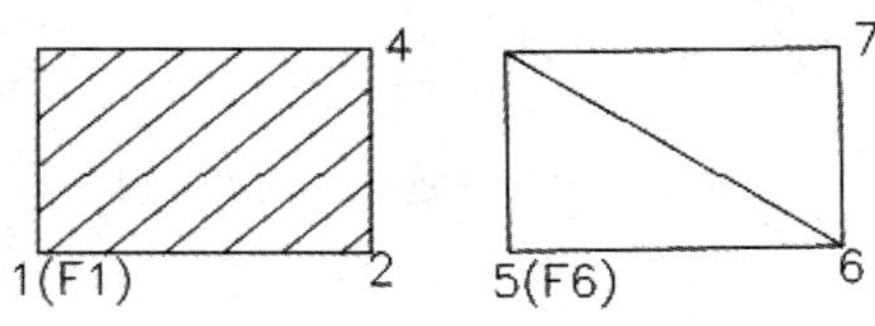

图 6-48 地物起点的操作码

②连续观测某一地物时，操作码为“+”或“-”。其中“+”表示连线依测点顺序进行；“-”表示连线依测点顺序相反的方向进行，如图 6-49 所示。在 CASS 中，连线顺序将决定类似于坎类的齿牙线的画向，齿牙线及其他类似标记总是画向连线方向的左边，因而改变连线方向就可改变其画向。

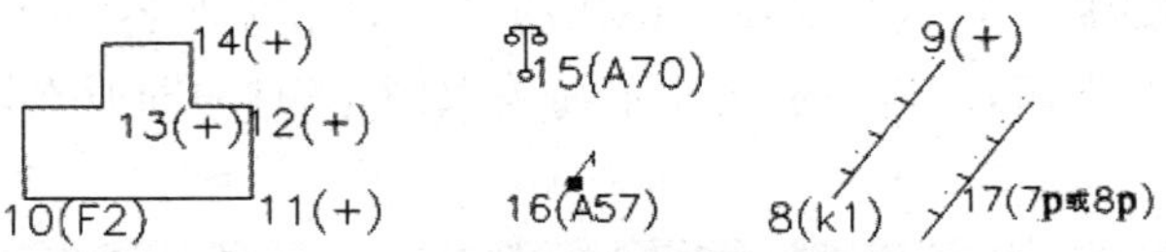

图 6-49 连续观测点的操作码

③交叉观测不同地物时，操作码为“n+”或“n-”，如图 6-50 所示。其中“+”“-”的意义同上，n 表示该点应与以上 n 个点前面的点相连(n=当前点号-连接点号-1，即跳点数)。还可用“+A$”或“-A$”标识断点，A$ 是任意助记字符，当一对 A$ 断点出现后，可重复使用 A$ 字符。

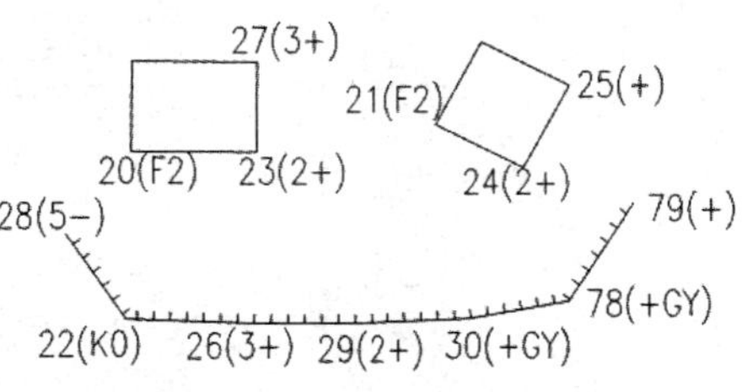

图 6-50 交叉观测点的操作码

④观测平行体时，操作码为“p”或“np”。其

中，“p”的含义为通过该点所画的符号应与上点所在地物的符号平行且同类，“np”的含义为通过该点所画的符号应与以上跳过 n 个点后的点所在的符号画平行体，对于带齿牙线的坎类符号，将会自动识别是堤还是沟。若上点或跳过 n 个点后的点所在的符号不为坎类或线类，系统将会自动搜索已测过的坎类或线类符号的点。因而，用于绘平行体的点，可在平行体的一“边”未测完时测对面点，亦可在测完后接着测对面的点，还可在加测其他地物点之后，测平行体的对面点。如图 6-51 所示。

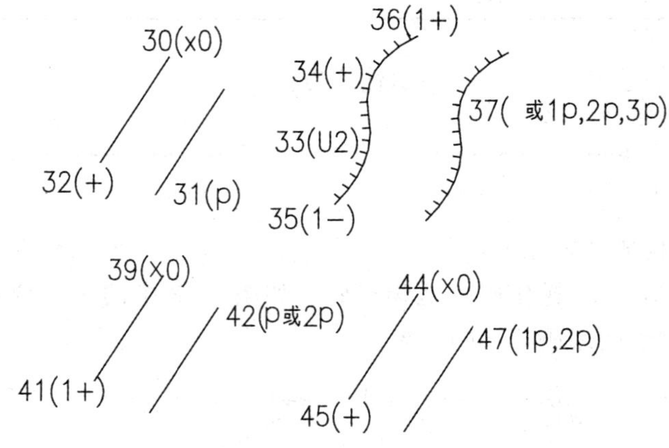

图 6-51　平行体观测点的操作码

(3)简码法绘图方法

①定显示区

此步操作与草图法中“测点点号”定位绘图方式作业流程的“定显示区”操作相同。

②简码识别

简码识别的作用是将带简码格式的坐标数据文件转换成计算机能识别的程序内部码。移动鼠标至菜单“绘图处理”→“简码识别”项，该处以高亮度(深蓝)显示，单击，即弹出如图 6-52 所示对话框。输入带简编码格式的坐标数据文件名(此处以 C:\CASS 9.1\DEMO\YMSJ.DAT 为例)。当提示区显示简码识别完毕!的同时在屏幕绘出平面图形，如图 6-53 所示。

图 6-52　选择简编码文件

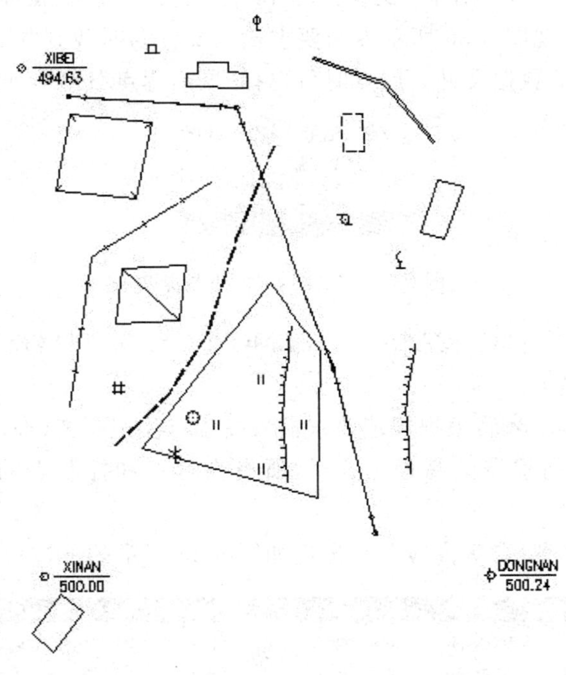

图 6-53 用 YMSJ.DAT 绘的平面图

上面按照清晰的步骤介绍了草图法、简码法的工作方法。其中，草图法包括点号定位法、坐标定位法、编码引导法；编码引导法的外业工作也需要绘制草图，但内业通过编辑编码引导文件，将编码引导文件与无码坐标数据文件合并生成带简码的坐标数据文件，其后的操作等效于简码法，简码识别时就可自动绘图。

CASS 9.1 支持多种多样的作业模式，除了草图法、简码法，还有白纸图数字化法、电子平板法，可根据实际情况灵活选择恰当的方法。

（三）绘制等高线

在地形图中，等高线是表示地貌起伏的一种重要手段。在数字化自动成图系统中，等高线由计算机自动勾绘，生成的等高线精度相当高。

CASS 9.1 在绘制等高线时，充分考虑等高线通过地性线和断裂线时情况的处理，如陡坎、陡涯等。CASS 9.1 能自动切除通过地物、注记、陡坎的等高线。由于采用了轻量线来生成等高线，CASS 9.1 在生成等高线后，文件大小比其他软件小了很多。

在绘等高线之前，必须先将野外测的高程点建立数字地面模型（DTM），然后在数字地面模型上生成等高线。

1. 建立数字地面模型（构建三角网）

数字地面模型（DTM），是在一定区域范围内规则格网点或三角网点的平面坐标（x，y）和其地物性质的数据集合。如果此地物性质是该点的高程 z，则此数字地面模型又称为“数字高程模型”（DEM）。这个数据集合从微分角度三维地描述了该区域地形地貌的空间分布。

在使用 CASS 9.1 自动生成等高线时，应先建立数字地面模型。在这之前，可以先

“定显示区”及“展点”。“定显示区”的操作与草图法中点号定位法的工作流程中的“定显示区” 的操作相同，出现图 6-36 所示界面要求输入文件名时找到“C:\CASS 9.1\DEMO\DGX.DAT”路径下的数据文件。展点时可选择“展高程点”选项，如图 6-54 所示。

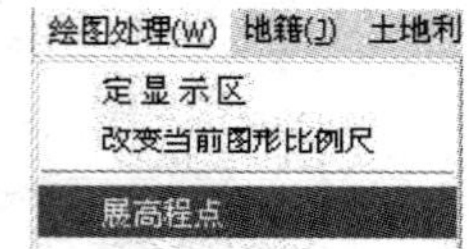

图 6-54 “绘图处理”下拉菜单

要求输入文件名时在“C:\CASS 9.1\DEMO\DGX.DAT”路径下选择“打开”DGX.DAT 文件后命令区提示：

注记高程点的距离(米)：根据规范要求输入高程点注记距离(即注记高程点的密度)，回车默认为注记全部高程点的高程。这时，所有高程点和控制点的高程均自动展绘到图上。

(1)单击屏幕顶部菜单“等高线”项，出现如图 6-55 所示的下拉菜单。

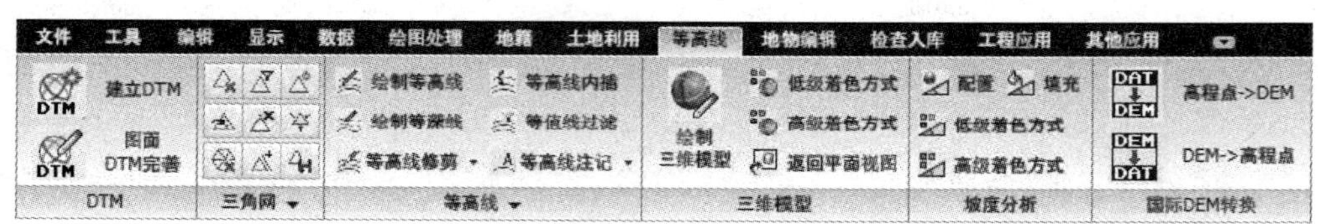

图 6-55 “等高线”的下拉菜单

(2)移动鼠标至“建立 DTM”项，该处以高亮度(深蓝)显示，单击，如图 6-56 所示。

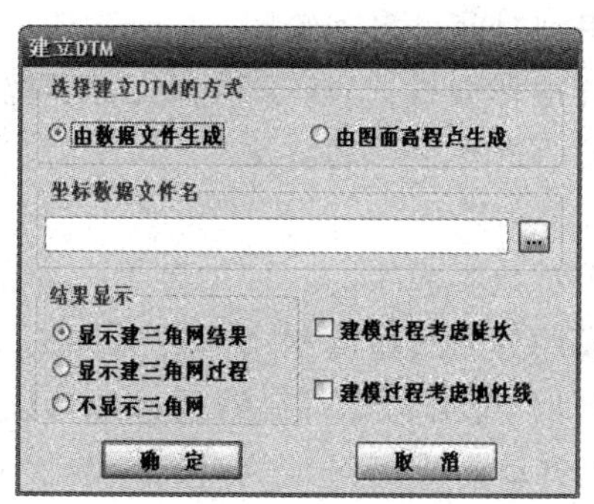

图 6-56 选择建模高程数据文件

首先选择建立 DTM 的方式，分为两种：由数据文件生成和由图面高程点生成。如果选择由数据文件生成，则在坐标数据文件名中选择坐标数据文件；如果选择由图面高程点生成，则在绘图区选择参加建立 DTM 的高程点。然后选择结果显示，分为三种：显示建三角网结果、显示建三角网过程和不显示三角网。最后选择在建立 DTM 的过程中是否考虑陡坎和地性线。单击“确定”后生成如图 6-57 所示的三角网。

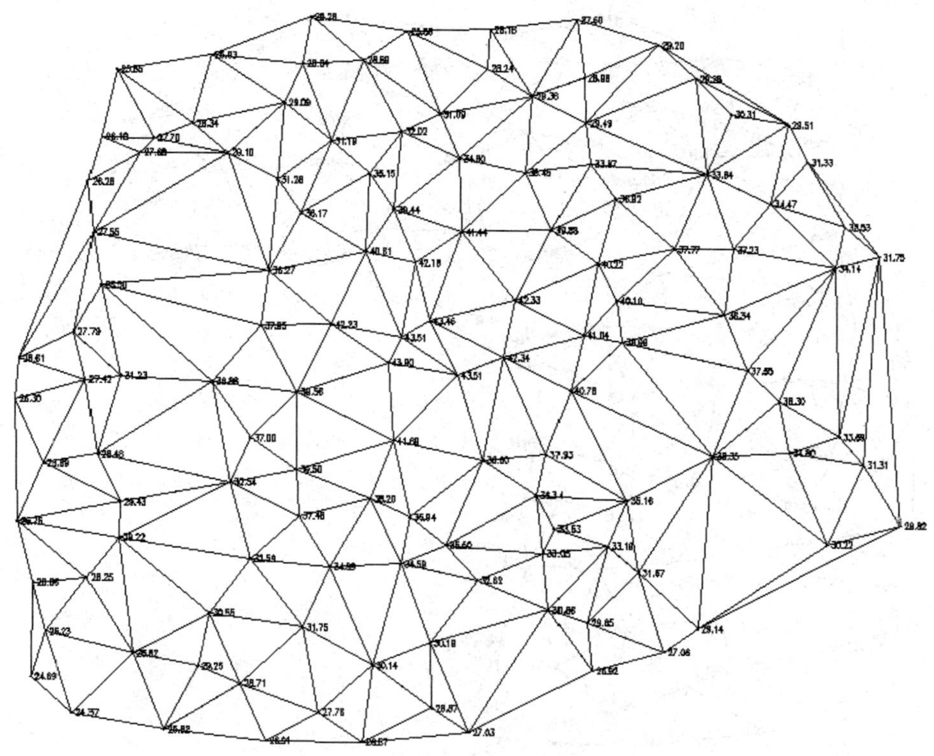

图 6-57 用 DGX.DAT 数据建立的三角网

2.修改数字地面模型(修改三角网)

一般情况下,由于地形条件的限制,外业采集的碎部点很难一次性生成理想的等高线。另外,还因现实地貌的多样性和复杂性,自动构成的数字地面模型与实际地貌不太一致,这时可以通过修改三角网来修改这些局部不合理的地方。

(1)删除三角形

如果在某局部内没有等高线通过,则可将其局部内相关的三角形删除。删除三角形的操作方法是:先将要删除三角形的地方局部放大,再选择“等高线”下拉菜单的“删除三角形”项,命令区提示选择对象:,这时便可选择要删除的三角形,如果误删,可用“U”命令将误删的三角形恢复。删除三角形后如图 6-58 所示。

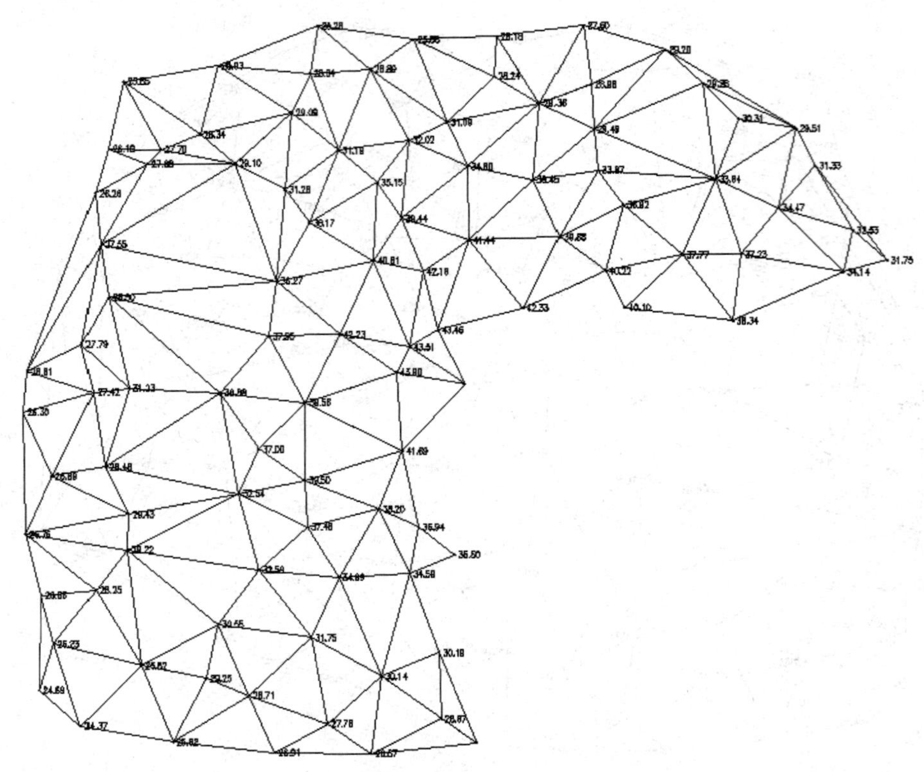

图 6-58 将右下角的三角形删除

(2)过滤三角形

可根据用户需要输入符合三角形中最小角的度数或三角形中最大边长最多大于最小边长的倍数等条件的三角形。如果出现 CASS 9.1 在建立三角网后无法绘制等高线,可过滤掉部分形状特殊的三角形。另外,如果生成的等高线不光滑,也可以用此功能将不符合要求的三角形过滤掉再生成等高线。

(3)增加三角形

如果要增加三角形,可选择“等高线”菜单中的“增加三角形”项,依照屏幕的提示在要增加三角形的地方用鼠标点取。如果点取的地方没有高程点,系统会提示输入高程。

(4)三角形内插点

选择此命令后,可根据提示输入要插入的点:,在三角形中指定点(可输入坐标或用鼠标直接点取),提示高程(米)=时,输入此点高程。通过此功能可将此点与相邻的三角形顶点相连构成三角形,同时原三角形会自动被删除。

(5)删三角形顶点

用此功能可将所有由该点生成的三角形删除。因为一个点会与周围很多点构成三角形,如果手工删除三角形,不仅工作量较大而且容易出错。这个功能常用在发现某一点坐标错误时,要将它从三角网中剔除的情况下。

(6)重组三角形

指定两相邻三角形的公共边,系统自动将两三角形删除,并将两三角形的另两点连接起来构成两个新的三角形，这样做可以改变不合理的三角形连接。如果因两三角形的形状特殊无法重组，会有出错提示。

(7)删三角网

生成等高线后就不再需要三角网了，这时如果要对等高线进行处理，三角网比较碍事，可以用此功能将整个三角网全部删除。

(8)修改结果存盘

通过以上命令修改了三角网后，选择“等高线”菜单中的“修改结果存盘”项，把修改后的数字地面模型存盘。这样，绘制的等高线不会内插到修改前的三角形内。注意：修改了三角网后一定要进行此步操作，否则修改无效！当命令区显示存盘结束！时，表明操作成功。

3.绘制等高线

完成前两步准备操作后，便可进行等高线绘制。等高线的绘制可以在绘平面图的基础上叠加，也可以在“新建图形”的状态下绘制。如在“新建图形”状态下绘制等高线，系统会提示输入绘图比例尺。

用鼠标选择下拉菜单“等高线”的“绘制等值线”项，弹出如图 6-59 所示对话框。

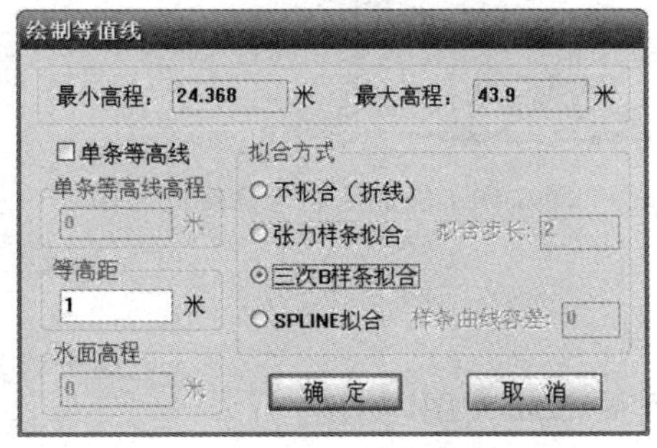

图 6-59 “绘制等值线”对话框

对话框中会显示参加生成 DTM 的高程点的最小高程和最大高程。如果只生成单条等高线，那么就在“单条等高线高程”中输入此条等高线的高程；如果生成多条等高线，则在“等高距”框中输入相邻两条等高线之间的等高距。最后选择等高线的拟合方式。总共有四种拟合方式：不拟合(折线)、张力样条拟合、三次 B 样条拟合和 SPLINE 拟合。观察等高线效果时，可输入较大等高距并选择不光滑，以加快速度。如选张力样条拟合，则拟合步距以 2 m 为宜，但这时生成的等高线数据量比较大，速度会稍慢。测点较密或等高线较密时，最好选择三次 B 样条拟合，也可选择不光滑，过后再用“批量拟合”功能对等高线进行拟合。选择 SPLINE 拟合则用标准 SPLINE 样条曲线来绘制等高线，提示请输入样条曲线容差：〈0.0〉。容差是曲线偏离理论点的允许差值，可直接回车。SPLINE 线的优点在于即使其被断开后仍然是样条曲线，可以进行后续编辑修改，缺点是较三次 B 样条拟合容易发生线条交叉现象。

当命令区显示绘制完成！时，便完成绘制等高线的工作，如图 6-60 所示。

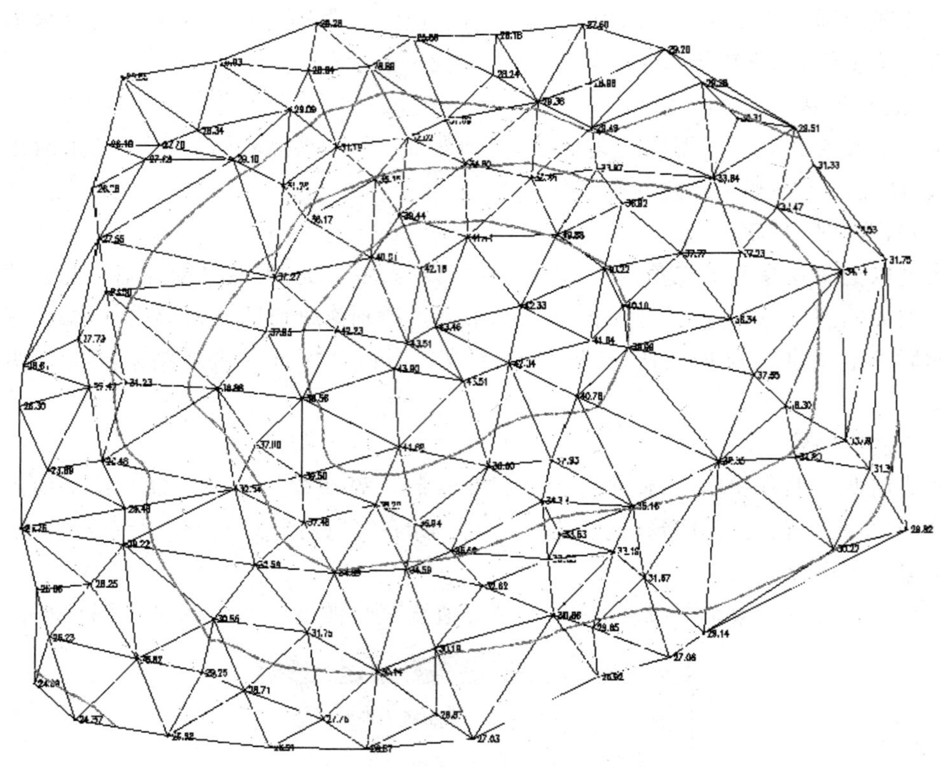

图 6-60　完成绘制等高线的工作

4. 等高线的修饰

(1)注记等高线

用“窗口缩放”项得到局部放大图，如图6-61所示，再选择“等高线”下拉菜单中“等高线注记”的“单个高程注记”项。

命令区提示：

选择需注记的等高(深)线：移动鼠标至要注记高程的等高线位置，如图 6-61 之位置 A，单击。

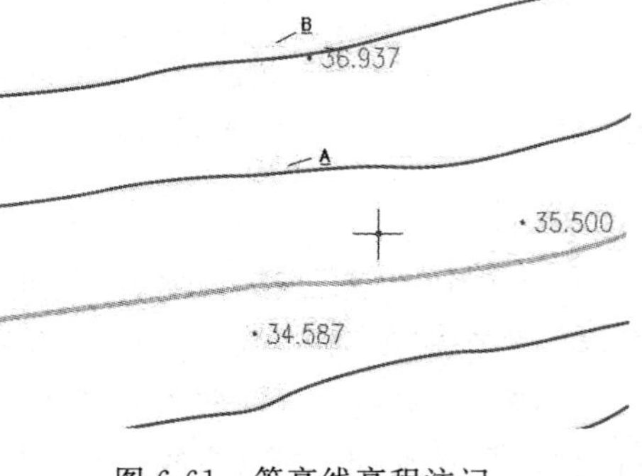

图 6-61　等高线高程注记

依法线方向指定相邻一条等高(深)线：移动鼠标至如图 6-61 之等高线位置 B，单击。等高线的高程值即自动注记在 A 处，且字头朝 B 处。

(2)等高线修剪

单击“等高线”→“等高线修剪”→“批量修剪等高线”，弹出如图 6-62 所示对话框。

首先选择是消隐还是修剪等高线，然后选择是整图处理还是手工选择需要修剪的等高线，最后选择地物和注记符号，单击“确定”后会根据输入的条件修剪等高线。

(3)切除指定二线间等高线

命令区提示：

选择第一条线：用鼠标指定一条线，例如选择公路的一边。

选择第二条线：用鼠标指定第二条线，例如选择公路的另一边。

程序将自动切除等高线穿过此二线间的部分。

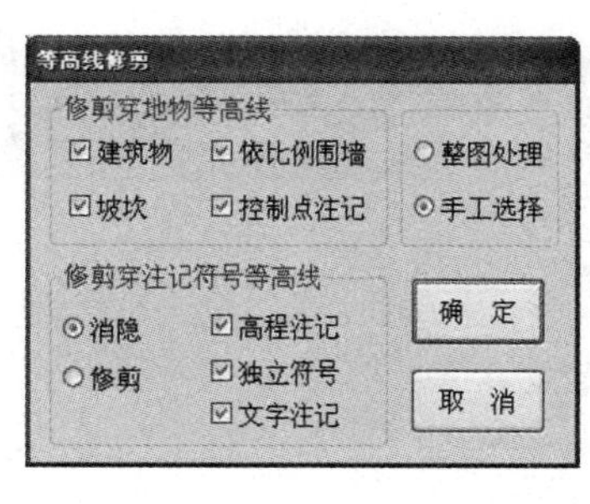

图 6-62 “等高线修剪”对话框

(4)切除指定区域内等高线

选择一封闭复合线，系统将该复合线内所有等高线切除。注意，封闭区域的边界一定要是复合线，如果不是，系统将无法处理。

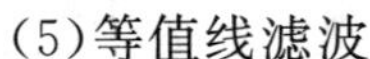

(5)等值线滤波

此功能可在很大程度上给绘制好等高线的图形文件减肥。一般的等高线都是用样条拟合的，这时虽然从图上看出来的节点数很少，但事实却并非如此。以高程为 38 的等高线为例说明，如图 6-63 所示。

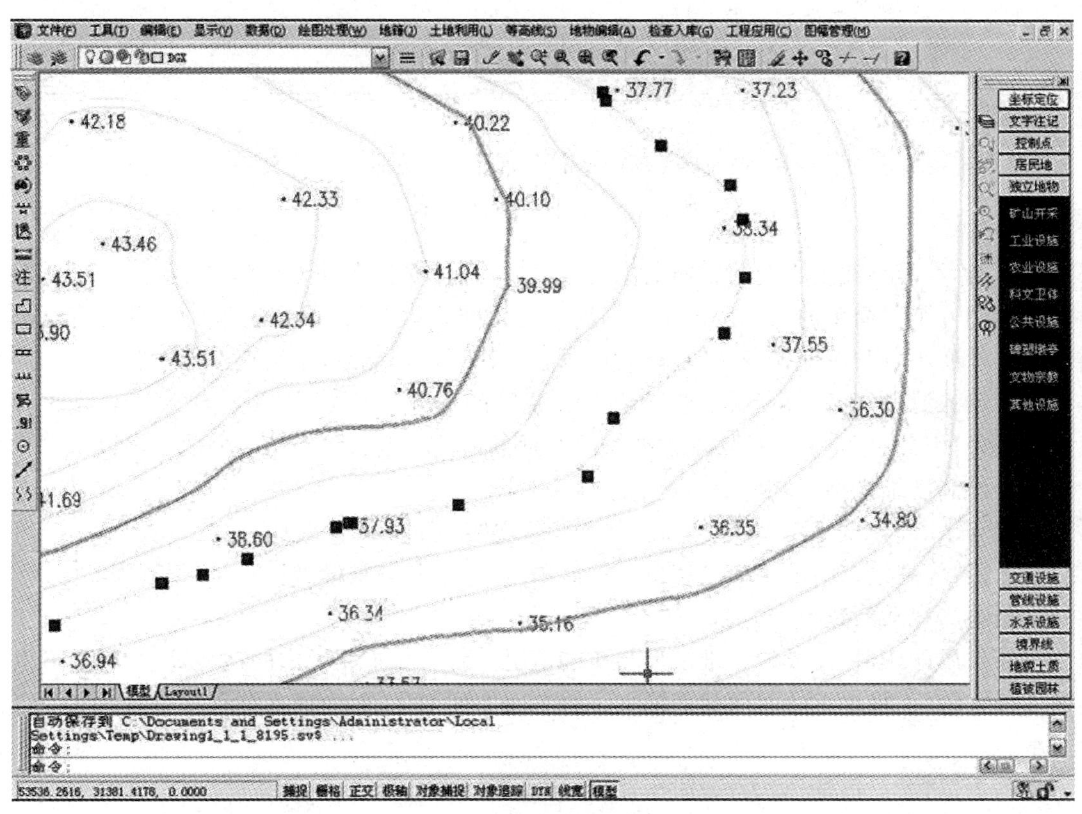

图 6-63 剪切前等高线夹持点

选中等高线，会发现图上出现了一些夹持点，千万不要认为这些点就是这条等高线上实际的点，这些只是样条的锚点。要还原它的真面目，需做下面的操作：单击“等高线”菜单下的“切除穿高程注记等高线”，然后看结果，如图 6-64 所示。

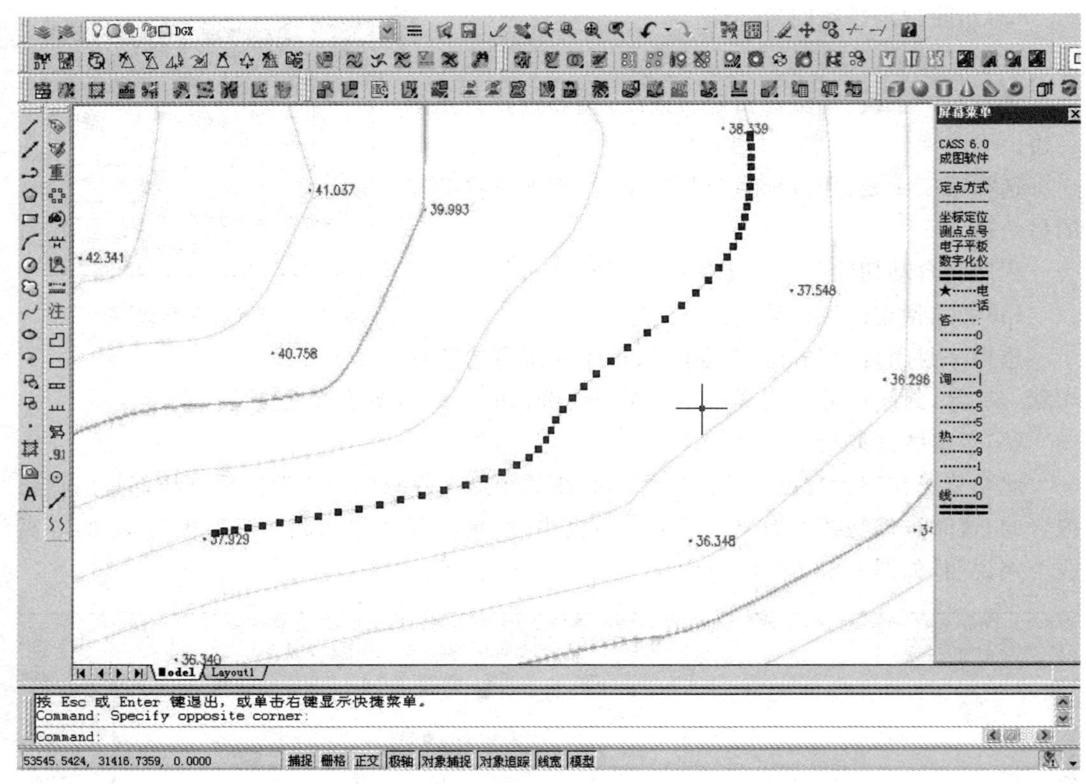

图 6-64　剪切后等高线夹持点

这时，在等高线上出现了密布的夹持点，这些点才是这条等高线真正的特征点，所以如果看到一个很简单的图在生成了等高线后变得非常大，原因就在这里。如果想将这幅图的尺寸变小，用“等值线滤波”功能就可以了。执行此功能后，系统提示如下：

请输入滤波阀值:〈0.5 米〉这个值越大，精简的程度就越大，但是会导致等高线失真（即变形），因此，用户可根据实际需要选择合适的值。一般选系统默认的值就可以了。

5. 绘制三维模型

建立了 DTM 之后，就可以生成三维模型，观察一下立体效果。

单击“等高线”项，出现下拉菜单。然后单击至“绘制三维模型” 项，命令区提示：

输入高程乘系数〈1.0〉:输入 5。

如果用默认值，建成的三维模型与实际情况一致。如果测区内的地势较为平坦，可以输入较大的值，将地形的起伏状态放大。因本图坡度变化不大，输入高程乘系数将其夸张显示。

是否拟合？(1)是(2)否〈1〉回车，默认选 1，拟合。

这时将显示此数据文件的三维模型，如图 6-65 所示。

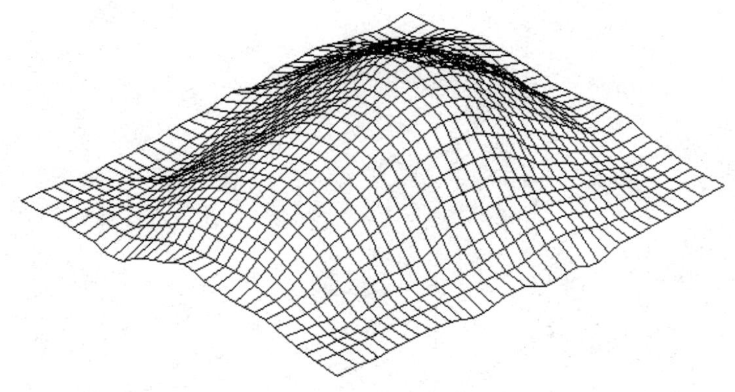

图 6-65 三维效果

另外，利用“低级着色方式”“高级着色方式”功能还可对三维模型进行渲染等操作，利用“显示”菜单下的“三维静态显示”功能可以转换角度、视点、坐标轴，利用“显示”菜单下的“三维动态显示”功能可以绘出更高级的三维动态效果。

(四)编辑与整饰

在大比例尺数字测图的过程中，由于实际地形、地物的复杂性，漏测、错测是难以避免的，这时必须要有一套功能强大的图形编辑系统，对所测地图进行屏幕显示和人机交互图形编辑，在保证精度情况下消除相互矛盾的地形、地物。对于漏测或错测的部分，及时进行外业补测或重测。另外，对于地图上的许多文字注记说明，如道路、河流、街道等也是很重要的。

图形编辑的另一重要用途是对大比例尺数字化地图的更新，可以借助人机交互图形编辑，根据实测坐标和实地变化情况，随时对地图的地形、地物进行增加或删除、修改等，以保证地图具有很好的现势性。

对于图形的编辑，CASS 9.1 提供“编辑”和“地物编辑”两种下拉菜单。其中，“编辑”是由 AutoCAD 提供的编辑功能，包括图元编辑、删除、断开、延伸、修剪、移动、旋转、比例缩放、复制、偏移拷贝等；“地物编辑”是由南方 CASS 系统提供的地物编辑功能，包括线型换向、植被填充、土质填充、批量删剪、批量缩放、窗口内的图形存盘、多边形内图形存盘等。下面举例说明。

1. 图形重构

通过右侧屏幕菜单绘出一个围墙、一块菜地、一条电力线、一个自然斜坡，如图 6-66 所示。

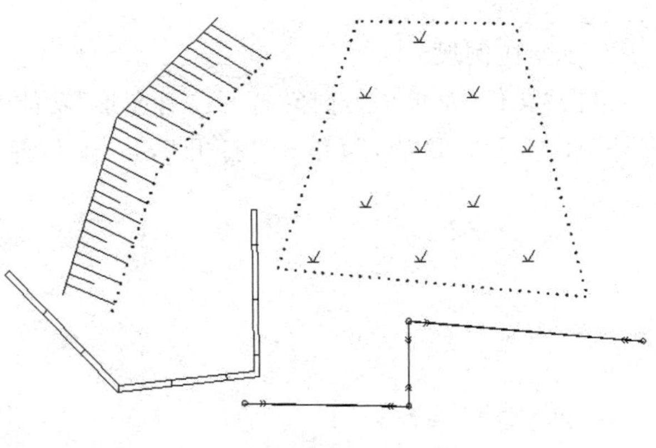

图 6-66 作出几种地物

CASS 4.0 后的版本都设计了骨架线的概念。复杂地物的主线一般都是有独立编码的骨架线。用鼠标左键点取骨架线，再点取显示蓝色方框的结点使其变红，移动到其他位置，或者骨架线移动位置，效果如图 6-67 所示。

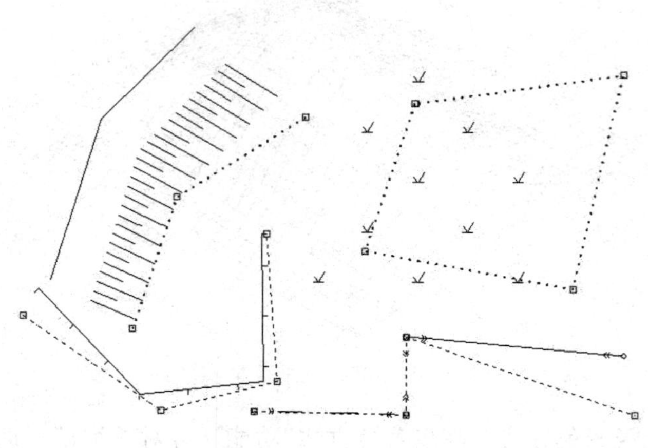

图 6-67 改变原图骨架线

单击“地物编辑”菜单项，选择“图形重构”功能(也可选择左侧工具条的“图形重构”按钮)，命令区提示：

选择需重构的实体:〈重构所有实体〉回车表示对所有实体进行重构功能。此时，原图转化为图 6-68。

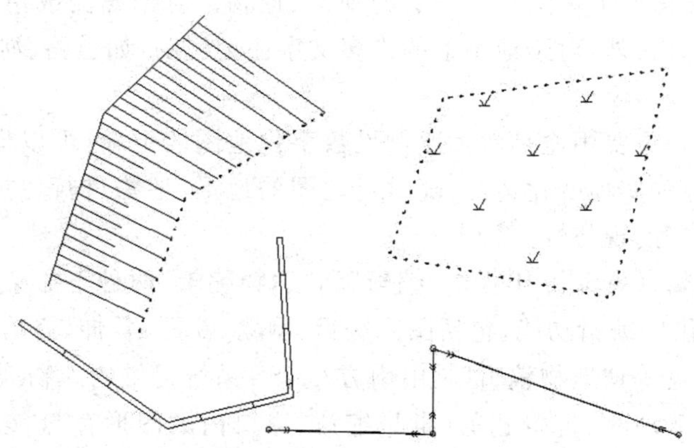

图 6-68 对改变骨架线的实体进行图形重构

2.改变比例尺

单击“文件”菜单项，选择“打开已有图形”功能，在弹出的窗口中输入“C:\CASS 9.1\DEMO\STUDY.DWG”，单击“打开”，屏幕上将显示例图 STUDY.DWG，如图 6-69 所示。

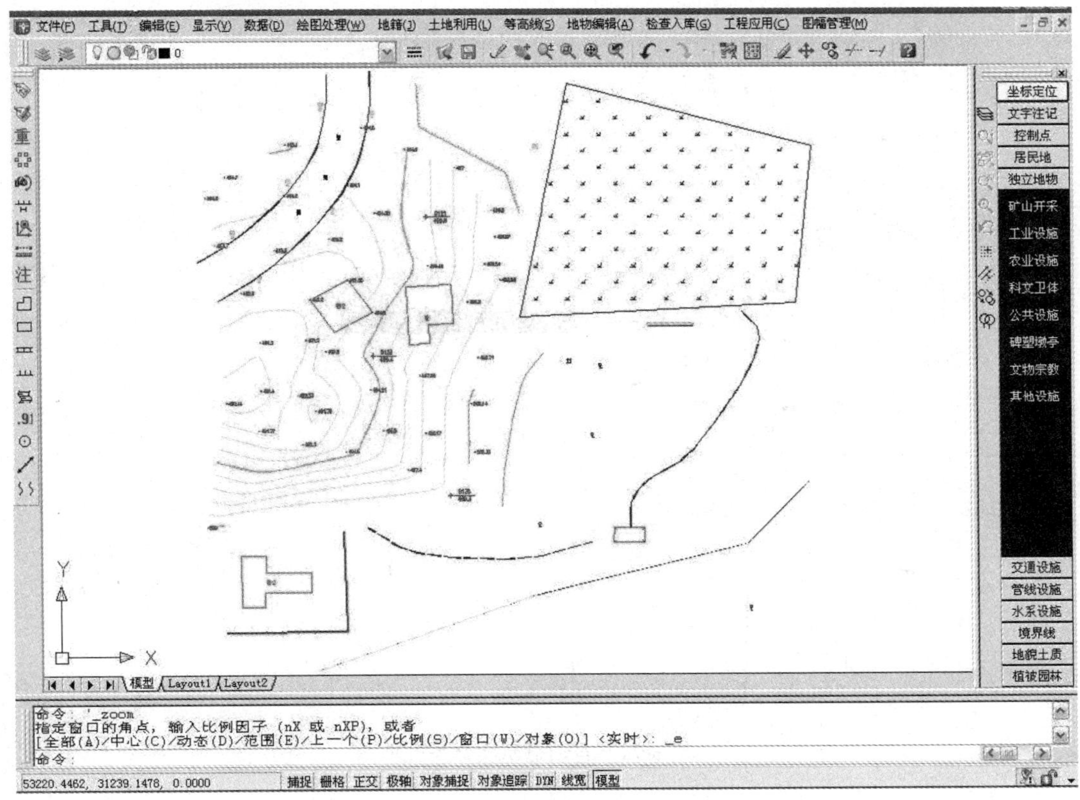

图 6-69 例图 STUDY. DWG

将鼠标移至菜单“绘图处理”→“改变当前图形比例尺”项，命令区提示：

当前比例尺为 1∶500

输入新比例尺〈1∶500〉 1∶输入要求转换的比例尺，例如输入 1000。

这时屏幕显示的 STUDY. DWG 图就转变为 1∶1000 的比例尺，各种地物包括注记、填充符号都已按 1∶1000 的图示要求进行转变。

3. 查看及加入实体编码

单击“数据处理”菜单项，弹出下拉菜单，选择“查看实体编码”项，命令区提示选择图形实体，鼠标变成一个方框，选择图形，则屏幕弹出如图 6-70 所示属性信息，或直接将鼠标移至多点房屋的线上，则屏幕自动出现该地物属性，如图 6-71 所示。

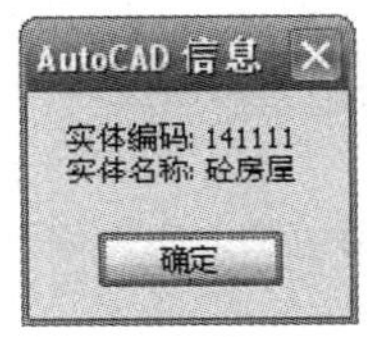

图 6-70 查看实体编码

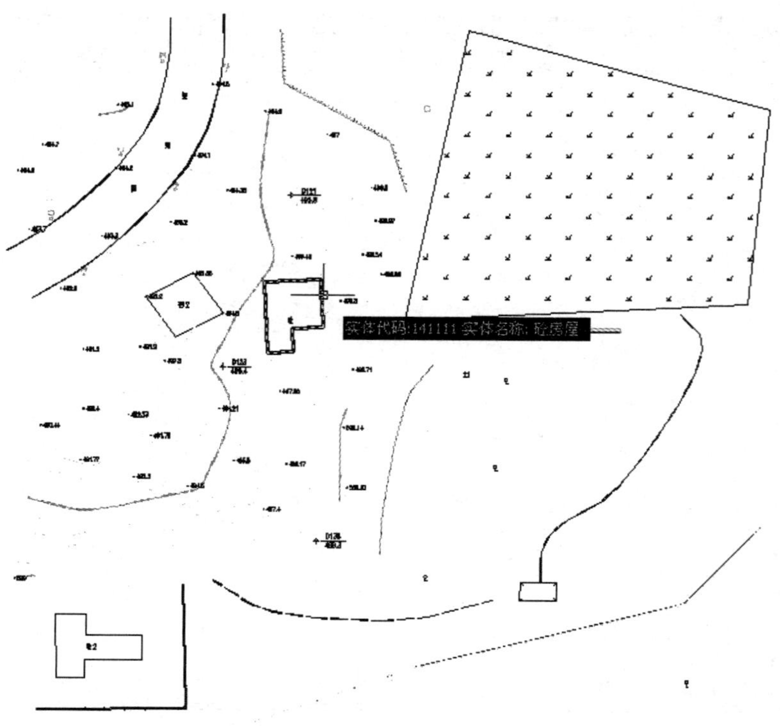

图 6-71　自动显示实体属性

单击“数据处理”菜单项，弹出下拉菜单，选择“加入实体编码”项，命令区提示：

输入代码(C)/〈选择已有地物〉鼠标变成一个方框，这时选择下侧的陡坎。

选择要加属性的实体：

选择对象：用鼠标的方框选择多点房屋。

这时原图变为图 6-72。

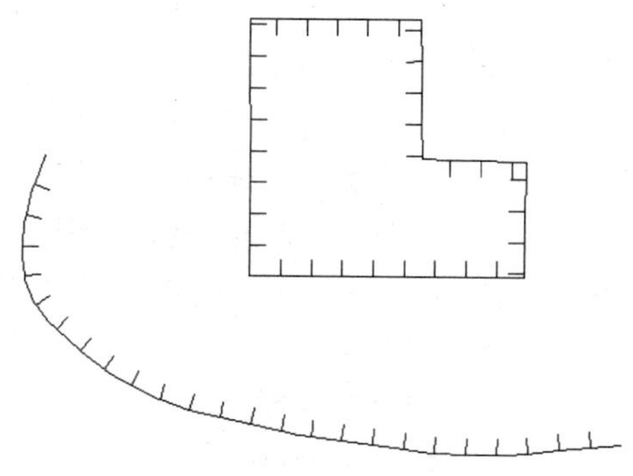

图 6-72　通过加入实体编码变换图形

在第一步提示时，也可以直接输入编码(此例中输入未加固陡坎的编码 204201)，这样在下一步中选择的实体将转换成编码为 204201 的未加固陡坎。

4. 线型换向

通过右侧屏幕菜单绘出未加固陡坎、加固斜坡、依比例围墙、栅栏各一个，如图 6-73 所示。

单击“地物编辑”菜单项，弹出下拉菜单，选择“线型换向”，命令区提示：

请选择实体将转换为小方框的鼠标光标移至未加固陡坎的母线，单击。

这样，该条未加固陡坎即转变了坎的方向。以同样的方法选择“线型换向”命令（或在工作区右击，重复上一条命令），单击栅栏、加固陡坎的母线，以及依比例围墙的骨架线（显示黑色的线），完成换向功能。结果如图 6-74 所示。

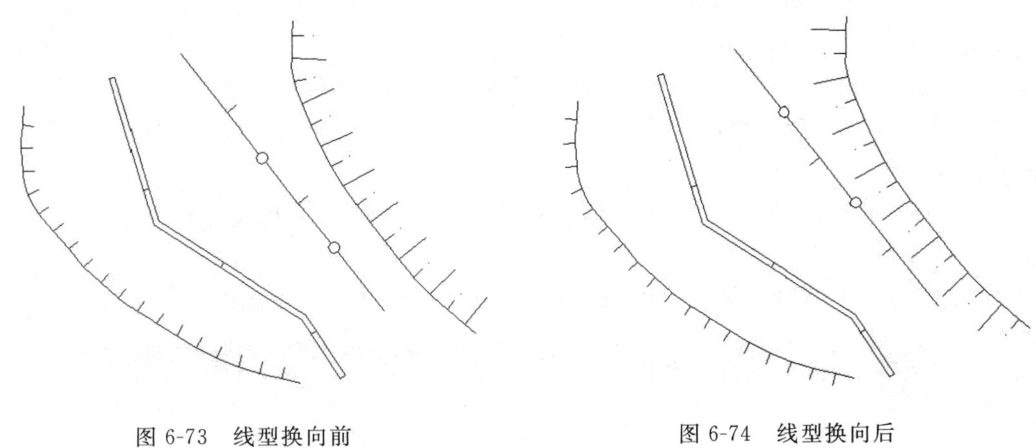

图 6-73　线型换向前　　　　图 6-74　线型换向后

5. 坎高的编辑

通过右侧屏幕菜单的“地貌土质”项绘一条未加固陡坎，在命令区提示输入坎高：(米)〈1.000〉时，回车默认 1 m。

单击“地物编辑”菜单项，弹出下拉菜单，选择“修改坎高”，则在陡坎的第一个结点处出现一个十字丝，命令区提示：

选择陡坎线

请选择修改坎高方式：(1)逐个修改(2)统一修改〈1〉

当前坎高＝1.000 米，输入新坎高〈默认当前值〉：输入新值，回车（或直接回车默认 1 m）。

十字丝跳至下一个结点，命令区提示：

当前坎高＝1.000 米，输入新坎高〈默认当前值〉：输入新值，回车（或直接回车默认 1 m）。

如此重复，直至最后一个结点结束。这样便将坎上每个测量点的坎高进行了更改。

若选择修改坎高方式中的(2)，则提示：

请输入修改后的统一坎高：〈1.000〉输入要修改的目标坎高，则将该陡坎的高程改为同一个值。

6. 实体附加属性

在图形数据最终进入 GIS 系统的形势下，对于实体本身的一些属性还必须作一些更多更具体的描述和说明，因此给实体增加了一个附加属性，该属性可以由用户根据实际的需要进行设置和添加。

(1)设置实体附加属性

如要将居民地中的建筑物加上名称、高度、用途、地理位置等附加属性，则只需将这些属性定义写入 attribute. def 文件中，格式如下：

*RESRGN，3，面状居民地

CODE，10，9，0，要素代码

name，10，9，0，名称

RESRGN 表示图层名，数字 3 表示图层类型为面(1 表示点，2 表示线，3 表示面，4 表示注记)；第二行起每行表示一个属性：第一项为属性代码，第二项为数据类型，第三项为数据字节长度，第四项为小数位数，末项为文字说明。RESRGN 为用户自定义层名，可在 INDEX. INI 文件中设置修改。若改变了 attribute. def 中的图层名，则需在 INDEX. INI 中做相应改变。

为使用户修改方便，以上的附加属性项添加可以直接在人机交互界面上进行，操作如下：

单击屏幕下拉菜单“检查入库”→“地物属性结构设置”，弹出如图 6-75 所示对话框。

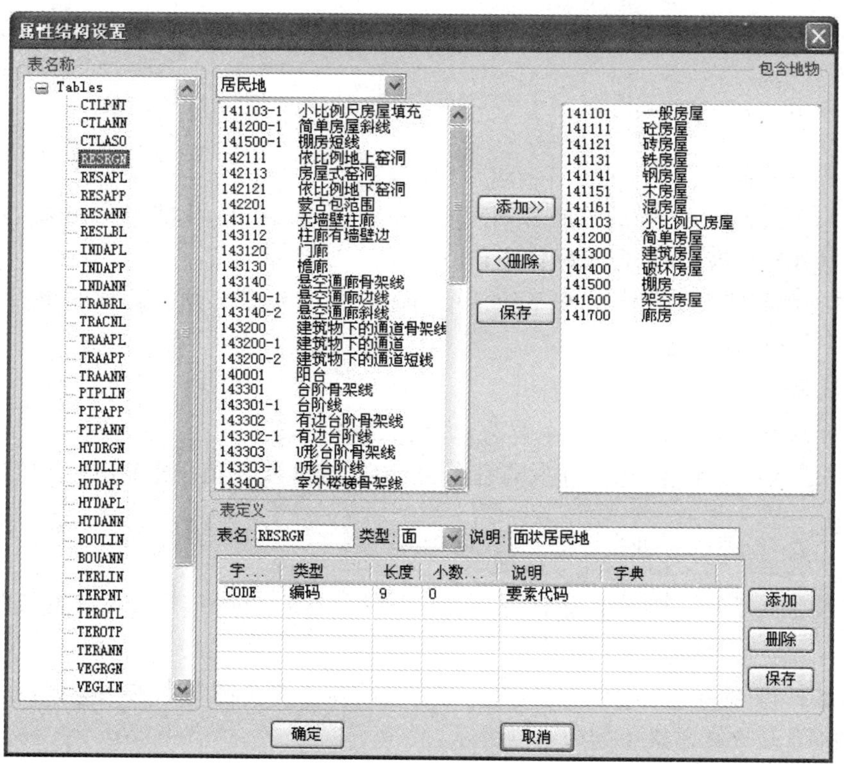

图 6-75 设置附加属性

在该对话框中进行设置，同样可以将上面面状居民地的各附加属性写入 attribute. def 文件中。单击 RESRGN 属性层名，出现如图 6-76 所示的实体已有属性项名称。

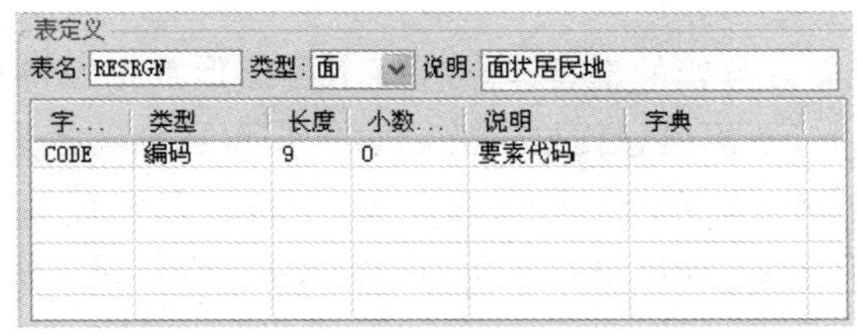

图 6-76 “实体附加属性”项

再单击“添加”按钮，则出现新的未命名的属性项，如图 6-77 所示。

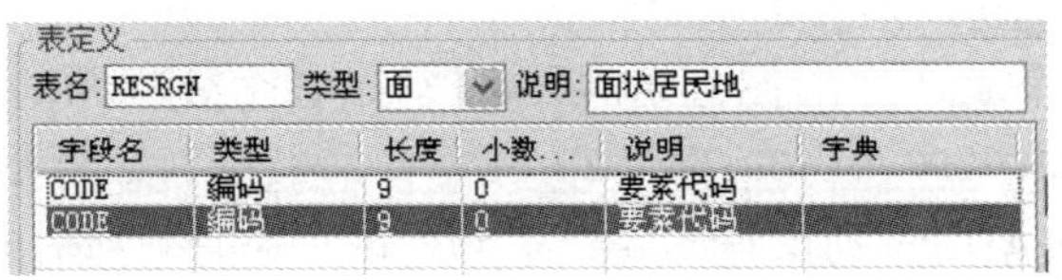

图 6-77 添加“实体附加属性”项

双击新增的“字段名”，在对话框下方的文本框输入栏中输入“NAME”，依次选择字段类型、长度、小数位数和文字说明项，修改为相应的值，如图 6-78 所示。

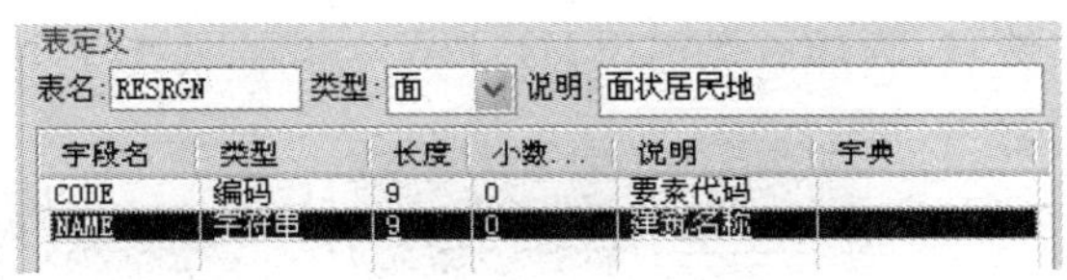

图 6-78 添加“居民地附加属性”项

用同样的方法添加建筑物用途和建筑物地理位置等属性项，然后单击“确定”，则以上添加的内容写入到 attribute. def 文件中，重启软件则该设置生效。

(2)修改实体附加属性

单击屏幕下拉菜单“检查入库”→“编辑实体附加属性”后选择要加属性的实体，弹出如图 6-79 所示对话框，上面各属性项为设置附加属性时添加字段。

在各属性项后添加上实际的属性值后单击“确定”，则自动保存该实体的附加属性，如图 6-80 所示。该属性进入 GIS 后可以更方便地查看和识别实体类型和性质。

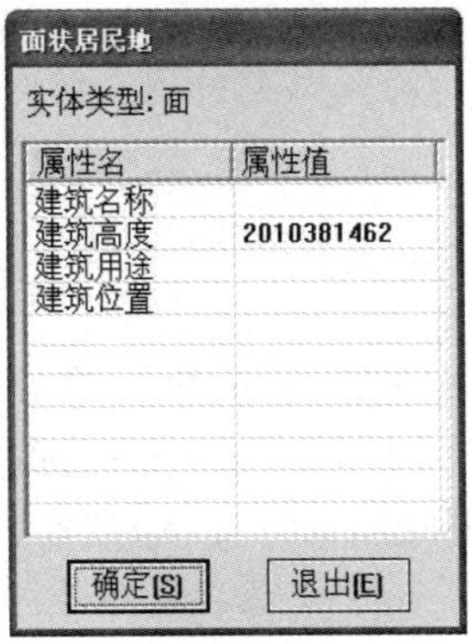

面状居民地
实体类型: 面

属性名	属性值
建筑名称	
建筑高度	2010381462
建筑用途	
建筑位置	

确定[S] 退出[E]

图 6-79 附加属性修改

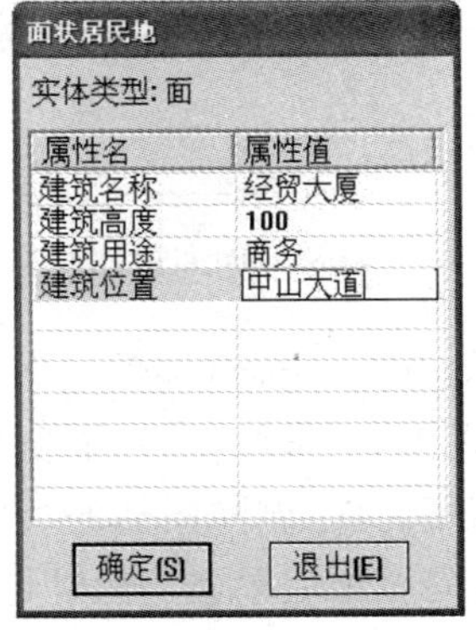

图 6-80 修改实体附加属性

7. 图形分幅

在图形分幅前，应做好分幅的准备工作。应了解图形数据文件中的最小坐标和最大坐标。注意：在CASS 9.1下侧信息栏显示的数学坐标和测量坐标是相反的，即CASS 9.1系统中前面的数为Y坐标(东方向)，后面的数为X坐标(北方向)。

单击“绘图处理”菜单项，弹出下拉菜单，选择“批量分幅/建方格网”，命令区提示：

请选择图幅尺寸：(1)50 * 50(2)50 * 40(3)自定义尺寸〈1〉按要求选择。此处直接回车默认选1。

输入测区一角：在图形左下角单击。

输入测区另一角：在图形右上角单击。

这样在所设目录下就产生了各个分幅图，自动以各个分幅图的左下角的东坐标和北坐标结合起来命名，如：“29.50－39.50”“29.50－40.00”等。如果要求输入分幅图目录名时直接回车，则各个分幅图自动保存在安装了CASS 9.1的驱动器的根目录下。

选择“绘图处理”→“批量分幅”→“批量输出到文件”，在弹出的对话框中确定输出的图幅的存储目录名，然后确定即可批量输出图形到指定的目录。

8. 图幅整饰

把图形分幅时所保存的图形打开，选择“文件”→“打开已有图形…”项，在对话框中输入SOUTH1. DWG文件名，确认后SOUTH1. DWG图形即被打开，如图6-81所示。

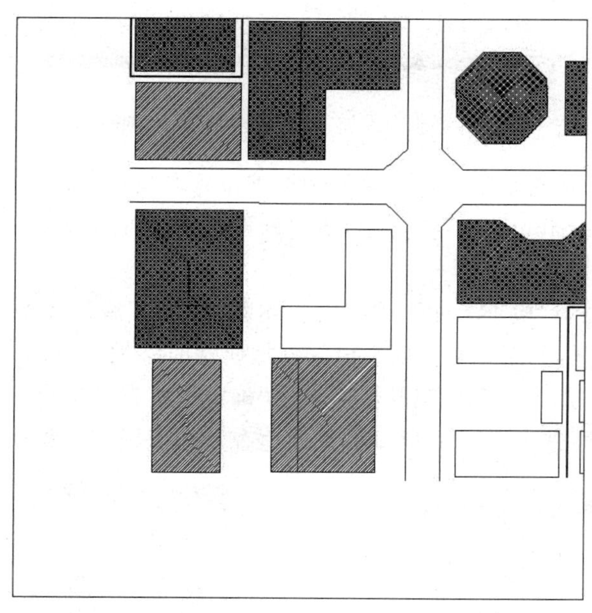

图6-81　打开SOUTH1. DWG的平面图

选择“绘图处理”→“标准图幅(50×50CM)”项，显示如图6-82所示的对话框。输入图幅的名字、邻近图名、批注，在左下角坐标的“东”“北”栏内输入相应坐标，例如此处输入40000,30000，回车。在“删除图框外实体”前打勾则可删除图框外实体，按实际要求选择，例如此处选择打勾。最后单击“确认”即可。

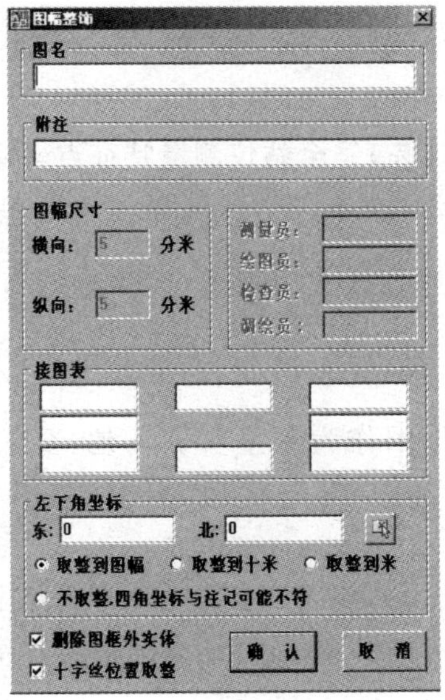

图 6-82 “输入图幅信息”对话框

因为 CASS 9.1 系统所采用的坐标系统是测量坐标，即 1：1 的真坐标，加入 50×50CM 图廓后如图 6-83 所示。

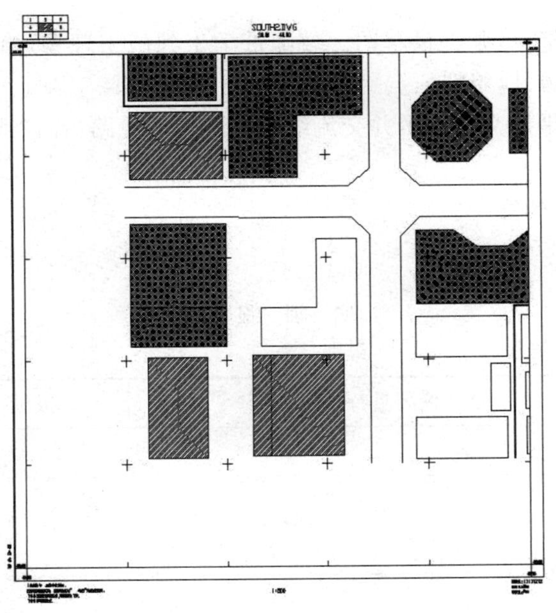

图 6-83 加入图廓的平面图

职业能力训练

训练1　全站仪测量特征点坐标

1.训练目标

通过全站仪或GPS绘制居民地或山区地形图，熟悉地物、地貌特征点的选择原则。会自动取舍选取特征点。

2.训练条件

以居民地小区或山区地形图作为测量实训场地，要求踏勘选点，并且用全站仪或GPS测量地形特征点坐标。

3.情景描述

根据规划要求，修建一条公路，该路在居民地原有公路上扩建，并且到达山区某点，要求用全站仪或GPS测量特征点坐标，并且对独立地物加入简码。

4.工作流程

(1)教师用PPT文件大致演示先前绘制的地形图，并且讲解绘制的原则、地形图选点要求。

(2)教师带学生到施工现场，由学生根据特征点测量地形图。

5.操作步骤

(1)学生自备铅笔，教师提供草图。教师带学生到施工现场，由学生根据特征点用全站仪或GPS测量地物、地貌特征点。

(2)学生坐标成果提交。展示并交流绘制过程中的思路，探讨选特征点时的心得。

6.注意事项

学生在校外踏勘的安全。

7.实训报告

实　训　报　告

日期：　　　　班级：　　　　组别：　　　　姓名：　　　　学号：

实训题目	全站仪测量特征点坐标	成绩	
实训目的			
主要仪器及工具			
实训场地布置草图			
实训主要步骤			
实训总结			

训练2　CASS 9.1 绘制地形图

1. 训练目标

熟悉数字化成图的全过程，加强对内业处理和数据处理的能力，从而巩固和加深对知识的理解，并增强动手能力。培养灵活应用课堂所学知识分析和解决实际问题的能力。培养做事认真，遇到问题善于思考的能力。

2. 情景描述

将全站仪或GPS测量的数据输出到计算机中，并转换为CASS所需要的格式，成功运用CASS 9.1软件绘制出校区地形图，其中包括房屋、围墙、道路、花圃、输电线、假山等，最后绘制一个图框。

3. 工作流程

(1)全站仪或GPS测量的数据输出。

(2)运用Excel与记事本将测量数据转换为CASS认可的数据格式。

(3)运用CASS 9.1软件绘制地形图。

4. 操作步骤

(1)展野外测点点号

(2)绘平面图

①绘制高程点

②绘制居民地

③绘制围墙

④绘制道路

⑤绘制坡坎

⑥绘制花圃和草地

⑦绘制路灯

⑧绘制电力线

⑨绘制等高线

⑩文字注记

⑪图框设置

(3)打印地形图

5. 注意事项

(1)操作中注意备份原始文件。

(2)关闭自动存盘，经常手动存盘。

6. 实训报告(总结)

实　训　报　告

日期：　　　　班级：　　　　组别：　　　　姓名：　　　　学号：

实训题目	CASS 9.1 绘制地形图	成绩	
实训目的			
主要仪器及工具			
实训场地布置草图			
实训主要步骤			
实训总结			

任务三　GNSS 测量技术

一、概述

很久以来，人们一直为“我们在哪里”这个问题而感到困惑，但是没有一个直接、快速和有效的解决方法为全球提供精确定位服务，直到 GNSS 的出现才解决了这个问题。

1. GNSS 提供的服务

GNSS 可以为用户提供高精度、全天时、全天候的定位、导航和授时服务。

2. GNSS 包括的定位系统

目前，GNSS 包含了美国的全球定位系统(Global Positioning System，GPS)、俄罗斯的格洛纳斯导航卫星系统(Global Navigation Satellite System，GLONASS)、欧盟的伽利略卫星导航系统(Galileo Satellite Navigation System)、中国的北斗卫星导航系统(BeiDou Navigation Satellite System)，全部建成后其可用的卫星数目达到 100 颗以上。截至目前，欧盟的伽利略卫星导航系统、中国的北斗卫星导航系统还未进入有规模的民用阶段。

除此之外，还有广域增强系统(Wide Area Augmentation System，WAAS)、欧洲静地

轨道导航重叠系统(European Geostationary Navigation Overlay Service,EGNOS)、星载多普勒无线电定轨定位系统(Doppler Orbitography and Radiopositioning Intergrated by Satellite,DORIS)、精确距离及其变率测量系统(Precise Range And Range-rate Equipment, PRARE)、准天顶卫星系统(Quasi-Zenith Satellite System, QZSS)、印度GNSS辅助同步轨道增强导航系统(GNSS-Aided and GEO-Augmented Navigation, GAGAN)和印度区域导航卫星系统(Indian Regional Navigational Satellite System,IRNSS)。

3. GNSS的组成部分

GNSS一般由三部分组成,即地面监控部分、空间卫星部分和用户部分。各GNSS的组成见表6-8。

表6-8　GNSS的组成

系统	部分	组件	作用
GPS	地面监控部分	2个主控站、5个监测站和4个注入站	测定卫星轨道,计算卫星钟改正值
	空间卫星部分	24(21+3)颗卫星,分布在6个轨道面上,运行周期为11小时58分,卫星高度为20200 km	提供卫星星历、高精度原子钟、L1与L2载波、伪随机噪声码
	用户部分	GPS接收机	接收卫星发射的导航信号,测定接收机所在的三维位置及时间
GLONASS	地面监控部分	系统控制中心、中央同步器、遥测遥控站(含激光跟踪站)和场外导航控制设备	跟踪卫星,确定和预报卫星轨道和卫星钟差;卫星时间同步及控制GLONASS时间与协调世界时(Coordinated Universal Time,UTC)之间的时间偏差。控制段还要进行很多非控制操作活动,如组织和发射活动
	空间卫星部分	24(21+3)颗卫星,分布在3个轨道面上,轨道面倾角为64.8°,卫星高度为19100 km,卫星的公转周期为11小时15分	通过载波向外发射导航信号和测距码
	用户部分	GLONASS接收机	接收卫星发射的导航信号,并测量其伪距变化率,同时从卫星信号中提取并处理导航电文

续表

系统	部分	组件	作用
Galileo	地面监控部分	1个主控站、5个全球监测站和3个地面控制站。监测站均装配有精密的铯钟和能够连续测量到所有可见卫星的接收机	跟踪卫星
	空间卫星部分	30(27+3)颗中低轨卫星，分布在3个轨道面上，轨道面倾角为56°，卫星高度为23000km，卫星的公转周期为14小时4分45秒	通过载波向外发射导航电文和测距码
	用户部分	Galileo接收机或与GPS、GLONASS兼容的接收机	接收卫星信号
北斗一号	空间卫星部分	2颗经差为60°的地球静止卫星、1颗备用卫星，卫星高度为36000 km	用于地面站与用户之间的信号中继
	用户部分	带有定向天线的收发器	既能为用户提供卫星无线电导航服务，又具有位置报告以及短报文通信功能
北斗二号	地面监控部分	1个配有电子高程图的地面中心、网管中心、测轨站、测高站和数十个分布在全国的地面参考站	监测、调控
	空间卫星部分	5颗静止轨道卫星、27颗中地球轨道卫星、3颗倾斜同步轨道卫星	播发测距码和导航电文
	用户部分	接收机	3D定位，对GPS和北斗系统自身的增强，短消息通信

二、GNSS接收机的基本结构

GNSS接收机主要由GNSS接收机天线、GNSS接收机主机及电源组成。接收机主机由变频器、信号通道、微处理器、存储器及显示器组成，如图6-84所示。它的主要功能是接收GNSS卫星发射的信号，并进行处理和量测，以获取导航电文及必要的观测量。

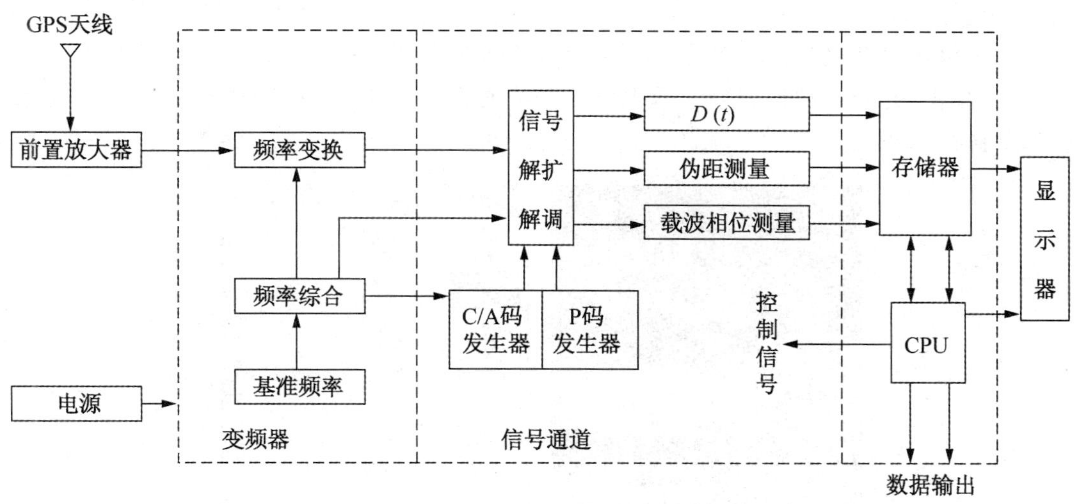

图 6-84 GNSS 接收机基本结构示意图

三、南方 S82-2013GNSS 接收机使用介绍

南方导航推出首款三星三防 RTK S82-2013。这是一款从内到外全部自主研发的基于北斗卫星导航系统的三星六频测量型卫星接收机，北斗特有的 IGSO 卫星设计对中国区域进行局部增强，卫星信号更优越，并实现了真正的产品化。S82-2013 可以同时接收北斗卫星导航系统、全球定位系统和格洛纳斯系统的卫星信号，并可兼容其他卫星系统。

1. 整体介绍

S82-2013 测量系统主要由主机、手簿、电台、配件四大部分组成，如图 6-85 所示。

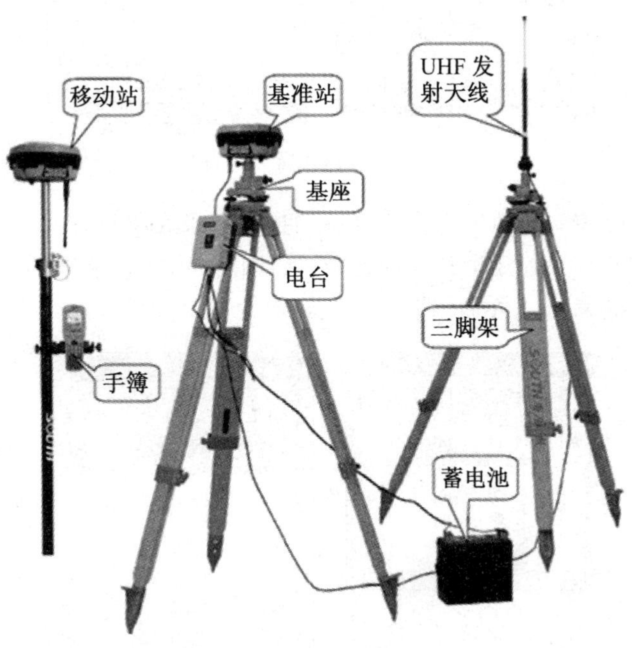

图 6-85 S82-2013 测量系统

2. 蓝牙连接

需要将主机开机并在动态模式(移动或基准站),然后进行如下设置:

(1)单击“开始”→“设置”→“控制面板”,在控制面板窗口中双击“Bluetooth 设备属性”,如图 6-86 所示。

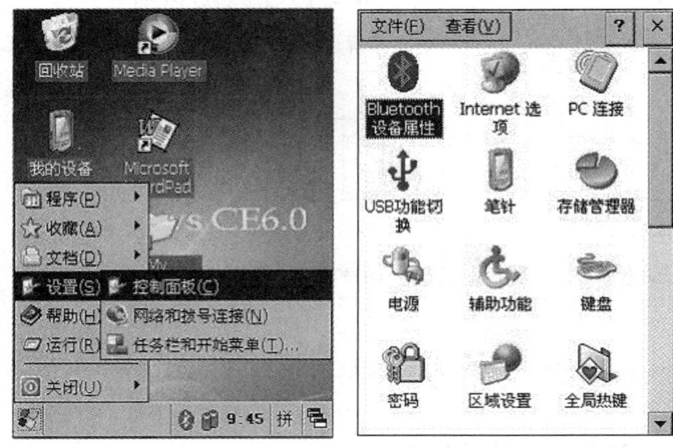

图 6-86 打开蓝牙设置

(2)在“蓝牙设备管理器”窗口中选择“设置”,选择“启用蓝牙”,单击“OK”按钮关闭窗口,如图 6-87 所示。

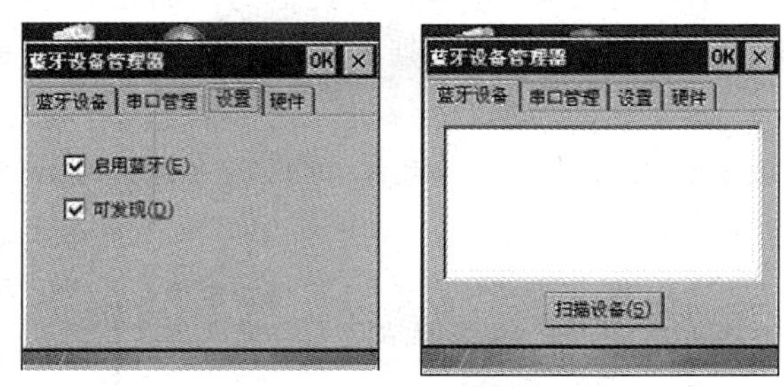

图 6-87 启用蓝牙设置

(3)单击“扫描设备”,开始进行蓝牙设备扫描。如果在附近(小于 12 m 的范围内)有可被连接的蓝牙设备,在“蓝牙设备管理器”对话框将显示搜索结果,如图 6-88 所示。注:整个搜索过程可能持续 10 s 左右,请耐心等待。

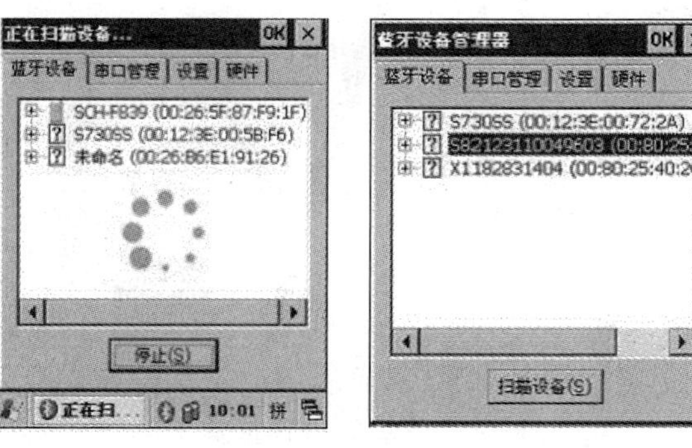

图 6-88 搜索蓝牙设备

(4)选择“S82…”数据项,单击“+”按钮,弹出“串口服务”选项,双击“串口服务”,在弹出的对话框里选择串口号,如图 6-89 所示。

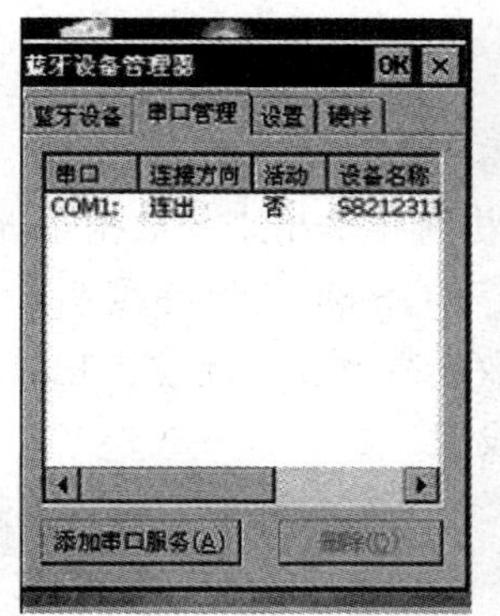

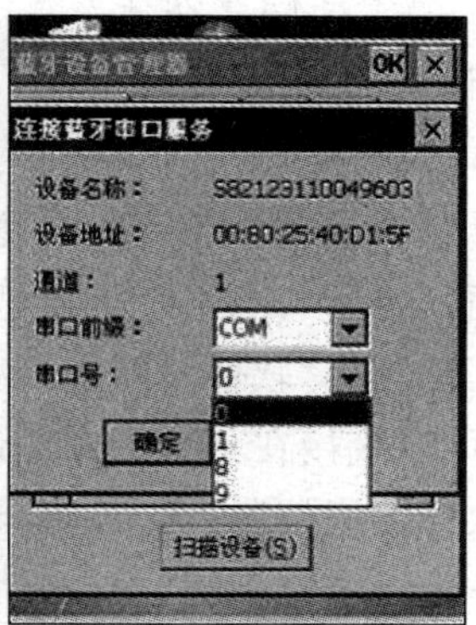

图 6-89　选择串口号

四、GNSS 技术在道路工程测量中的应用

1. 线路控制测量

GNSS 技术已广泛应用于线路控制测量。它具有常规测量技术不可比拟的技术优势:速度快、精度高、不要求点间的通视等。道路是蜿蜒伸展的细长型工程构造物,高等级公路常常长达数百千米甚至上千千米,对其建立的测量控制点必须紧随线路并贯通全线,所测定的测量控制点必须可靠,并要求点位之间具有较高的相对精度,GNSS 技术就满足了这些要求。

目前,公路路线 GNSS 网的施测方案基本上有两个:一是所有路线控制点全部采用 GNSS 技术施测,即沿线路纵向每隔 500～1000 m 布设一个 GNSS 点,相邻 GNSS 点之间相互通视,便于施测带状地形图和放样;二是沿路线纵向每隔 5～10 km 布设一对 GNSS 点(一对点包括一个控制点和一个定向点),作为路线的基本控制点,在此基础上,再进行光电测距导线加密。

2. RTK 放样

(1)基准站的设置

①对中、整平(步骤要领同全站仪操作)。

②基准站电台发射装置的安置。

③打开 GNSS 主机。

主机只有一个操作按键(电源键),如图 6-90所示,其操作如下:

开机:当主机为关机状态(没有指示灯亮)时,轻按电源键,主机会进入初始化状态。

关机:当主机为开机状态(至少是电源灯亮)时,按住电源键,听到蜂鸣器鸣叫三声之后,松开电源键。

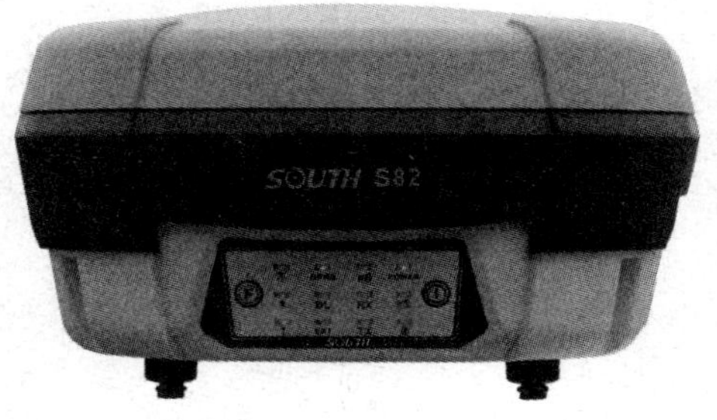

图 6-90　GNSS 主机

(2)流动站的设置

①对中杆与 GNSS 主机连接。

②GNSS 主机打开,方法同基准站。

③安装 GNSS 手簿。

(3)点位放样

①测量参数的设置与查看。GNSS 接收机直接输出来的数据是 WGS-84 的经纬度坐标。为了满足不同用户的测量需要,需要把 WGS-84 的经纬度坐标转化为施工测量坐标,这就需要利用“工程之星”软件对转换参数进行设置。新建工程时,向导会引导用户设置这些测量参数,也可以直接在菜单中完成设置。

②“工程之星”软件使用控制点坐标库自动计算出四参数和高程拟合参数,其界面如图 6-91 所示。

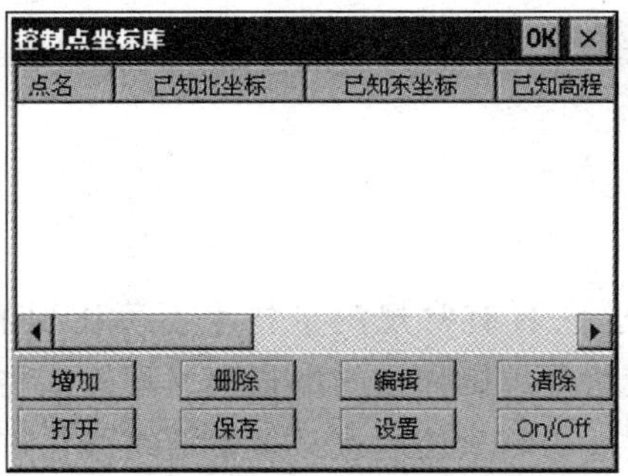

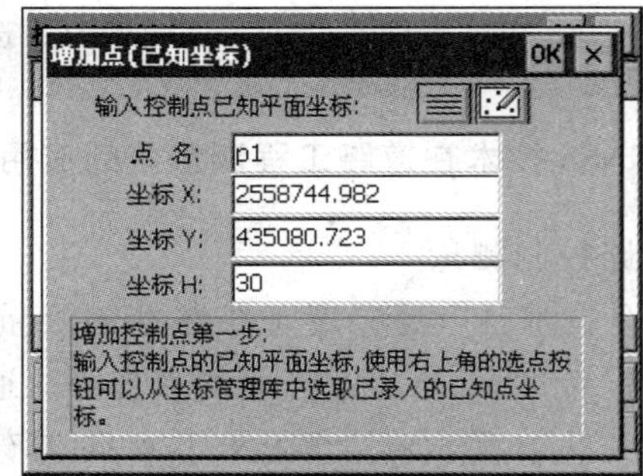

图 6-91　控制点坐标库操作界面

③在“工程之星”中单击“测量”→“点放样”,进入放样屏幕,如图 6-92 所示。

(a)点放样操作界面一

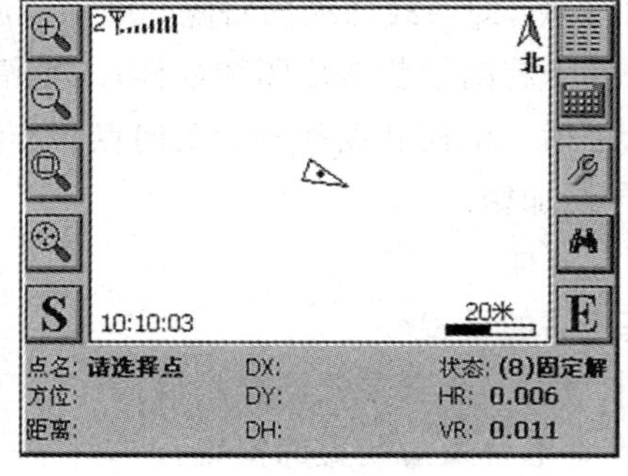

(b)点放样操作界面二

图 6-92　点放样操作界面

单击“文件选择”按钮,打开放样点坐标库,如图 6-93 所示。

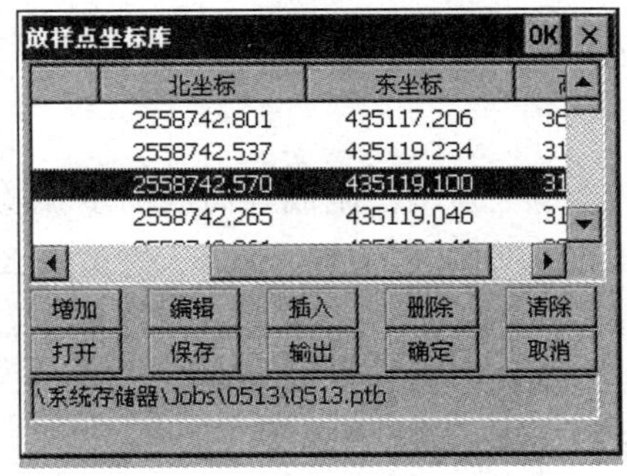

图 6-93 “放样点坐标库”操作界面

在放样点坐标库中导入事先编辑好的放样文件 *.dat(放样点坐标库的操作类似于坐标管理库,放样点库的文件为 *.ptb 文件),并选择放样点或直接输入放样点坐标,确定后进入放样指示界面,如图 6-94 所示。

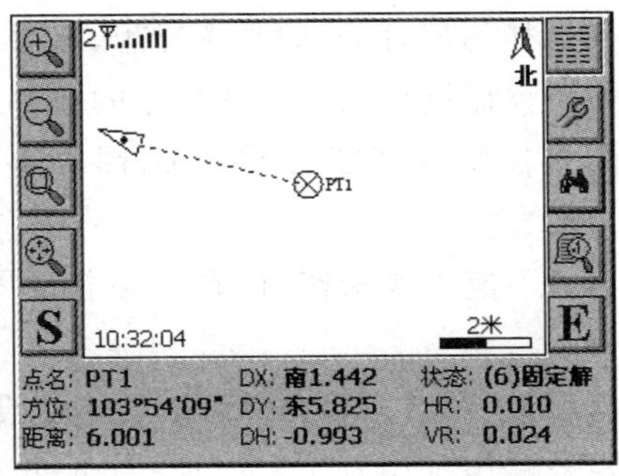

图 6-94 放样指示界面

放样界面显示了当前点( )与放样点( )之间的距离为 6.001 m,DX 为南 1.442 m,DY 为东 5.825 m,根据提示进行移动放样。

在放样过程中,当前点移动到离目标点已经设置的距离以内时,软件会进入局部精确放样界面,如图 6-95 所示,同时软件会给控制器发出声音提示指令,控制器会有“嘟”的一声长鸣音提示,直到找到此点为止。

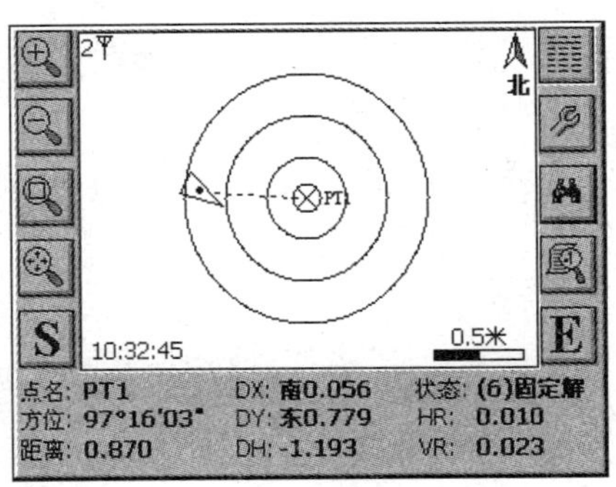

图 6-95 精确放样界面

同步测试

1.请简要说出数字化测绘中三角网法生成等高线的步骤及方法。

2.计算机展点发现碎步点数据位置、方向都不对，这是怎么造成的？怎么处理？有无方法补救？

3.请说出CASS等高线绘制的步骤和注意事项。

4.请说出CASS中的几种文件格式。

5.实现坐标转换至少需要几个公共点？若公共点多于两个，采用什么方法较好？

6.采用计算机勾绘等高线是否更能真实地反映地貌？真实地反映地貌取决于什么因素？

7.数字测图的优势主要有哪几点？

8.为什么有时绘制线段后，选择“拟合”选项时，线型与实际相差很大？应如何处理？

9.简述高程插值方法中的“移动拟合法”的基本思想。

10.什么叫数字地面模型？大比例尺数字测图采用的数字地面模型属于什么类型？

11.为什么数字化测图图根控制点密度大大减小，图根点布设可和碎步点测量一起进行？

12.当一幅图上的某些功能不能正常操作，而在一幅新建图上操作正常时，可以采用什么方法试试？

13.为什么改变图层颜色后，该图层上仍有部分图元颜色没有变？

14.数字化测图是否还要分幅作业？为什么？若不分幅作业，各作业组应如何防止重复测量和漏测？

15.简述在CASS绘图系统中，要将一幅图中的部分图形元素复制到另一幅图中去的操作步骤。

项目七　道路中线测量

项目描述

本项目主要讲述路线交点和转点的测设、转角和里程桩的测设、圆曲线的测设、虚交曲线的测设、缓和曲线的测设、复曲线的测设方法，以及回头曲线的测设方法。

学习目标

1. 掌握路线交点和转点的测设方法。
2. 掌握路线转角的测定和计算，熟悉里程桩的设置。
3. 掌握圆曲线主点测设要素的计算和主点里程的计算，会进行完整的圆曲线测设。
4. 掌握缓和曲线主点测设要素的计算和主点里程的计算，能进行完整的平曲线测设。
5. 了解复曲线和回头曲线的测设方法。

任务一　路线交点和转点的测设

道路工程一般由路基、路面、桥涵、隧道及各种附属设施等构成。从理论上讲，道路的路线以平、直最为理想。但实际上，由于受到地物、地貌、水文、地质及其他等因素的限制，路线的平面线形必然有转折，即路线前进的方向发生改变。为保证行车舒适、安全，并使路线具有合理的线形，在直线转向处必须用曲线连接起来，这种曲线称为“平曲线”。平曲线包括圆曲线和缓和曲线两种。圆曲线是具有一定半径的圆的一部分，即一段圆弧，它又分为单曲线、复曲线、回头曲线等。缓和曲线是在直线与圆曲线之间加设的一段特殊的曲线，其曲率半径由无穷大逐渐变化为圆曲线半径或由圆曲线半径逐渐变化为无穷大。

由上述分析知，路线中线由直线和平曲线两部分组成。道路中线测量是通过直线和平曲线的测设，将道路中心线的平面位置用木桩具体地标定在现场，并测定路线的实际里程。

根据其测量的特点，中线测量一般分两组进行：测角组和中桩组。测角组主要测定路线的转角点、转点和转角；中桩组主要通过直线和平曲线的测设，在现场上用木桩标定路线中心线的具体位置，并进行各桩里程的测算。

道路中线测量是公路工程测量中关键性的工作，是测绘纵、横断面图和平面图的基础，是公路设计、施工和后续工作的依据。

要进行道路中线测量，必须先进行定线测量，即在现场上标定交点和转点。所谓“交点”，是指路线改变方向时，两相邻直线段延长线的交点，通常以 JD_i 表示(取“交点”两字汉语拼音的第一个字母，i 为编号)，它是中线测量的控制点。而转点是指当相邻两交点之间距离较长或互不通视时，需要在其连线或延长线上定出一点或数点以供交点、测角、量距或延长直线时瞄准之用。这种在公路中线测量中起传递方向作用的点称为“转点”，通常以 ZD_i 表示(取“转点”两字汉语拼音的第一个字母，i 为编号)。

目前，公路工程上常用的定线测量方法有纸上定线和现场定线两种。《公路勘测细则》(JTG/T C10—2007)规定：不管是纸上定线还是现场定线，均应根据专业调查需要，进行路线放线。

一、纸上定线

纸上定线是先在实地布设导线，测绘大比例尺地形图(通常为 1∶1000 或 1∶2000 的地形图)，在地形图上定出路线的位置，再到实地放线，把交点的位置在实地上标定下来。纸上定线一般可采用以下两种方法：

1. 放点穿线法

放点穿线法是纸上定线放样到现场时常用的方法，它是以初测时测绘的带状地形图上就近的导线点为依据，按照地形图上设计的路线与导线之间的角度和距离关系，在实地将路线中线的直线段测设出来，然后将相邻直线延长相交，定出交点桩的位置。具体测设步骤如下：

(1)放点

简单易行的放点方法有支距法和极坐标法两种。在地面上测设路线中线的直线部分，只需定出直线上若干个点，就可确定这一直线的位置。如图 7-1 所示，欲将纸上定出的两段直线 JD_3—JD_4 和 JD_4—JD_5 测设于地面，只需在地面上定 1,2,3,4,5,6 等临时点即可。这些临时点可选择支距点，即垂直于初测导线边、垂足为导线点的直线与纸上所定路线的直线相交的点，如 1,2,4,6 点；亦可选择初测导线边与纸上所定路线的直线相交的点，如 3 点；或选择能够控制中线位置的任意点，如 5 点。为便于检查核对，一条直线应选择三个以上的临时点。这些点一般应选在地势较高、通视良好、距初测导线点较近、便于测设的地方。临时点选定之后，即可在地形图上用比例尺和量角器量取放点所用的距离和角度，如图 7-1 中距离 $l_1, l_2, l_3, \cdots, l_6$ 和角度 β。然后绘制放点示意图，标明点位和数据作为放点的依据。

放点时，在现场找到相应的初测导线点。临时点如果是支距点，可用支距法放点，步骤为：用经纬仪或方向架定出垂线方向，再用皮尺量出支距 l 定出点位。如果是任意点，则用极坐标法放点，步骤为：将经纬仪安置在相应的导线点上，拨角 β 定出临时点方向，再用皮尺量距 l 定出点位。

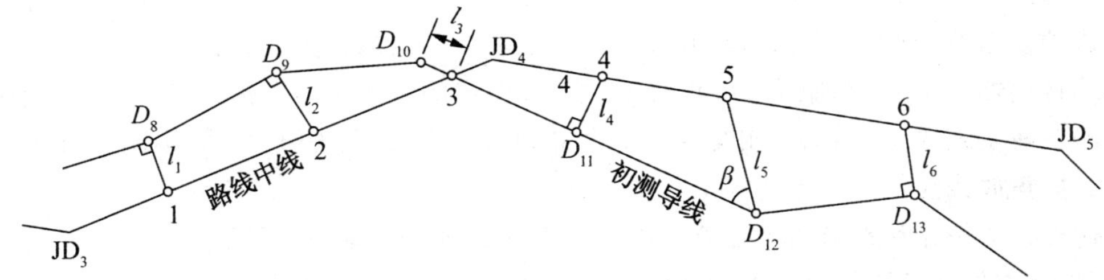

图 7-1　初测导线与纸上所定路线

(2)穿线

由于图解数据和测量误差的影响，在图上同一直线上的各点放到地面后，一般均不能准确位于同一直线上。图 7-2 所示为将图纸上某一直线段上选取的 1,2,3,4 点放样到现场的情况，显然所放四点是不共线的。这时可根据实地情况，采用目估或经纬仪法穿线，通过比较和选择定出一条尽可能多地穿过或靠近临时点的直线 AB，在 A,B 或其方向线上打下两个或以上的方向桩，随即取消临时点，这种确定直线位置的工作称为“穿线”。

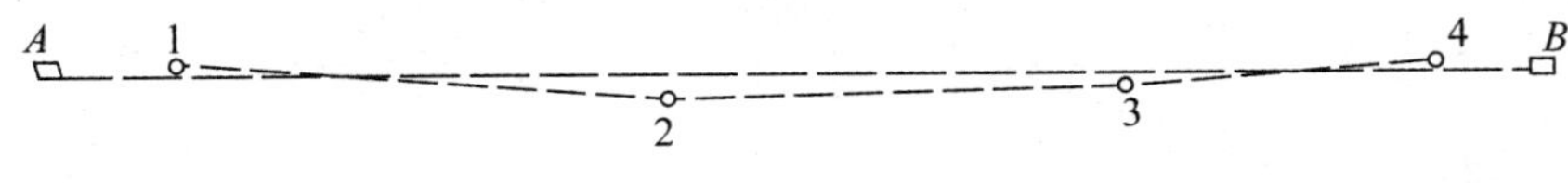

图 7-2　穿线

(3)交点

当相邻两直线 AB,CD 在地面上定出后，即可延长直线进行交会定出交点(JD)，如图 7-3 所示。

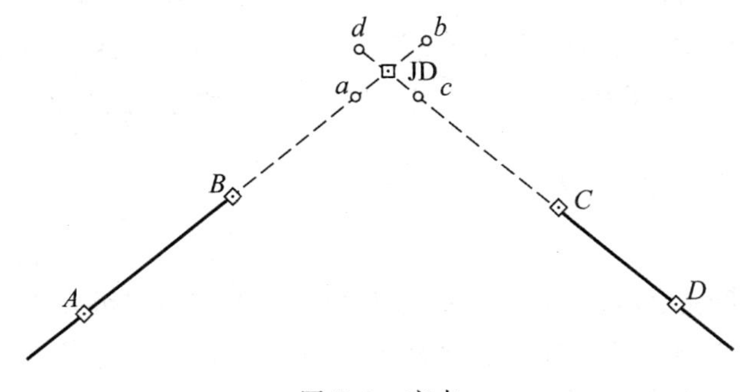

图 7-3　交点

按下述操作步骤进行：

①将经纬仪安置于 B 点，盘左瞄准 A 点，倒转望远镜，沿视线方向在交点(JD)的概略位置前后打下两个木桩，俗称“骑马桩”，并沿视线方向用铅笔在两桩顶上分别标出 a_1 和 b_1 点。

②盘右仍瞄准 A 点后，再倒转望远镜，用与上述同样的方法在两桩顶上标出 a_2 和 b_2 点。

③分别取 a_1 与 a_2、b_1 与 b_2 的中点并钉上小钉，得 a 和 b 两点。

④用细线将 a,b 两点连接。

这种以盘左、盘右两个盘位延长直线的方法称为“正倒镜分中法”。

⑤将仪器置于 C 点,瞄准 D 点,按上述①②③步的方法定出 c 和 d 两点,拉上细线。

⑥在两条细线(ab 和 cd)相交处打下木桩,并在桩顶钉上小钉,便得到交点(JD)。

2. 拨角放线法

这种方法是先在地形图上量算出纸上所定路线的交点坐标,反算相邻交点间的直线长度、坐标方位角及转折角。然后在野外将仪器置于路线中线起点或已确定的交点上,拨出转角,测设直线长度,依次定出各交点的位置。

如图 7-4 所示,N_1,N_2,…,N_6 为初测导线点,在 N_1 点安置经纬仪,瞄准 N_2 点,拨水平角 β_1,量出距离 S_1,由此便可定出交点 JD_1。然后,在 JD_1 上安置经纬仪,瞄准 N_1 点,拨水平角 β_2,量出距离 S_2 便可定出交点 JD_2。以同样的方法,将经纬仪安置于 JD_2,瞄准 JD_1,拨水平角 β_3,量出距离 S_3 定出交点 JD_3。同法依次定出其他交点。

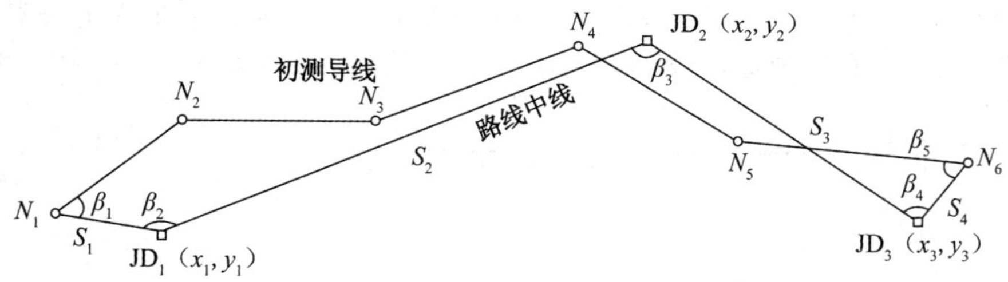

图 7-4 拨角放线法定线

这种方法工作效率高,适用于测量导线点较少的线路,缺点是拨角放线的次数愈多,误差累积也愈大,故每隔一定距离(一般每隔 3～5 个交点)应将测设的中线与测图导线连测,以检查拨角放线的质量,然后重新以初测导线点开始放出以后的交点。检查结果若满足《公路勘测细则》(JTG/T C10—2007)规定的要求,可继续观测;否则,应查明原因予以纠正。

二、现场定线

对于受条件限制或地形、方案较简单的低等级公路(三、四级公路),可以采用直接在现场标定交点的方法,即根据既定的技术标准,结合地形、地质等条件,在现场反复比较,直接定出路线交点的位置。这种方法不需测地形图,比较直观,但当两相邻的交点间距离较长或互不通视时,需要设置转点。

1. 在两交点之间设转点

如图 7-5 所示,设 JD_5,JD_6 为互不通视的相邻两交点,ZD′为目估定出的转点位置。将经纬仪置于 ZD′上,用正倒镜分中法延长直线 JD_5—ZD′至 JD_6'。如 JD_6' 与 JD_6 重合或偏差 f 在路线容许移动的范围内,则转点位置即为 ZD′,此时应将 JD_6 移至 JD_6',并在桩顶上钉上小钉表示交点位置。

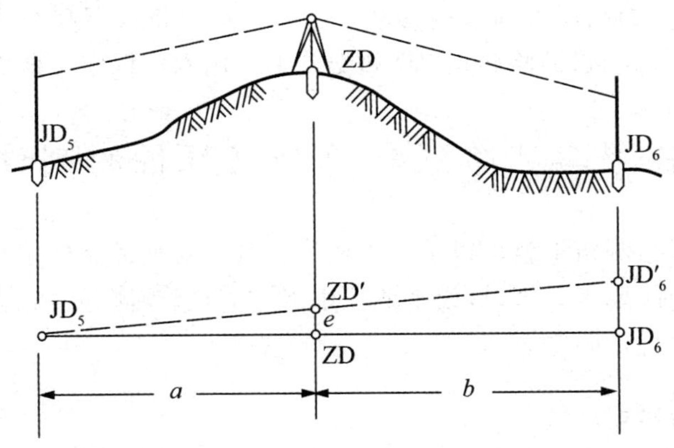

图 7-5　两不通视交点间设置转点

当偏差 f 超过容许范围或 JD_6 为死点，不许移动时，则需重新设置转点。设 e 为 ZD′应横向移动的距离，仪器在 ZD′处，用视距测量方法测出距离 a,b，则：

$$e=\frac{a}{a+b}f \tag{7-1}$$

将 ZD′沿偏差 f 的相反方向横移 e 至 ZD。将仪器移至 ZD，延长直线 JD_5—ZD，看是否通过 JD_6 或偏差 f 是否小于容许值；否则，应再次设置转点，直至符合要求为止。

2. 在两交点延长线上设转点

如图 7-6 所示，设 JD_8，JD_9 互不通视，ZD′为其延长线上转点的目估位置。仪器置于 ZD′处，盘左瞄准 JD_8，在 JD_9 附近处标出一点，盘右再瞄准 JD_8，在 JD_9 附近处又标出一点，取两次所标点的中点得 JD_9'。若 JD_9' 与 JD_9 重合或偏差 f 在容许范围内，即可将 JD_9' 代替 JD_9 作为交点，ZD′即作为转点。若偏差 f 超出容许范围或 JD_9 为死点，不许移动，则应调整 ZD′的位置。设 e 为 ZD′应横向移动的距离，用视距测量方法测出距离 a,b，则：

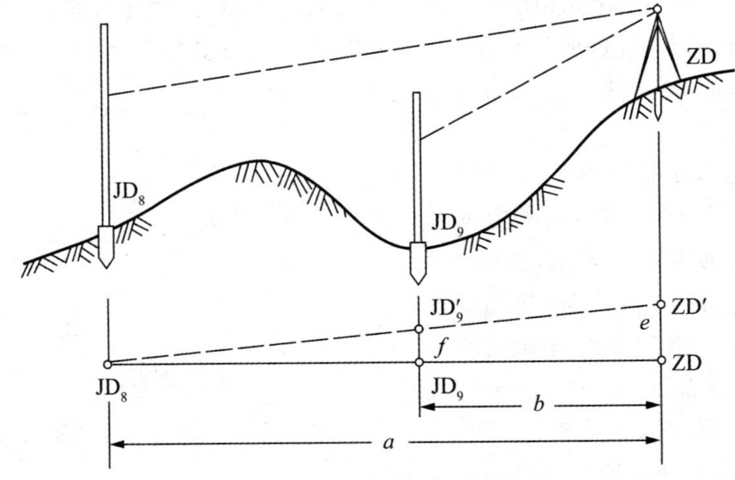

图 7-6　两不通视交点延长线上设置转点

$$e=\frac{a}{a-b}f \tag{7-2}$$

将 ZD′沿偏差 f 的相反方向横向移动 e 至 ZD，然后将仪器移至 ZD，重复上述方法，直至 f 小于容许值为止，最后将转点 ZD 和交点 JD_9 用木桩标定在地面上。

任务二　路线转角和里程桩的测设

定线测量完成后，测角组就可以进行工作了。其主要任务是标定直线与修定点位，测角与转角计算，平曲线要素计算，钉设平曲线中点方向桩，观测导线磁方位角并进行复核，视距测量，路线主要桩位固定等。

一、标定直线与修定点位

对于相互通视的交点，如果定线测量无误，则不存在点位修正问题，一般可直接引用。但是当交点间相距较远或地形起伏较大时，为便于中桩组穿线定向，测角组应负责用经纬仪在其间适当插设若干个导向桩，以供中桩穿线使用。

对于中间有障碍、互不通视的交点，虽然交点间定线时已设立了控制直线方向的转点桩，但由于选线大多采用花杆目测穿线，所以各点实际上未必严格在一直线上，因此必须用经纬仪检查与标定直线或修正交点桩位。在一般情况下，常将后视交点和中间转点作为固定点，安置仪器于转点处，采用正倒镜分中法进行检查。如发现问题，应查明原因并及时纠正。

二、路线右角的测定与转角的计算

1. 路线右角的测定

按路线的前进方向，以路线中心线为界，在路线右侧的水平角称为“右角”，通常以 β 表示，如图 7-7 中所示的 β_5，β_6。在中线测量中，右角一般是采用测回法测定。

上、下两个半测回所测角值的差的限值视公路等级而定：高速公路、一级公路限差为 $\pm 20''$，满足要求取平均值，取位至 $1''$；二级及以下的公路限差为 $\pm 60''$，满足要求取平均值，取位至 $30''$（即 $10''$舍去，$20''$、$30''$、$40''$取为 $30''$，$50''$进为 $1'$）。

2. 转角的计算

所谓“转角”，是指路线由一个方向偏转为另一个方向时，偏转后的方向与原方向的夹角，通常以 α 表示，如图 7-7 所示。转角有左转、右转之分，按路线前进方向，偏转后的方向在原方向的左侧称为“左转角”，通常以 $\alpha_{左}$（或 α_Z）表示；反之为“右转角”，通常以 $\alpha_{右}$（或 α_Y）表示。转角是在路线转向处设置平曲线的必要元素，通常是通过测定路线前进方向的右角 β 后，经计算而得到。

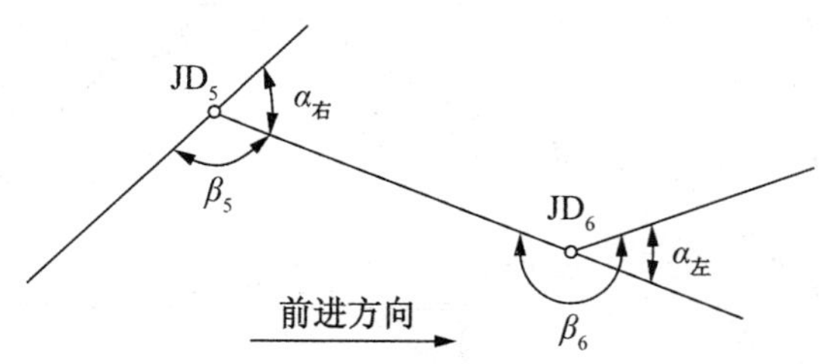

图 7-7　路线的右角和转角

当 $\beta < 180°$时，为右转角（路线向右转）；当 $\beta > 180°$时，为左转角（路线向左转）。左转角和右转角按下式计算：

$$\left.\begin{array}{l}当\ \beta<180°时，\alpha_{右}=180°-\beta \\ 当\ \beta>180°时，\alpha_{左}=\beta-180°\end{array}\right\} \qquad (7\text{-}3)$$

三、平曲线中点方向桩的钉设

为便于中桩组敷设平曲线中点桩，测角组在测角的同时，需将曲线中点方向桩（亦即分角线方向桩）钉设出来，如图 7-8 所示。分角线方向桩离交点距离应尽量大于曲线外距，以利于定向插点。一般来说，转角愈大，外距也愈大，这样，分角桩就应设置得远一点。

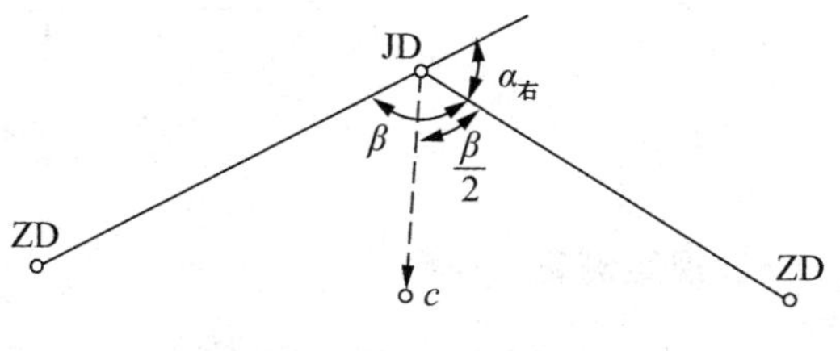

图 7-8 标定分角线方向

用经纬仪定分角线方向，首先就要计算出分角线方向的水平度盘读数，通常这项工作是紧跟测角在测角读数的基础上进行的（即保持水平度盘位置不变）。根据测得的右角前、后视读数，按下式即可计算出分角线方向的读数：

$$分角线方向的水平度盘读数=\frac{1}{2}(前视读数+后视读数)$$

有了分角线方向的水平度盘读数，即可按拨角法定分角线方向。拨角方法是转动照准部使水平度盘读数为这一读数，此时望远镜照准的方向即为分角线方向（有时望远镜会指向相反方向，这时需倒转望远镜，在设置曲线的一侧定出分角线方向）。沿视线指向插杆钉桩，即为曲线中点方向桩。

四、磁方位角观测与计算方位角校核

观测磁方位角的目的，是为了校核测角组测角的精度和展绘平面导线图时检查展线的精度。路线测量规定，每天作业开始与结束须观测磁方位角，至少各一次，以便与根据观测值推算的方位角进行校核，其误差不得超过 2°。若超过规定，必须查明产生误差的原因，并及时予以纠正。若符合要求，则可继续观测。

如图 7-9 所示，任一段直线的计算方位角为：

$$A_i=A_0+\sum\alpha_{右}-\sum\alpha_{左} \qquad (7\text{-}4)$$

式中：A_i——任一直线段的计算方位角；

A_0——起始路线的观测磁方位角；

$\sum\alpha_{右}$——计算路线段以前所有右转角之和；

$\sum\alpha_{左}$——计算路线段以前所有左转角之和。

设 A_i' 为任一直线段的观测磁方位角，则测角闭合差 f_β 为：

$$f_\beta=A_i'-A_i \qquad (7\text{-}5)$$

如 f_β 在 ±2°以内，则表示角度观测符合要求。

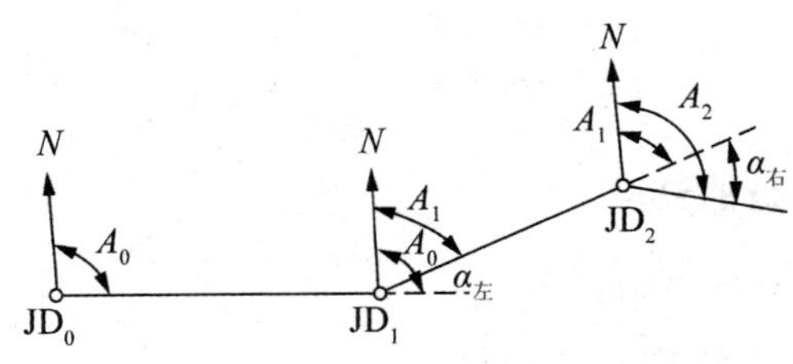

图 7-9　路线磁方位角

五、视距测量

观测视距的目的，是用视距法测出相邻交点间的直线距离，以便提交给中桩组，供其与实际丈量距离进行校核。

视距测量的方法通常有两种：一种是利用测距仪或全站仪测量，这种方法是于交点和相邻交点(或转点)上分别安置棱镜和仪器，采用仪器的距离测量功能，从读数屏上直接读出两点间平距；另一种是利用经纬仪标尺测量，它是于交点和相邻交点(或转点)上分别安置经纬仪和标尺(水准尺或塔尺)，采用视距测量的方法计算两点间平距。这里尤应指出的是，用测距仪或全站仪测得的平距可用来计算交点桩号，而用经纬仪所测得的平距只能用作参考，来校核在中线测设中有无丢链现象(即校核链距)。

当交点间距离较远时，为了保证测量精度，可在中间加点采取分段测距方法。

六、路线控制桩位固定

为便于以后施工时恢复路线及放样，对于中线控制桩，如路线起点桩、终点桩、交点桩、转点桩、大中桥位桩以及隧道起、终点桩等重要桩位，均须妥善固定和保护，以防丢失和破坏。

桩位固定方法应因地制宜地采取埋土堆、垒石堆、设护桩(亦称“栓桩”)等。护桩方法很多，如距离交会法、方向交会法、导线延长法等，具体采用什么方法视具体情况选择。道路工程测量多采用距离交会法固定桩位。护桩一般设三个，各护桩间夹角不宜小于 60°，以减少交会误差。

护桩应尽可能利用附近固定的地物点，如房基墙角、电杆、树木、岩石等。如无此条件，可埋设混凝土桩或钉设大木桩。护桩位置的选择，还应考虑日后不易被车辆、行人或施工破坏。为便于查找，宜在设护桩位置处用红油漆画出标记和方向箭头，写明所控制的固定桩名称、编号，以及距控制桩的斜向距离，并绘出示意草图，记录在手簿上，供编制路线固定护桩一览表。

七、里程桩的测设

为了确定路线中线的具体位置和路线的长度，满足后续纵、横断面测量的需要，以及为以后路线施工放样打下基础，中线测量中必须由路线的起点开始每隔一段距离钉设木桩标志，其桩点表示路线中线的具体位置。桩的正面写有桩号，背面写有编号。桩号表示该桩点至路线起点的里程数。如某桩点距路线起点的里程为 4456.527 m，则桩号记为

K4+456.527。编号是反映桩间的排列顺序,以 0~9 为一组,循环进行。该桩通常称为"里程桩"(又因里程桩设在路线中线上,亦称"中桩"),如图 7-10 所示。

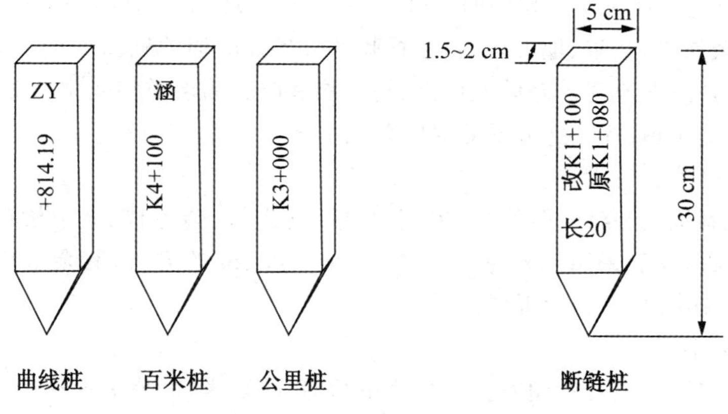

图 7-10 里程桩

里程桩可分为整桩和加桩两种。

1. 整桩

在道路中线中的直线段上和曲线段上,其桩距按表 7-1 所列的要求桩距而设的桩称为"整桩"。它的里程桩号均为整数,且为要求桩距的整倍数。

《公路勘测细则》(JTG/T C10—2007)规定:路线中桩间距不应大于表 7-1 的规定。在实测过程中,为了测设方便,里程桩号应尽量避免采用破碎桩号,一般宜采用 20 m 或 50 m 及其倍数。当量距至每百米及每公里时,要钉设百米桩及公里桩。

表 7-1 **中桩间距**

直线(m)		曲线(m)			
平原、微丘	重丘、山岭	不设超高的曲线	$R>60$	$30<R<60$	$R<30$
50	25	25	20	10	5

注:表中的 R 为平曲线半径(m)。

2. 加桩

加桩又分为地形加桩、地物加桩、曲线加桩、地质加桩、断链加桩和行政区域加桩等。

(1)地形加桩:沿路线在地面起伏突变处、横向坡度变化处以及天然河沟处等均应设置的里程桩。

(2)地物加桩:沿路线在有人工构造物处(如拟建桥梁、涵洞、隧道、挡土墙等构造物处,路线与其他公路、铁路、渠道、高压线、地下管道等交叉处,拆迁建筑物处,占用耕地及经济林的起、终点处)均应设置的里程桩。

(3)曲线加桩:曲线上设置的起点、中点、终点桩。

(4)地质加桩:沿路线在土质变化处及地质不良地段的起、终点处要设置的里程桩。

(5)断链加桩:由于局部改线或事后发现距离错误或分段测量中由于假设起点里程等原因,致使路线的里程不连续,桩号与路线的实际里程不一致,这种现象称为"断链"。为说明该情况而设置的桩，称为“断链加桩”。测量中应尽量避免出现“断链”现象。

断链分为长链和短链。所谓“长链”，即桩号出现重叠，如原 K1＋160＝现 K1＋100，长 60 m；所谓“短链”，即桩号出现间断，如原 K1＋100＝现 K1＋160，短 60 m。

(6)行政区域加桩：在省、地(市)、县级行政区分界处应加的桩。

(7)改建路加桩：在改建公路的变坡点、构造物和路面面层类型变化处应加的桩。

加桩应取位至 1 m，特殊情况下可取位至 0.1 m。

3. 里程桩的书写及钉设

对于中线控制桩，如路线起(终)点桩、公里桩、交点桩、转点桩、大中桥位桩以及隧道起(终)点等重要桩，一般采用尺寸为 5 cm×5 cm×30 cm 的方桩；其余里程桩一般多用(1.5～2) cm×5 cm×25 cm 的板桩。

(1)里程桩的书写

所有中桩均应写明桩号和编号。在桩号书写时，除百米桩、公里桩和桥位桩要写明公里数，其余桩可不写。另外，对于交点桩、转点桩及曲线基本桩，还应在桩号之前标明桩名(一般标其缩写名称)。目前，我国公路工程上桩名采用汉语拼音的缩写名称，如表 7-2 所列。

表 7-2　　路线主要标志桩名称表

标志桩名称	简称	汉语拼音缩写	英文缩写	标志桩名称	简称	汉语拼音缩写	英文缩写
转角点	交点	JD	IP	公切点	公切点	GQ	CP
转点	转点	ZD	TP	第一缓和曲线起点	直缓点	ZH	TS
圆曲线起点	直圆点	ZY	BC	第一缓和曲线终点	缓圆点	HY	SC
圆曲线中点	曲中点	QZ	MC	第二缓和曲线起点	圆缓点	YH	CS
圆曲线终点	圆直点	YZ	EC	第二缓和曲线终点	缓直点	HZ	ST

为了便于后续工作找桩和避免漏桩，所有中桩都应在桩的背面编写编号，以 0～9 为一组，循环进行排列。

桩号一般用红色油漆或记号笔书写(在干旱地区或马上施工的路线，也可用墨汁书写)，书写字迹应工整醒目，一般应写在桩顶以下 5 cm 范围内，否则将被埋于地面以下无法判别里程桩号。

(2)钉桩

新建道路中桩打桩时不要露出地面太高，一般以 5 cm 左右能露出桩号为宜。钉设时将桩号面向路线起点方向，使编号朝向前进方向，如图 7-11 所示。为便于对点，桩顶需钉一小铁钉。

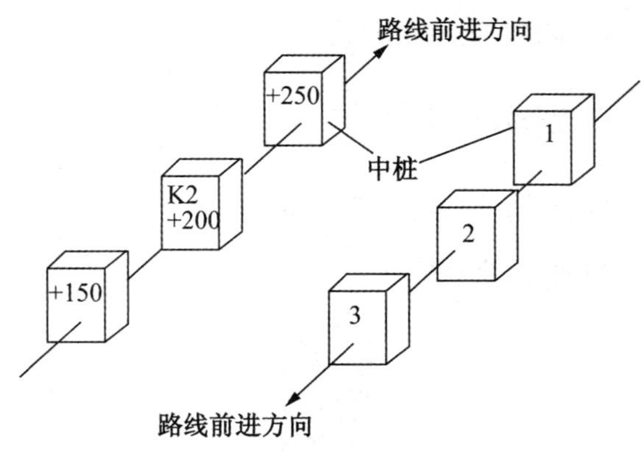

图 7-11 桩号与编号方向

改建桩志位于旧路上时，由于路面坚硬，不宜采用木桩，此时常采用大帽钢钉。钉桩时一律打桩至与地面齐平，然后在路旁一侧打上指示桩，桩上注明距中线的横向距离及其桩号，并以箭头指示中桩位置。在直线上，指示桩应钉在路线的同一侧；交点桩的指示桩应钉在圆心和交点连线方向的外侧，字面朝向交点；曲线主点桩的指示桩均应钉在曲线的外侧，字面朝向圆心。

遇到岩石地段无法钉桩时，应在岩石上凿刻"⊕"标记表示桩位，并在其旁边写明桩号、编号等。在潮湿或有虫蚀地区，特别是近期不施工的路线，对重要桩位(如路线起点、终点、交点、转点等)可改埋混凝土桩，以利于桩的长期保存。

任务三　圆曲线的测设

圆曲线又称"单曲线"，是指具有一定半径的圆的一部分(即一段圆弧线)，是路线转向常用的一种曲线形式。圆曲线的测设一般分以下两步进行：

第一步，先测设曲线的主点，称为"圆曲线的主点测设"。即测设曲线的起点(又称为"直圆点"，通常以汉语拼音缩写 ZY 表示)、中点(又称为"曲中点"，通常以汉语拼音缩写 QZ 表示)和终点(又称为"圆直点"，通常以汉语拼音缩写 YZ 表示)。

第二步，在已测设的主点之间进行加密，按规定桩距测设曲线上的其他各桩点，称为"圆曲线的详细测设"。

一、圆曲线的主点测设

1. 圆曲线测设元素的计算

如图 7-12 所示，设交点(JD)的转角为 α，假定在此所设的圆曲线半径为 R，则曲线的测设元素：切线长 T、曲线长 L、外矢距 E 和切曲差 D，可按下列公式计算：

$$
\left.\begin{aligned}
&\text{切线长}:T=R\tan\frac{\alpha}{2}\\
&\text{曲线长}:L=R\frac{\alpha}{\rho}=R\cdot\alpha\cdot\frac{\pi}{180^\circ}\\
&\text{外矢距}:E=R\sec\frac{\alpha}{2}-R=R(\sec\frac{\alpha}{2}-1)\\
&\text{切曲差}:D=2T-L
\end{aligned}\right\}\qquad(7\text{-}6)
$$

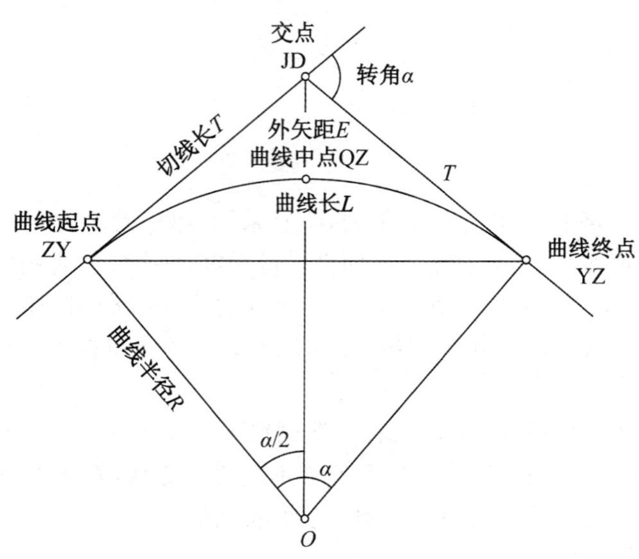

图 7-12　圆曲线主点的测设

2. 圆曲线主点里程的计算

交点(JD)的里程由中线丈量得到，根据交点的里程和计算的曲线测设元素，即可计算出各主点的里程。由图 7-12 可知：

$$
\left.\begin{aligned}
&ZY_{\text{里程}}=JD_{\text{里程}}-T\\
&YZ_{\text{里程}}=ZY_{\text{里程}}+L\\
&QZ_{\text{里程}}=YZ_{\text{里程}}-L/2\\
&JD_{\text{里程}}=QZ_{\text{里程}}+D/2(\text{校核})
\end{aligned}\right\}\qquad(7\text{-}7)
$$

3. 圆曲线主点的测设

圆曲线的测设元素和主点里程计算出后，便可按下述步骤进行主点测设：

(1)曲线起点(ZY)的测设。测设曲线起点时，将仪器置于交点 JD_i 上，望远镜照准后一交点 JD_{i-1} 或此方向上的转点，沿望远镜视线方向量取切线长 T，得曲线起点 ZY，暂时插一测钎标志。然后用钢尺丈量 ZY 至最近一个直线桩的距离，如两桩号之差等于所丈量的距离或相差在容许范围内，即可在测钎处打下 ZY 桩。如超出容许范围，应查明原因，重新测设，以确保桩位的正确性。

(2)曲线终点(YZ)的测设。在曲线起点的测设完成后，转动望远镜照准前一交点 JD_{i+1} 或此方向上的转点，沿望远镜视线方向量取切线长 T，得曲线终点 YZ，打下 YZ 桩即可。

(3)曲线中点(QZ)的测设。测设曲线中点时,可自交点 JD_i,沿分角线方向量取外矢距 E,打下 QZ 桩即可。

【例 7-1】 已知某圆曲线交点 JD 的里程桩号为 K6+183.56,测得转角 $\alpha_{右}=42°36'00''$,圆曲线半径$R=150$ m,计算曲线主点测设元素及主点里程桩号。

解:(1)曲线测设元素的计算

由式(7-6)代入数据计算得:

$$切线长\ T=R\tan\frac{\alpha}{2}=150\times\tan\frac{42°36'00''}{2}=58.48\ \text{m}$$

$$曲线长\ L=R\frac{\alpha}{\rho}=150\times\frac{42°36'00''}{206265''}=111.53\ \text{m}$$

$$外矢距\ E=R(\sec\frac{\alpha}{2}-1)=150\times(\sec\frac{42°36'00''}{2}-1)=11.00\ \text{m}$$

$$切曲差\ D=2T-L=2\times58.48\ \text{m}-111.53\ \text{m}=5.43\ \text{m}$$

(2)主点里程的计算

由式(7-7)得:

$$ZY_{里程}=JD_{里程}-T=K6+183.56-58.48=K6+125.08$$

$$YZ_{里程}=ZY_{里程}+L=K6+125.08+111.53=K6+236.61$$

$$QZ_{里程}=YZ_{里程}-\frac{L}{2}=K6+236.61-\frac{111.53}{2}=K6+180.84$$

$$校核:JD_{里程}=QZ_{里程}+\frac{D}{2}=K6+180.84+\frac{5.43}{2}=K6+183.56$$

二、圆曲线的详细测设

在圆曲线的主点测设完成后,即完成了圆曲线的基本定位,但一条曲线只有主点是不够的,还需要沿曲线加密曲线桩,详细地测设圆曲线的位置。详细测设所采用的桩距 l_0 与曲线半径 R 有关,一般按表 7-1 的规定取用。

按桩距 l_0 在曲线上设桩,通常有两种方法:

(1)整桩号法。将曲线上靠近起点(ZY)的第一个桩的桩号凑整成为 l_0 倍数的整桩号,且与 ZY 点的桩距小于 l_0,然后按桩距 l_0 连续向曲线终点 YZ 设桩。这样设置的桩的桩号均为整数。

(2)整桩距法。从曲线起点 ZY 和终点 YZ 开始,分别以桩距 l_0 连续向曲线中点 QZ 设桩。由于这样设置的桩的桩号一般为破碎桩号,因此,在实测中应注意加设百米桩和公里桩。

目前,公路中线测量中一般均采用整桩号法。

圆曲线的详细测设方法很多,下面仅介绍三种常用方法。

1. 切线支距法

切线支距法又称"直角坐标法",是以曲线的起点 ZY(对于前半曲线)或终点 YZ(对于后半曲线)为坐标原点,以过曲线的起点 ZY 或终点 YZ 的切线为 x 轴,过原点的半径为 y 轴,按曲线上各点坐标(x,y)设置曲线上各点的位置。

(1)测设数据的计算

如图 7-13 所示，设 P_i 为曲线上欲测设的点位，该点至 ZY 点或 YZ 点的弧长为 l_i，φ_i 为 l_i 所对的圆心角，R 为圆曲线半径，则 P_i 点的坐标按下式计算：

$$\left.\begin{aligned} x_i &= R \cdot \sin \varphi_i \\ y_i &= R \cdot (1-\cos \varphi_i) = x_i \cdot \tan (\varphi_i/2) \end{aligned}\right\} \tag{7-8}$$

式中：

$$\varphi_i = \frac{l_i}{R} \cdot \frac{180^\circ}{\pi} \tag{7-9}$$

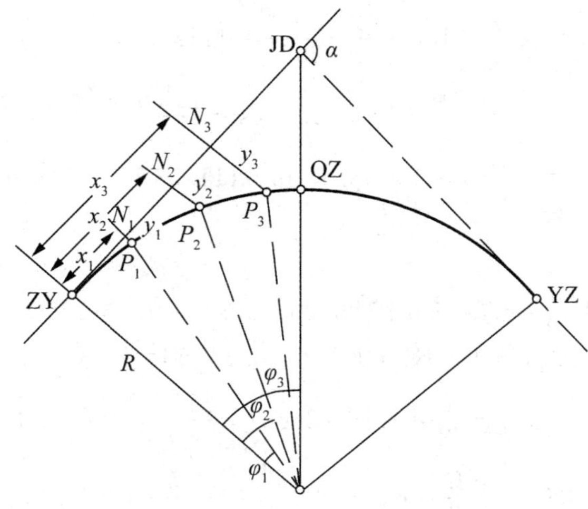

图 7-13　切线支距法详细测设圆曲线

【例 7-2】 在例 7-1 中，若采用切线支距法，并按整桩号设桩，试计算各桩坐标。例 7-1 中已计算出主点里程 $ZY_{里程}$，$QZ_{里程}$，$YZ_{里程}$，在此基础上按整桩号法列出详细测设的桩号，并计算其坐标。

解：按整桩号法设桩，桩距 $l_0=20$ m，则测设数据见表 7-3。

表 7-3　　切线支距法坐标计算

桩号	弧长 l (m)	圆心角 φ_i	支距坐标 x_i (m)	支距坐标 y_i (m)
ZY K6+125.08	0.00	0°00′00″	0.00	0.00
K6+140	14.92	5°41′56″	14.90	0.74
K6+160	34.92	13°20′18″	34.60	4.05
K6+180	54.92	20°58′40″	53.70	9.94
QZ K6+180.84	55.76	21°17′56″	54.48	10.24
K6+200	36.61	13°59′02″	36.25	4.44
K6+220	16.61	6°20′40″	16.58	0.92
YZ K6+236.61	0.00	0°00′00″	0.00	0.00

(2)测设方法

用切线支距法详细测设圆曲线时，为了避免支距过长，一般是由 ZY 点和 YZ 点分别向 QZ 点施测，其测设步骤如下：

①从 ZY 点(或 YZ 点)用钢尺或皮尺沿切线方向量取 P_i 点的横坐标 x_i，得垂足点 N_i。

②在垂足点 N_i 上，用方向架或经纬仪定出切线的垂直方向，沿垂直方向量出 y_i，即得到待测定点 P_i。

③曲线上各点测设完毕后，应量取相邻各桩之间的距离，并与相应的桩号之差作比较。若较差均在限差之内，则曲线测设合格；否则，应查明原因，予以纠正。

这种方法适用于平坦开阔地区，具有测点误差不累积的优点。

2. 偏角法

偏角法是以曲线起点(ZY)或终点(YZ)至曲线上待测设点 P_i 的弦线与切线之间的弦切角(这里称为“偏角”)δ 和弦长 d 来确定 P 点的位置。

(1)测设数据的计算

如图 7-14 所示，根据几何原理，偏角 δ_i 等于相应弧长所对的圆心角 φ_i 的一半，即 $\delta_i=\frac{\varphi_i}{2}$。里程桩整桩的桩距(弧长)为 l_0，首尾两段零头弧长为 l_1，l_2。l_1，l_2，l_0 所对应的圆心角分别为 φ_1，φ_2，φ，可按下式计算：

$$\left.\begin{aligned}\varphi_1&=\frac{180^\circ}{\pi}\cdot\frac{l_1}{R}\\ \varphi_2&=\frac{180^\circ}{\pi}\cdot\frac{l_2}{R}\\ \varphi&=\frac{180^\circ}{\pi}\cdot\frac{l_0}{R}\end{aligned}\right\}\qquad(7\text{-}10)$$

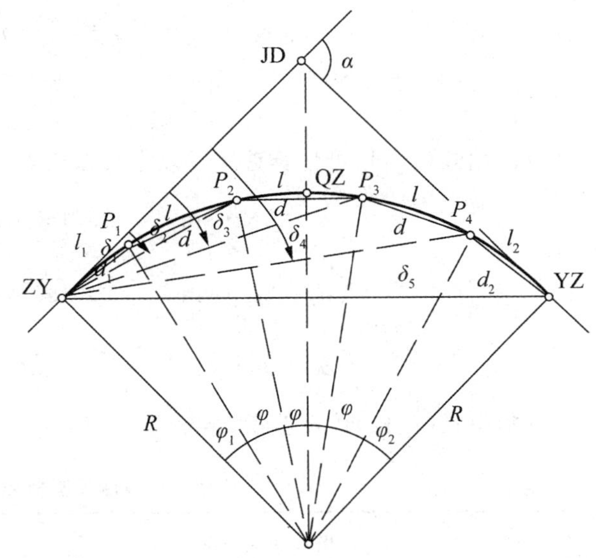

图 7-14 偏角法详细测设圆曲线

弧长 l_1，l_2，l_0 所对应的弦长分别为 d_1，d_2，d，可按下列公式计算：

$$\left.\begin{aligned}d_1&=2R\cdot\sin\frac{\varphi_1}{2}\\ d_2&=2R\cdot\sin\frac{\varphi_2}{2}\\ d&=2R\cdot\sin\frac{\varphi}{2}\end{aligned}\right\}\qquad(7\text{-}11)$$

曲线上各点的偏角等于相应所对圆心角的一半，即：

第 1 点的偏角为 $\delta_1=\frac{\varphi_1}{2}$

第 2 点的偏角为 $\delta_2=\frac{\varphi_1}{2}+\frac{\varphi}{2}$

…

第 i 点的偏角为 $$\delta_i=\frac{\varphi_1}{2}+(i-1)\frac{\varphi}{2} \tag{7-12}$$

终点 YZ 点的偏角为 $$\delta_n=\frac{\alpha}{2}$$

【例 7-3】 仍以例 7-1 为例,采用偏角法按整桩号设桩,桩距 $l_0=20$ m,设曲线由 ZY 点向 YZ 点测设,试计算详细测设数据。

解:(1)由例 7-1 的计算可知,ZY 点的里程为 K6+125.08,它前面最近的整桩里程为 K6+140,则首段零头弧长 l_1 为:$l_1=140\text{ m}-125.08\text{ m}=14.92\text{ m}$。

YZ 点的里程为 K6+236.61,它后面最近的整桩里程为 K6+220,则尾段零头弧长 l_2 为:$l_2=236.61\text{ m}-220\text{ m}=16.61\text{ m}$。

(2)由式(7-10)可计算首尾两段零头弧长 l_1,l_2 及整弧长 l_0 所对应的圆心角:

$$\varphi_1=\frac{180^\circ}{\pi}\cdot\frac{l_1}{R}=\frac{180^\circ}{\pi}\times\frac{14.92}{150}=5^\circ41'56''$$

$$\varphi_2=\frac{180^\circ}{\pi}\cdot\frac{l_2}{R}=\frac{180^\circ}{\pi}\times\frac{16.61}{150}=6^\circ20'40''$$

$$\varphi=\frac{180^\circ}{\pi}\cdot\frac{l_0}{R}=\frac{180^\circ}{\pi}\times\frac{20}{150}=7^\circ38'22''$$

(3)由式(7-11)可计算首尾两段零头弧长 l_1,l_2 及整弧长 l_0 所对应的弦长:

$$d_1=2R\cdot\sin\frac{\varphi_1}{2}=2\times150\times\sin\frac{5^\circ41'56''}{2}=14.91\text{ m}$$

$$d_2=2R\cdot\sin\frac{\varphi_2}{2}=2\times150\times\sin\frac{6^\circ20'40''}{2}=16.6\text{ m}$$

$$d=2R\cdot\sin\frac{\varphi}{2}=2\times150\times\sin\frac{7^\circ38'22''}{2}=19.99\text{ m}$$

(4)由式(7-12)计算偏角,结果见表 7-4。

表 7-4 **偏角法详细测设圆曲线的数据计算**

桩号	桩点至 ZY 点弧长 l_i(m)	偏角值	相邻桩点间弧长(m)	相邻桩点间弦长(m)
ZY K6+125.08	0.00	0°00′00″	0	0
K6+140	14.92	2°50′58″	14.92	14.91
K6+160	34.92	6°40′09″	20	19.99
K6+180	54.92	10°29′20″	20	19.99
QZ K6+180.84	55.76	10°38′58″	0.84	0.84
K6+200	74.92	14°18′31″	19.16	19.15
K6+220	94.92	18°07′42″	20	19.99
YZ K6+236.61	111.53	21°18′02″	16.61	16.6

(2)测设方法

①安置经纬仪(或全站仪)于曲线起点(ZY)上,盘左瞄准交点(JD),将水平度盘读数设置为0°00′00″。

②水平转动照准部,使水平度盘读数为K6+140桩的偏角值2°50′58″,然后,从ZY点开始,沿望远镜视线方向量测出弦长d_1=14.91 m,定出K6+140桩位。

③再继续水平转动照准部,使水平度盘读数为K6+160桩的偏角值6°40′09″,由K6+140桩量取弦长d=19.99 m与视线方向相交,定出K6+160桩位。以此类推,测设其他里程桩。最后一个整里程桩K6+220至YZ点的距离应为d_2=16.6 m,以此来检查测设的质量。此点如果与YZ点不重合,其闭合差应符合表7-5的规定。

表7-5　　距离、偏角测量闭合差

公路等级	纵向相对闭合差		横向闭合差(cm)		角度闭合差(″)
	平原、微丘	重丘、山岭	平原、微丘	重丘、山岭	
高速公路,一、二级公路	1/2000	1/1000	10	10	60
三级及三级以下公路	1/1000	1/500	10	15	120

3.极坐标法

用极坐标法进行圆曲线的详细测设,最适合于用全站仪进行测设。全站仪可以安置在任何已知点上,如已知坐标的控制点和路线上的交点、转点等,且测设速度快、精度高。由于全站仪在公路工程测量中的普及,目前该方法在公路勘测中已被广泛应用。

用极坐标法测设曲线的测设数据主要是计算圆曲线主点和细部点的坐标,然后根据测站点和主点或细部点之间的坐标,反算出测站至待测点的直线方位角和两点间的平距,依据计算出的方位角和平距进行测设,其操作步骤如下:

(1)圆曲线主点坐标计算

如图7-15所示,若已知JD_1和JD_2的坐标(x_1,y_1),(x_2,y_2),用坐标反算公式计算第一条切线的方位角α_{21}为:

$$\alpha_{21}=\arctan\frac{y_1-y_2}{x_1-x_2} \qquad (7\text{-}13)$$

第二条切线的方位角α_{23}同样可由JD_2,JD_3的坐标反算得到,也可由第一条切线的方位角和线路转角推算得到。

$$\left.\begin{aligned}\alpha_{23}&=\alpha_{21}-(180°-\alpha_{右})\\ \alpha_{23}&=\alpha_{21}+(180°-\alpha_{左})\end{aligned}\right\} \qquad (7\text{-}14)$$

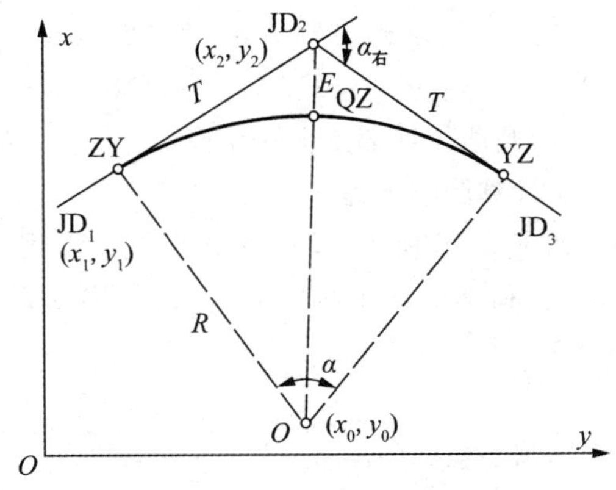

图7-15　圆曲线主点坐标计算

根据交点坐标、切线方位角和切线长,用坐标正算公式可计算出圆曲线起点(ZY)

和终点(YZ)的坐标,例如圆曲线起点(ZY)的坐标为:

$$\left.\begin{aligned} x_{ZY} &= x_2 + T\cos\alpha_{21} \\ y_{ZY} &= y_2 + T\sin\alpha_{21} \end{aligned}\right\} \qquad (7\text{-}15)$$

同样可根据交点坐标、分角线方位角和外矢距计算出曲线中点(QZ)的坐标。

【例 7-4】 仍以例 7-1 为例,如图 7-15 所示,圆曲线半径 $R=150$ m,转角 $\alpha_{右}=42°36'00''$,设 JD_1,JD_2 的坐标分别为(1922.821,1030.091),(1967.128,1118.784),试计算各主点坐标。

解:第一条切线,即 JD_2—JD_1 的方向线的方位角为:

$$\alpha_{21}=\arctan\frac{y_1-y_2}{x_1-x_2}=\arctan\frac{1030.091-1118.784}{1922.821-1967.128}=243°27'19''$$

第二条切线,即 JD_2—JD_3(YZ)的方向线的方位角为:

$$\alpha_{23}=\alpha_{21}-(180°-\alpha_{右})=243°27'19''-(180°-42°36'00'')=106°03'19''$$

分角线方向的方位角计算如下:

首先计算分角线(JD_2—O)与第二条切线(JD_2—YZ)的夹角:

$$\beta=\frac{180°-42°36'00''}{2}=68°42'00''$$

据此可求得分角线方向(JD_2—O 方向)的方位角为:

$$\alpha_{2O}=\alpha_{23}+\beta=106°03'19''+68°42'00''=174°45'19''$$

当两点连线的方位角和两点间的距离已知时,可根据式(7-15)求得主点的坐标。主点坐标的计算结果如下:

ZY 点:

$$x_{ZY}=x_2+T\cos\alpha_{21}=1967.128+58.48\times\cos 243°27'19''=1940.994\text{ m}$$

$$y_{ZY}=y_2+T\sin\alpha_{21}=1118.784+58.48\times\sin 243°27'19''=1066.469\text{ m}$$

YZ 点:

$$x_{YZ}=x_2+T\cos\alpha_{23}=1967.128+58.48\times\cos 106°03'19''=1950.955\text{ m}$$

$$y_{YZ}=y_2+T\sin\alpha_{23}=1118.784+58.48\times\sin 106°03'19''=1174.983\text{ m}$$

QZ 点:

$$x_{QZ}=x_2+E\cos\alpha_{2O}=1967.128+11\times\cos 174°45'19''=1956.174\text{ m}$$

$$y_{QZ}=y_2+E\sin\alpha_{2O}=1118.784+11\times\sin 174°45'19''=1119.790\text{ m}$$

(2)圆曲线细部点坐标计算

①计算圆心坐标

如图 7-16 所示,设圆曲线半径为 R,用前述主点坐标计算方法,计算第一条切线的方位角 α_{21} 和 ZY 点坐标(x_{ZY},y_{ZY})。因 ZY 点至圆心方向与切线方向垂直,其方位角 α_{ZY-O} 为:

$$\alpha_{ZY-O}=\alpha_{21}-90° \qquad (7\text{-}16)$$

则圆心坐标(x_O,y_O)为:

$$\left.\begin{aligned} x_O &= x_{ZY} + R\cos\alpha_{ZY-O} \\ y_O &= y_{ZY} + R\sin\alpha_{ZY-O} \end{aligned}\right\} \qquad (7\text{-}17)$$

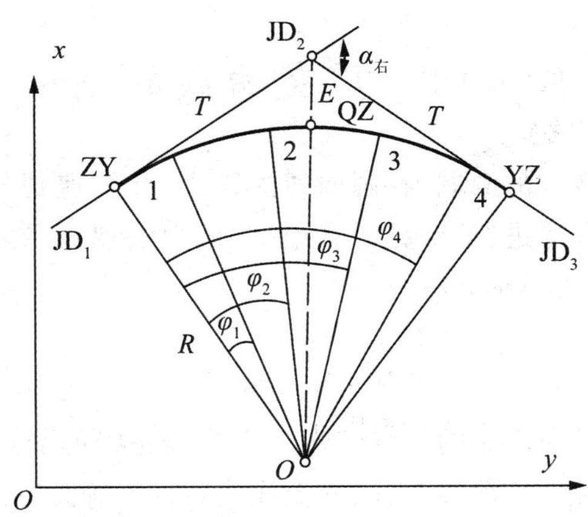

图 7-16 极坐标法测设圆曲线

②计算圆心至各细部点的方位角

设 ZY 点至曲线上某细部里程桩点的弧长为 l_i，其所对应的圆心角 φ_i 按式(7-9)计算得到，则圆心至各细部点的方位角 α_i 为：

$$\alpha_i=(\alpha_{ZY-O}+180^\circ)+\varphi_i \tag{7-18}$$

③计算各细部点的坐标

根据圆心至细部点的方位角和半径，可计算细部点坐标为：

$$\left.\begin{aligned}x_i&=x_O+R\cos\alpha_i\\y_i&=y_O+R\sin\alpha_i\end{aligned}\right\} \tag{7-19}$$

【例 7-5】 已知条件如例 7-4，按整桩号法设桩计算各桩点的坐标。

解：由例 7-4 可知，ZY 点坐标为(1940.994，1066.469)，JD 至 ZY 点的方位角 α_{21} 为 243°27′19″，则可按式(7-16)计算 ZY 点至圆心的方位角为 153°27′19″，按式(7-17)计算圆心坐标为(1806.806，1133.503)，再按式(7-9)和(7-18)计算圆心至各细部点的方位角 α_i，最后按式(7-19)计算各点坐标，结果见表 7-6。

表 7-6 细部点坐标计算

桩号	圆心至各细部点的方位角	坐标	
		x (m)	y (m)
K6+140	339°09′14″	1946.987	1080.125
K6+160	346°47′36″	1952.839	1099.234
K6+180	354°25′58″	1956.099	1119.952
K6+200	2°04′20″	1956.708	1138.928
K6+220	9°42′42″	1954.656	1158.807

任务四　虚交曲线的测设

由于受地物和地貌条件的限制，在圆曲线测设中，往往遇到各种各样的障碍，使得圆曲线的测设不能按前述方法进行，常见的有虚交、偏角法视线受阻等情况，此时必须针对现场的具体情况，提出解决办法。

一、虚交

虚交是道路中线测量中常见的一种情形。它是指路线的交点(JD)处不能设桩，更无法安置仪器(如交点落入河中、深谷下、峭壁上或建筑物上等)。此时，测角、量距都无法直接按前述方法进行。有时交点虽可设桩和安置仪器，但因转角较大，交点远离曲线，也可作虚交处理。常用的处理方法有以下几种：

1. 圆外基线法

如图 7-17 所示，路线交点落入河里不能设桩，这样便形成虚交点(JD)，为此在曲线两切线上便于设站和量距且互相通视的地方选择辅助点 A 和 B，将经纬仪分别安置在 A，B 两点测算出 α_a 和 α_b，用钢尺往返丈量得到 A，B 两点的距离 $\overline{AB}$，所测角度和距离均应满足规定的限差要求。

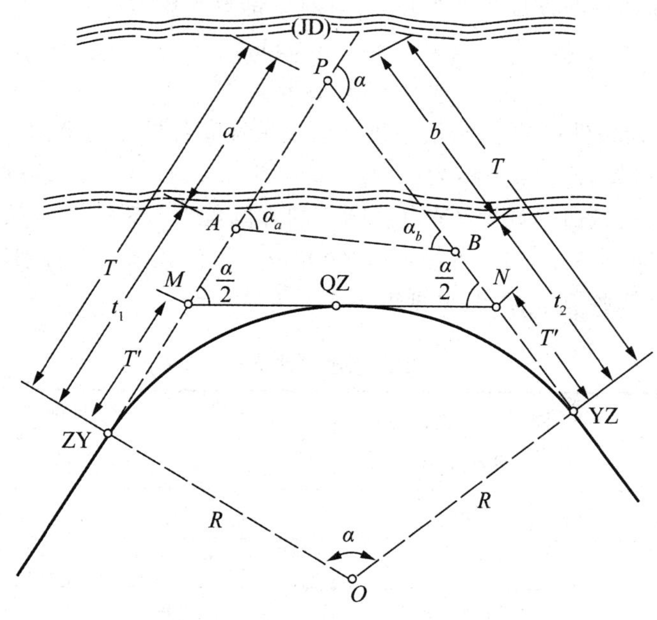

图 7-17　圆外基线法

由图 7-17 可知：在由辅助点 A，B 和虚交点(JD)构成的三角形中，应用边角关系及正弦定理可得：

$$
\left.\begin{aligned}
&\alpha=\alpha_a+\alpha_b \\
&a=\overline{AB}\frac{\sin\alpha_b}{\sin(180^\circ-\alpha)}=\overline{AB}\frac{\sin\alpha_b}{\sin\alpha} \\
&b=\overline{AB}\frac{\sin\alpha_a}{\sin(180^\circ-\alpha)}=\overline{AB}\frac{\sin\alpha_a}{\sin\alpha}
\end{aligned}\right\} \tag{7-20}
$$

根据转角 α 和选定的半径 R，即可算得切线长 T 和曲线长 L，再由 a，b，T 分别计算辅助点 A，B 至曲线起点 ZY 点和终点 YZ 点的距离 t_1 和 t_2：

$$
\left.\begin{aligned}
t_1=T-a \\
t_2=T-b
\end{aligned}\right\} \tag{7-21}
$$

式中：

$$
T=R\cdot\tan\frac{\alpha_a+\alpha_b}{2}
$$

如果计算出的 t_1 或 t_2 出现负值，说明曲线的 ZY 点或 YZ 点位于辅助点与虚交点之间。根据 t_1 和 t_2 即可定出曲线的 ZY 点和 YZ 点。A 点的里程得出后，曲线主点的里程亦可算出。

曲中点 QZ 的测设，可采用以下方法：

如图 7-17 所示，设 MN 为 QZ 点的切线，则：

$$
T'=R\cdot\tan\frac{\alpha}{4} \tag{7-22}
$$

测设时由 ZY 和 YZ 点分别沿切线量出 T' 得 M 点和 N 点，再由 M 点或 N 点沿 MN 或 NM 方向量出 T' 得 QZ 点。

曲线主点定出后，即可用切线支距法或偏角法或极坐标法进行曲线详细测设。

【例 7-6】 如图 7-17 所示，测得 $\alpha_a=15°18'$，$\alpha_b=18°22'$，$\overline{AB}=54.68$ m，选定半径 $R=300$ m，A 点的里程桩号为 K9+048.53。试计算测设主点的数据及主点的里程桩号。

解：由 $\alpha_a=15°18'$，$\alpha_b=18°22'$，得：

$$
\alpha=\alpha_a+\alpha_b=33°40'
$$

$$
T=R\cdot\tan\frac{\alpha}{2}=300\times\tan\frac{33°40'}{2}=90.77\ \text{m}
$$

$$
L=R\cdot\alpha\cdot\frac{\pi}{180°}=300\times33°40'\times\frac{\pi}{180°}=176.28\ \text{m}
$$

根据式(7-20)计算得：

$$
a=\overline{AB}\frac{\sin\alpha_b}{\sin\alpha}=54.68\times\frac{\sin18°22'}{\sin33°40'}=31.08\ \text{m}
$$

$$
b=\overline{AB}\frac{\sin\alpha_a}{\sin\alpha}=54.68\times\frac{\sin15°18'}{\sin33°40'}=26.03\ \text{m}
$$

根据式(7-21)计算得：

$$
t_1=T-a=90.77\ \text{m}-31.08\ \text{m}=59.69\ \text{m}
$$

$$
t_2=T-b=90.77\ \text{m}-26.03\ \text{m}=64.74\ \text{m}
$$

为测设曲中点 QZ，计算 T' 如下：

$$
T'=R\cdot\tan\frac{\alpha}{4}=300\times\tan\frac{33°40'}{4}=44.39\ \text{m}
$$

计算主点里程如下：

$$\text{ZY 点里程}：K_{ZY}=A\text{ 点里程}-t_1=\text{K}9+048.53-59.69=\text{K}8+988.84$$

$$\text{YZ 点里程}：K_{YZ}=K_{ZY}+L=\text{K}8+988.84+176.28=\text{K}9+165.12$$

$$\text{QZ 点里程}：K_{QZ}=K_{YZ}-\frac{L}{2}=\text{K}9+165.12-\frac{176.28}{2}=\text{K}9+076.98$$

曲线三主点测定后，即可采用前述的几种方法进行曲线的详细测设，在此不再赘述。

2. 切基线法

如图 7-18 所示，设定根据地形需要，曲线通过 GQ 点（GQ 点为公切点），则圆曲线被分为两个同半径的圆曲线，其切线长分别为 T_1 和 T_2，过 GQ 点的切线 AB 称为“切基线”。

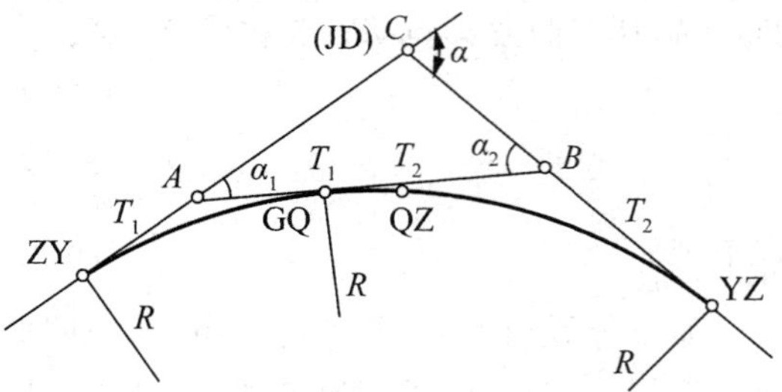

图 7-18 切基线法

现场施测时，应根据现场的地形和路线的最佳位置，在两切线方向上选取 A，B 两点，构成切基线 AB。并量测 A，B 两点间的长度 $\overline{AB}$，观测计算出角度 α_1 和 α_2。

因为：
$$T_1=R\cdot\tan\frac{\alpha_1}{2},\quad T_2=R\cdot\tan\frac{\alpha_2}{2} \tag{7-23}$$

将以上两式相加得：
$$\overline{AB}=T_1+T_2$$

整理后得：
$$R=\frac{T_1+T_2}{\tan\frac{\alpha_1}{2}+\tan\frac{\alpha_2}{2}}=\frac{\overline{AB}}{\tan\frac{\alpha_1}{2}+\tan\frac{\alpha_2}{2}} \tag{7-24}$$

由式(7-24)求得 R 后，即可根据 R，α_1 和 α_2，利用式(7-6)分别计算两段圆曲线测设元素，求得 T_1，T_2 和 L_1，L_2，将 L_1 与 L_2 相加即可得到圆曲线的总长 L。

现场测设时，在 A 点安置仪器，分别沿两切线方向量测长度 T_1，便得到曲线的起点 ZY 点和 GQ 点；在 B 点安置仪器，分别沿两切线方向量测长度 T_2，便得到曲线的终点 YZ 点和 GQ 点，以 GQ 点进行校核。

曲中点 QZ 可在 GQ 点处用切线支距法测设。由图可知，GQ 点与 QZ 点之间的弧长为：

(1) 当 QZ 点在 GQ 点之前时，弧长 $l=\frac{L}{2}-L_1$。

(2) 当 QZ 点在 GQ 点之后时，弧长 $l=\frac{L}{2}-L_2$。

在运用切基线法测设时，当求得的曲线半径不能满足规定的最小半径或不适合于地形时，说明切基线位置选择不当，可把已定的 A，B 点作为参考点进行调整，使其满足要求。

曲线三主点定出后，即可采用前述的方法进行曲线的详细测设。

3. 弦基线法

在某些地区，当曲线的交点无法测定，而已经给定了曲线的起点（或终点）位置，在测设圆曲线时，可运用“同一圆弧段两端点弦切角相等”的原理，来确定曲线的终点（或起点）。连接曲线起、终点的弦线，称为“弦基线”。

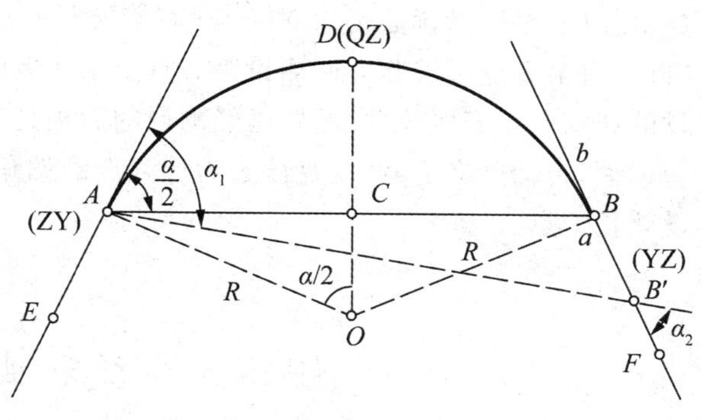

图 7-19 弦基线法

如图 7-19 所示，A 为给定的曲线起点，E 为后视方向上的一点，设 B' 点为曲线终点的初定位置，F 为其前视方向上的一点。具体测设曲线终点 B 的步骤如下：

将经纬仪安置于 B' 点上，通过对 A 点和 F 点的观测，求算出 α_2 的大小，并在 FB' 的延长线上估计 B 点位置的前后标出 a，b 两点，然后将经纬仪安置于 A(ZY)点上，通过对 E 点和 B' 点的观测，求算出 α_1 的大小，则此虚交的转角 $\alpha=\alpha_1+\alpha_2$。

仪器在 A 点，后视 E 点或其方向上的交点（或转点），然后纵转望远镜（倒镜）拨出弦切角 $\alpha/2$，得弦基线的方向，该方向线与已设置的 ab 线的交点即为 B(YZ)点。量测出 AB 的长度 $\overline{AB}$，则曲线的半径 R 可按下式求得：

$$R=\frac{\overline{AB}}{2\sin\frac{\alpha}{2}} \tag{7-25}$$

为测设曲中点 QZ，可按下式求 CD 的长度 $\overline{CD}$：

$$\overline{CD}=R\cdot\left(1-\cos\frac{\alpha}{2}\right)=2R\sin^2\frac{\alpha}{4} \tag{7-26}$$

从弦基线 AB 的中点 C 量出垂距 $\overline{CD}$ 的长，即可定出 QZ 点。

曲线的主点确定后，即可选用前述的方法进行详细测设。

二、视线受阻时偏角法测设圆曲线

如图 7-20 所示，在直圆点(ZY)设站测设圆曲线细部点，当测设到第 3 点时，视线被建筑物所挡，不能按一般的方法测设其位置。这时，应把仪器搬到第 2 点设站，用下述方法进行测设。

设 BC 为过第 2 点的切线，则：

$$\delta_2=\angle BA2=\angle C2D$$

$$\delta_3=\angle BA3=\angle D23$$

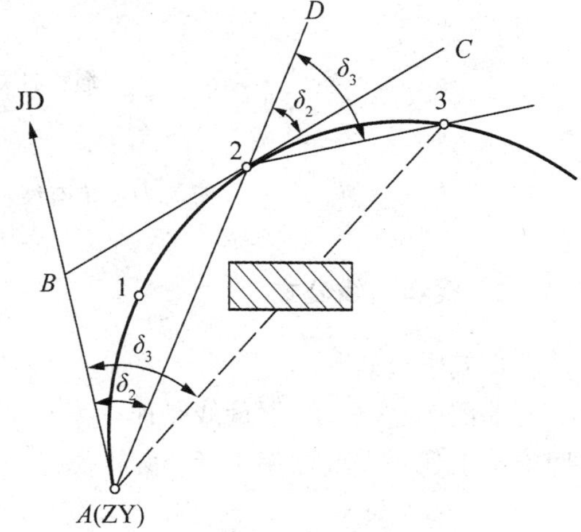

图 7-20 视线受阻时偏角法测设圆曲线

在第 2 点设站，盘右后视 ZY 点，将水平度盘读数配置为 0°00′00″，然后纵转望远镜变成盘左（水平度盘读数仍为 0°00′00″），旋转照准部，当度盘读数为 δ_3 时，即得 2—3 的弦线方向，自第 2 点起沿此方向测设第 2 点至第 3 点的弦长即得第 3 点。同理，在曲线上已测设的任意一点安置仪器，配置已经测设的后视任一细部点的偏角值，倒镜照准该点，纵转望远镜，转动照准部，使度盘读数为待测点的偏角值，即可得待定点的视线方向，然后，测设弦长定点。

任务五　缓和曲线的测设

一、缓和曲线的概念

车辆在行驶中，当从直线驶入圆曲线时，由力学知识可知车辆将产生离心力，由于离心力的作用，车辆有向曲线外侧倾倒的趋势，使得安全性和舒适感受到一定的影响。为了减少离心力的影响，曲线段的路面要做成外侧高、内侧低，呈单向横坡形式，此即弯道超高。超高不能在直线进入曲线段或曲线进入直线段突然出现或消失，以免使路面出现台阶，引起车辆震动，产生更大的危险。因此，超高必须在一段长度内逐渐增加或减少，在直线段与圆曲线段之间插入一段半径由无穷大逐渐减小至圆曲线半径 R（或在圆曲线段与直线段间插入一段由圆曲线半径 R 逐渐增大至无穷大）的曲线，这种曲线称为“缓和曲线”。带有缓和曲线的平曲线，其最基本形式由三部分组成，如图 7-21 所示，即由直线终点到圆曲线起点的缓和段，称为“第一缓和段”；由圆曲线起点到圆曲线终点的单曲线段；以及由圆曲线终点到下一段直线起点的缓和段，称为“第二缓和段”。因此，带有缓和曲线的平曲线的基本线形的主点有直缓点（ZH）、缓圆点（HY）、曲中点（QZ）、圆缓点（YH）和缓直点（HZ），参见表 7-2。

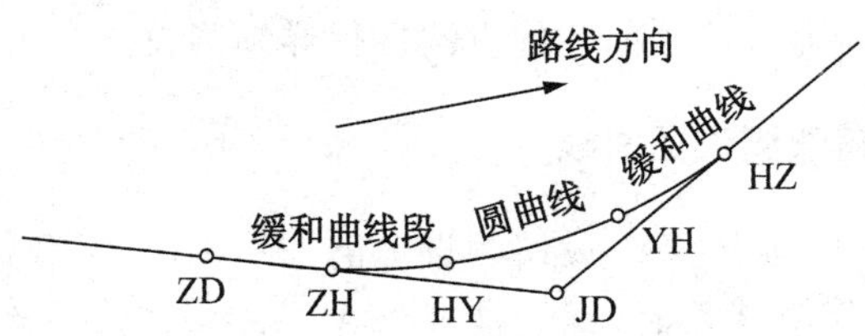

图 7-21　带有缓和曲线的平曲线基本线形

二、缓和曲线公式

1. 基本公式

如图 7-22 所示，回旋线是曲率半径 ρ 随曲线长度 l 的增大而均匀减小的曲线，即在回旋线上任一点的曲率半径 ρ 为：

$$\rho=\frac{c}{l} \tag{7-27}$$

式中，c 为常数，表示缓和曲线曲率半径 ρ 的变化率，与行车速度有关。目前我国公路采用：$c=0.035v^3$（v 为计算行车速度，以 km/h 为单位）。而在曲线上，c 值又可按以下方法确定：在第一缓和曲线终点即 HY 点（或第二缓和曲线起点 YH 点）的曲率半径等于圆曲线半径 R，即 $\rho=R$，该点的曲线长度即是缓和曲线的全长 l_s，由式(7-27)可得：

$$c=R\cdot l_s \tag{7-28}$$

故有缓和曲线的全长为：

$$l_s=\frac{0.035v^3}{R} \tag{7-29}$$

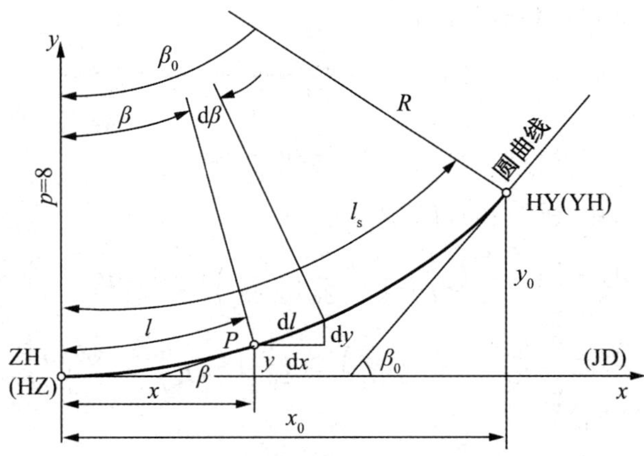

图 7-22　缓和曲线

我国交通部颁布实施的《公路工程技术标准》(JTG B01—2003)中规定：当公路平曲线半径小于不设超高的最小半径时，应设缓和曲线。缓和曲线采用回旋线，回旋线参数及长度应根据线性设计以及对安全、视觉、景观等的要求，选用较大的数值。四级公路可不设置回旋线，用超高、加宽缓和段径相连接。

2. 切线角公式

缓和曲线上任一点 P 处的切线与曲线的起点(ZY)或终点(YZ)切线的交角 β，称为"缓和曲线的切线角"。由图 7-22 知，任一点 P 处的切线角 β 与缓和曲线上该点至曲线起点或终点的曲线长所对的中心角相等。为求切线角 β，可在曲率半径为 ρ 的 P 点处取一微分弧段 dl，其所对应的中心角 $d\beta$ 为：

$$d\beta=\frac{dl}{\rho}=\frac{l\cdot dl}{c} \tag{7-30}$$

积分并顾及到式(7-28)得：

$$\beta=\frac{l^2}{2c}=\frac{l^2}{2Rl_s}(\text{rad}) \tag{7-31}$$

当 $l=l_s$ 时，则缓和曲线全长 l_s 所对应中心角 β_0 即为缓和曲线的切线角，亦称"缓和曲线角"，即

$$\beta_0=\frac{l_s}{2R}(\text{rad})$$

以角度表示为：

$$\beta_0=\frac{l_s}{2R}\times\frac{180^\circ}{\pi} \tag{7-32}$$

3. 参数方程

如图 7-22 所示，设以缓和曲线的起点(ZH)为坐标原点，过 ZH 点的切线为 x 轴，半径方向为 y 轴，缓和曲线上任一点 P 的坐标为(x,y)，仍在 P 点处取一微分弧段 $\mathrm{d}l$，由图可知，微分弧段在坐标轴上的投影为：

$$\left.\begin{aligned}\mathrm{d}x&=\mathrm{d}l\times\cos\beta\\ \mathrm{d}y&=\mathrm{d}l\times\sin\beta\end{aligned}\right\} \tag{7-33}$$

将式中 $\cos\beta$，$\sin\beta$ 按级数展开为：

$$\cos\beta=1-\frac{\beta^2}{2!}+\frac{\beta^4}{4!}-\cdots$$

$$\sin\beta=\beta-\frac{\beta^3}{3!}+\frac{\beta^5}{5!}-\cdots$$

顾及到式(7-31)，则式(7-33)可写成：

$$\left.\begin{aligned}\mathrm{d}x&=\left[1-\frac{1}{2}\left(\frac{l^2}{2Rl_s}\right)^2+\frac{1}{24}\left(\frac{l^2}{2Rl_s}\right)^4-\cdots\right]\mathrm{d}l\\ \mathrm{d}y&=\left[\frac{l^2}{2Rl_s}-\frac{1}{6}\left(\frac{l^2}{2Rl_s}\right)^3+\frac{1}{120}\left(\frac{l^2}{2Rl_s}\right)^5-\cdots\right]\mathrm{d}l\end{aligned}\right\}$$

积分后略去高次项得：

$$\left.\begin{aligned}x&=l-\frac{l^5}{40R^2l_s^2}\\ y&=\frac{l^3}{6Rl_s}-\frac{l^7}{336R^3l_s^3}\end{aligned}\right\} \tag{7-34}$$

式(7-34)称为“缓和曲线的参数方程”。

当 $l=l_s$ 时，则第一缓和曲线的终点(HY)的直角坐标为：

$$\left.\begin{aligned}x_0&=l_s-\frac{l_s^3}{40R^2}\\ y_0&=\frac{l_s^2}{6R}-\frac{l_s^4}{336R^3}\end{aligned}\right\} \tag{7-35}$$

三、带有缓和曲线的平曲线的主点测设

1. 内移值 p 和切线增长值 q 的计算

如图 7-23 所示，当圆曲线加设缓和曲线段后，为使缓和曲线起点与直线段的终点相衔接，必须将圆曲线向内移动一段距离 p(称为“内移值”)，这时曲线发生变化，使切线增长距离 q(称为“切线增长值”)。

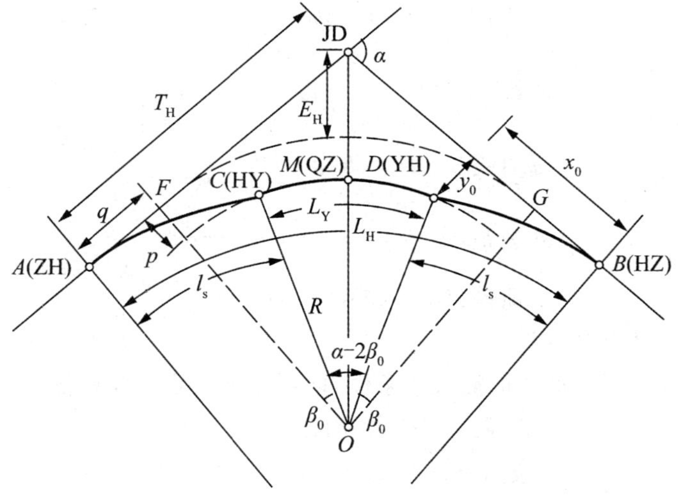

图 7-23 主点测设

圆曲线内移有两种方法：一种是圆心不动，半径相应减小；另一种是半径不变，而改变原圆心的位置。目前公路工程中，一般采用圆心不动，半径相应减小的平行移动方法，即未设缓和曲线时的圆曲线为 FG，其半径为 $R+p$，插入两段缓和曲线 AC 和 DB 后，圆曲线内移，保留部分为 CMD 段，半径为 R，该段所对的圆心角为 $\alpha-2\beta_0$。在图 7-23 中，由几何关系可知：

$$R+p=y_0+R\cdot\cos\beta_0$$
$$q+R\cdot\sin\beta_0=x_0$$

即：

$$\left.\begin{aligned}p&=y_0-R(1-\cos\beta_0)\\q&=x_0-R\cdot\sin\beta_0\end{aligned}\right\}\tag{7-36}$$

将式(7-36)中的 $\cos\beta_0$，$\sin\beta_0$ 展开为级数，略去高次项并将式(7-32)中的 β_0 和式(7-35)中的 x_0，y_0 代入后整理可得：

$$\left.\begin{aligned}p&=\frac{l_s^2}{24R}\\q&=\frac{l_s}{2}-\frac{l_s^3}{240R^2}\end{aligned}\right\}\tag{7-37}$$

2. 测设元素的计算

在圆曲线上增设缓和曲线后，要将圆曲线与缓和曲线作为一个整体考虑。如图 7-23 所示，当通过测算得到转角 α，并确定圆曲线半径 R 和缓和曲线长 l_s 后，即可按式(7-32)和式(7-37)求得切线角 β_0、内移值 p 和切线增长值 q，此时必须有 $\alpha\geqslant2\beta_0$；否则，无法设置缓和曲线，应重新调整 R 或 l_s，直至满足 $\alpha\geqslant2\beta_0$，然后按下式计算测设元素：

$$\left.\begin{aligned}&\text{切线长}:T_H=(R+p)\tan\frac{\alpha}{2}+q\\&\text{曲线长}:L_H=R(\alpha-2\beta_0)\frac{\pi}{180^\circ}+2l_s\\&\text{圆曲线长}:L_Y=R(\alpha-2\beta_0)\frac{\pi}{180^\circ}\\&\text{外矢距}:E_H=(R+p)\sec\frac{\alpha}{2}-R\\&\text{切曲差}:D_H=2T_H-L_H\end{aligned}\right\}\tag{7-38}$$

3. 主点里程的计算与测设

根据交点已知里程和曲线的测设元素值，即可按下列算式计算各主点里程：

$$\left.\begin{aligned}&\text{直缓点}:ZH_{\text{里程}}=JD_{\text{里程}}-T_H\\&\text{缓圆点}:HY_{\text{里程}}=ZH_{\text{里程}}+l_s\\&\text{圆缓点}:YH_{\text{里程}}=HY_{\text{里程}}+L_Y\\&\text{缓直点}:HZ_{\text{里程}}=YH_{\text{里程}}+l_s\\&\text{曲中点}:QZ_{\text{里程}}=HZ_{\text{里程}}-L_H/2\\&\text{交\quad 点}:JD_{\text{里程}}=QZ_{\text{里程}}+D_H/2\end{aligned}\right\}\tag{7-39}$$

主点 ZH，HZ，QZ 的测设方法与圆曲线主点测设方法相同。HY，YH 点根据缓和曲线终点坐标(x_0，y_0)用切线支距法测设。

四、带有缓和曲线的平曲线的详细测设

1. 切线支距法

切线支距法是以 ZH 点(对于前半曲线)或 HZ 点(对于后半曲线)为坐标原点，以过原点的切线为 x 轴，过原点的半径为 y 轴，利用缓和曲线段和圆曲线段上的各点的坐标(x，y)测设曲线。

在缓和曲线段上各点坐标(x，y)可按缓和曲线的参数方程式(7-34)求得，即：

$$\left.\begin{aligned}x&=l-\frac{l^5}{40R^2l_s^2}\\y&=\frac{l^3}{6Rl_s}-\frac{l^7}{336R^3l_s^3}\end{aligned}\right\}$$

在圆曲线段上各点的坐标可由图 7-24 按几何关系求得：

$$\left.\begin{aligned}x&=R\cdot\sin\varphi+q\\y&=R(1-\cos\varphi)+p\end{aligned}\right\}\tag{7-40}$$

式中：$\varphi=\frac{l-l_s}{R}\times\frac{180^\circ}{\pi}+\beta_0$，单位为(°)；

l——该点至 ZH 点或 HZ 点的曲线长。

在计算出缓和曲线段上和圆曲线段上各点的坐标(x，y)后，即可按用切线支距法测设圆曲线的方法进行测设。

另外，圆曲线上各点也可以缓圆点 HY 或圆缓点 YH 为坐标原点，用切线支距法进

行测设。计算出 T_d 的长度后，HY 或 YH 点的切线即可确定，如图 7-25 所示。T_d 可由下式计算：

$$T_d = x_0 - \frac{y_0}{\tan \beta_0} = \frac{2}{3} l_s + \frac{l_s^3}{360R^2} \tag{7-41}$$

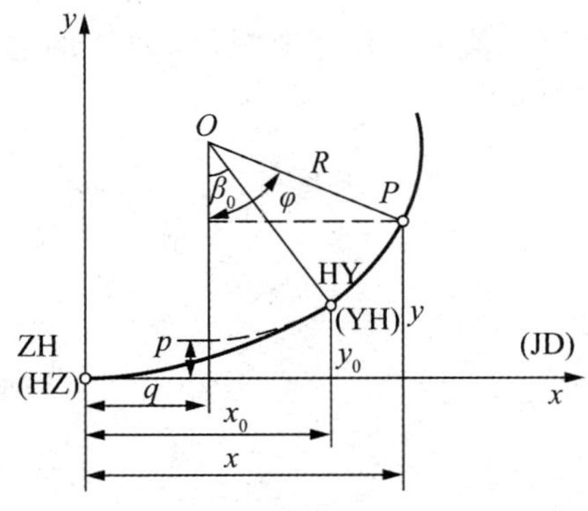

图 7-24 圆曲线段上点的坐标

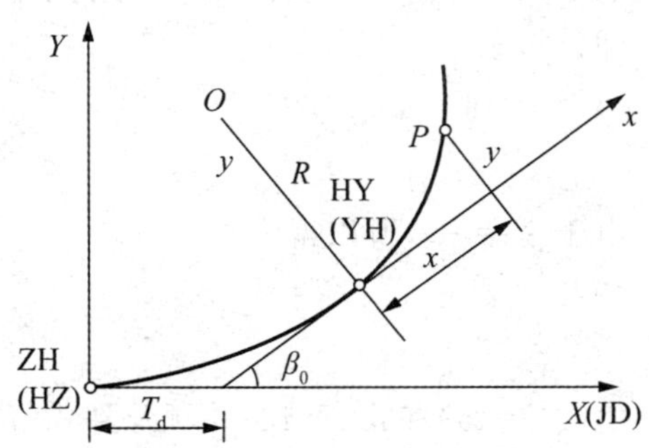

图 7-25 HY 或 YH 的切线方向

2. 偏角法

用偏角法详细测设带有缓和曲线的平曲线时，其偏角应分为缓和曲线段上的偏角与圆曲线段上的偏角两部分进行计算。

(1)缓和曲线段上各点的测设

对于缓和曲线段上的各点，可将经纬仪安置于缓和曲线的 ZH 点(或 HZ 点)上进行测设。如图 7-26 所示，设缓和曲线上任一点 P 的偏角值为 δ，由图可知：

$$\tan \delta = \frac{y}{x} \tag{7-42}$$

式中的 x，y 为 P 点的横、纵坐标，可由曲线参数方程式(7-34)求得。由此求得：

$$\delta = \arctan \frac{y}{x} \tag{7-43}$$

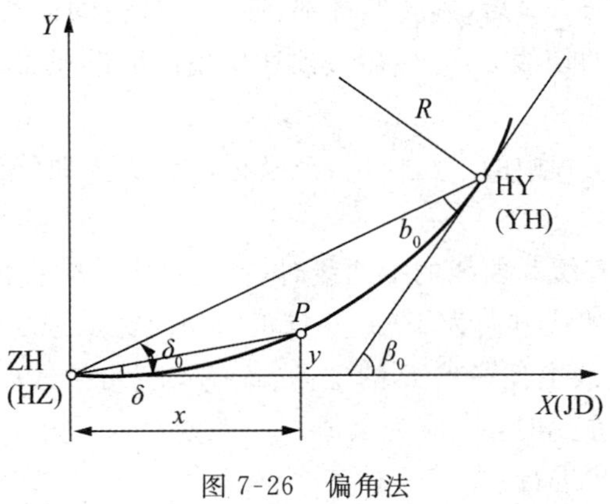

图 7-26 偏角法

在实测中，因偏角 δ 较小，一般取：

$$\delta \approx \tan \delta = \frac{y}{x} \tag{7-44}$$

将曲线参数方程式(7-34)中的 x,y 代入上式得(取第一项):

$$\delta = \frac{l^2}{6Rl_s} \tag{7-45}$$

在上式中,当 $l=l_s$ 时,得 HY 点或 YH 点的偏角值 δ_0,称之为“缓和曲线的总偏角”,即:

$$\delta_0 = \frac{l_s}{6R} \tag{7-46}$$

由于 $\beta_0 = \frac{l_s}{2R}$,所以得:

$$\delta_0 = \frac{1}{3}\beta_0 \tag{7-47}$$

由式(7-45)和式(7-46)并顾及到式(7-47)可得:

$$\delta = \left(\frac{l}{l_s}\right)^2 \delta_0 = \frac{1}{3}\left(\frac{l}{l_s}\right)^2 \beta_0 \tag{7-48}$$

在按式(7-45)或式(7-48)计算出缓和曲线上各点的偏角值后,采用与偏角法测设圆曲线同样的步骤进行缓和曲线的测设。由于缓和曲线上弦长 $d = l - \frac{l^5}{90R^2 l_s^2}$ 近似地等于相应的弧长,因而在测设时,弦长一般就取弧长值。

(2)圆曲线段上各点的测设

对于圆曲线段上各点的测设,应将仪器安置于 HY 或 YH 点上进行。这时只要定出 HY 或 YH 点的切线方向,就可按前面所讲的无缓和曲线的圆曲线的测设方法进行。如图 7-26 所示,确定 HY 或 YH 点的切线方向,关键是计算 b_0,显然有:

$$b_0 = \beta_0 - \delta_0 = \frac{2}{3}\beta_0 \tag{7-49}$$

将 b_0 求得后,将仪器安置于 HY 点上,瞄准 ZH 点,将水平度盘读数配置为 b_0(当曲线右转时,应配置为 $360° - b_0$)后,旋转照准部,使水平度盘的读数为 00°00′00″后倒镜,此时视线方向即为 HY 点的切线方向,然后按前述偏角法测设圆曲线段上各点。

3.极坐标法

由于全站仪在公路工程中的广泛使用,极坐标法已成为曲线测设的一种简便、迅速、精确的方法。

用极坐标法测设带有缓和曲线的平曲线时,首先设定一个直角坐标系:一般以 ZH 或 HZ 点为坐标原点,以其切线方向为 x 轴,并且正向朝向交点 JD,自 x 轴正向顺时针旋转 90°为 y 轴正向。这时曲线上任一点 P 的坐标(x_P,y_P)仍可按式(7-34)和式(7-40)计算。但当曲线位于 x 轴正向左侧时,y_P 应为负值。

具体测设按下述方法进行:

如图 7-27 所示,在待测设曲线附近选择一视野开阔,便于安置仪器的点 A,将仪器安置于坐标原点 O 上,测定 OA 的距离 S 和 x 轴正向顺时针至 A 点的角度 α_{OA}(即直线 OA 在设定坐标系中的方位角),则由坐标正算可得 A 点的坐标为:

$$\left.\begin{array}{l} x_A = S \cdot \cos \alpha_{OA} \\ y_A = S \cdot \sin \alpha_{OA} \end{array}\right\} \quad (7\text{-}50)$$

直线 AO 和 AP 在该设定的坐标系中的方位角为：

$$\left.\begin{array}{l} \alpha_{AO} = \alpha_{OA} \pm 180° \\ \alpha_{AP} = \arctan \dfrac{y_P - y_A}{x_P - x_A} \end{array}\right\} \quad (7\text{-}51)$$

则：

$$\left.\begin{array}{l} \delta = \alpha_{AP} - \alpha_{AO} \\ D_{AP} = \sqrt{(x_P - x_A)^2 + (y_P - y_A)^2} \end{array}\right\} \quad (7\text{-}52)$$

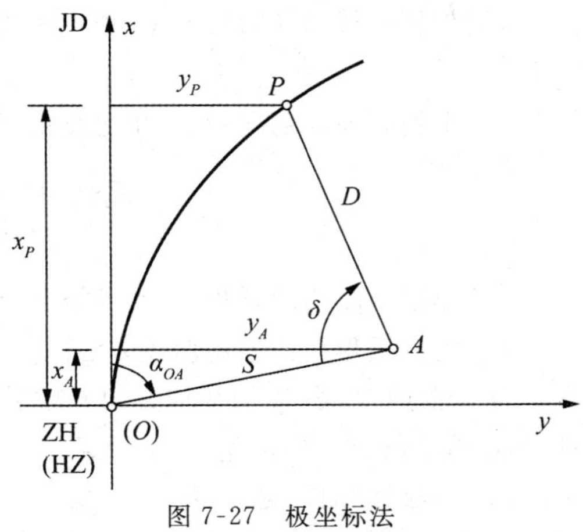

图 7-27　极坐标法

在按上述算式计算出曲线上各点的测设角度和距离后，将仪器安置在 A 点上，后视坐标原点，并将水平度盘配置为 0°00′00″，然后转动照准部，拨水平角 δ，便得到 A 点至 P 点的方向线，沿此方向线，测定距离 D_{AP} 即得待测点 P 的地面位置，按此方法便可将曲线上各点的位置测定。

极坐标法除可按上述方法测设，还可按前述不带缓和曲线的圆曲线详细测设中的极坐标法进行。

任务六　复曲线的测设

复曲线是由两个或以上不同半径的同向圆曲线或缓和曲线相互衔接而成的曲线。一般多用于地形较复杂的地区。

一、不设缓和曲线的复曲线

该种复曲线一般仅由两个不同半径的同向圆曲线相互衔接而成。在测设时，必须先定出其中一个圆曲线的半径，该曲线称为“主曲线”，另一个圆曲线称为“副曲线”。副曲线的半径则是通过主曲线半径和测量的有关数据求得。

1. 切基线法测设复曲线

切基线法测设复曲线实际上是虚交切基线，只不过是两个圆曲线的半径不相等。如图 7-28 所示，主、副曲线的交点为 A，B，两曲线相接于公切点 GQ 点。将经纬仪分别安置于 A，B 两点，测算出转角 α_1，α_2，用测距仪或钢尺往返丈量得到 A，B 两点的距离 $\overline{AB}$，在选定主曲线的半径 R_1 后，即可按以下步骤计算副曲线的半径 R_2 及测设元素：

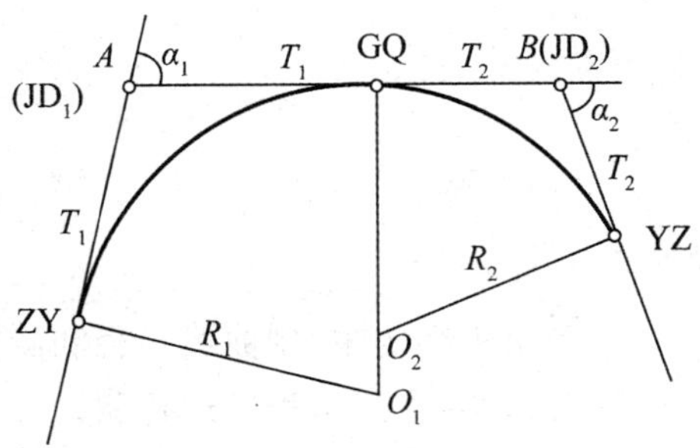

图 7-28　切基线法测设复曲线

(1)根据主曲线的转角 α_1 和半径 R_1 计算主曲线的测设元素 T_1，L_1，E_1，D_1。

(2)根据基线 AB 的长度$\overline{AB}$和主曲线切线长 T_1 计算副曲线的切线长 T_2：

$$T_2=\overline{AB}-T_1 \tag{7-53}$$

(3)根据副曲线的转角 α_2 和切线长 T_2 计算副曲线半径 R_2：

$$R_2=\frac{T_2}{\tan\dfrac{\alpha_2}{2}}\text{(计算至厘米)} \tag{7-54}$$

(4)根据副曲线的转角 α_2 和半径 R_2 计算副曲线的测设元素 L_2,E_2,D_2。

(5)主点里程计算采用前述方法。

测设曲线时,由 A 沿切线方向向后量 T_1,得 ZY 点;沿 AB 方向向前量 T_1 得 GQ 点;由 B 点沿切线方向向前量 T_2 得 YZ 点。曲线的详细测设仍可用前述的有关方法。

2. 弦基线法测设复曲线

图 7-29 所示是利用弦基线法测设复曲线的示意图,设定 A,C 分别为曲线的起点和公切点,目的是确定曲线的终点 B。具体测设方法如下:

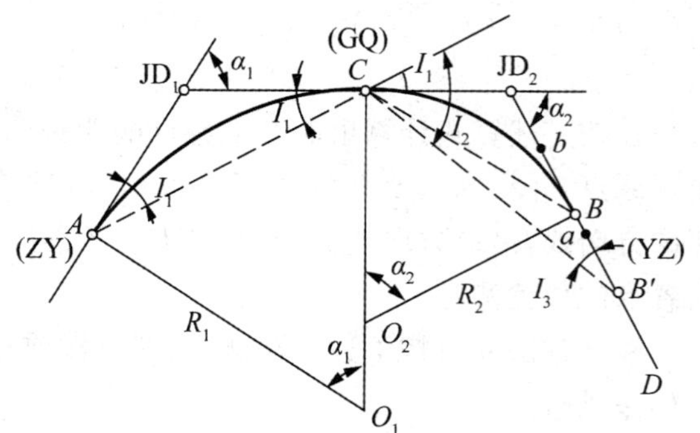

图 7-29　弦基线法测设复曲线

(1)在 A 点安置仪器,观测弦切角 I_1,根据同弧段两端弦切角相等的原理,则得主曲线的转角为 $\alpha_1=2I_1$。

(2)设 B'点为曲线终点 B 的初测位置,在 B'点安置仪器观测出弦切角 I_3,同时在切线上 B 点的估计位置前后打下骑马桩 a,b。

(3)在 C 点安置仪器,观测出 I_2。由图可知,复曲线的转角 $\alpha_2=I_2-I_1+I_3$。旋转照准部照准 A 点,将水平度盘读数配置为 0°00′00″后倒镜,顺时针拨水平角$(\alpha_1+\alpha_2)/2=(I_1+I_2+I_3)/2$,此时,望远镜的视线方向即为弦 CB 的方向,交骑马桩 a,b 的连线于 B 点,即确定了曲线的终点。

(4)用测距仪(全站仪)或钢尺往返丈量得到 AC 和 CB 的长度$\overline{AC}$,$\overline{CB}$,并由此计算主、副曲线的半径 R_1,R_2 得:

$$\left.\begin{aligned}R_1&=\frac{\overline{AC}}{2\sin\dfrac{\alpha_1}{2}}\\R_2&=\frac{\overline{CB}}{2\sin\dfrac{\alpha_2}{2}}\end{aligned}\right\} \tag{7-55}$$

(5)由求得的主、副曲线半径和测算的转角分别计算主、副曲线的测设元素,然后仍按前述方法计算主点里程并进行测设。

二、设置有缓和曲线的复曲线

1. 中间不设缓和曲线而两边皆设缓和曲线的复曲线

如图 7-30 所示，设主、副曲线两端分别设有两段缓和曲线，其缓和曲线长分别为 l_{s1}，l_{s2}。为使两不同半径的圆曲线在原公切点（GQ）直接衔接，两缓和曲线的内移值必须相等，即：$p_{主}=p_{副}=p$。由前述式（7-28）及式（7-37）有：

$$\left.\begin{aligned} c_1 &= R_{主}\cdot l_{s1}=R_{主}\cdot\sqrt{24R_{主}\ p} \\ c_2 &= R_{副}\cdot l_{s2}=R_{副}\cdot\sqrt{24R_{副}\ p} \end{aligned}\right\} \tag{7-56}$$

如果 $R_{主}>R_{副}$，则 $c_1>c_2$。因此在选择缓和曲线长度时，必须使 $c_2=0.035v^3$。对于已选定的 l_{s2}，可得：

$$l_{s2}=l_{s1}\cdot\sqrt{\frac{R_{副}}{R_{主}}} \tag{7-57}$$

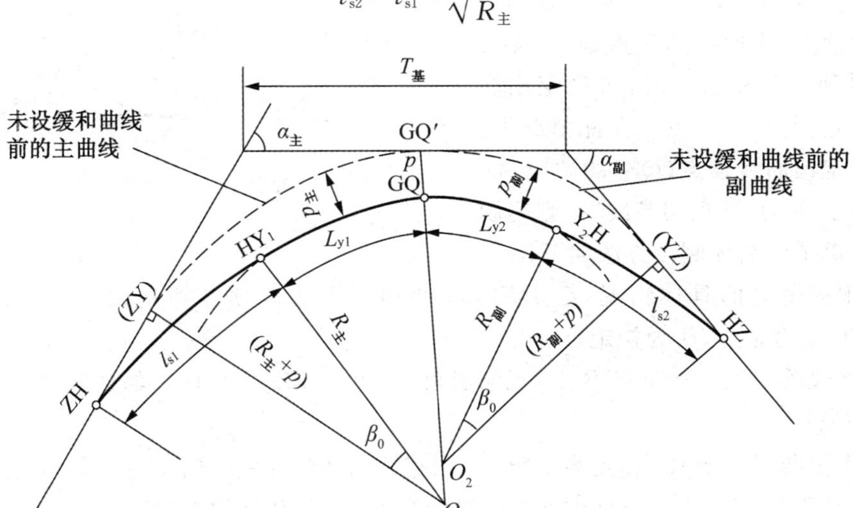

图 7-30 两边皆设缓和曲线的复曲线

另外，图 7-30 中有如下的关系式：

$$T_{基}=(R_{主}+p)\cdot\tan\frac{\alpha_{主}}{2}+(R_{副}+p)\cdot\tan\frac{\alpha_{副}}{2} \tag{7-58}$$

测设时，通过测得数据 $\alpha_{主}$，$\alpha_{副}$ 和 $T_{基}$，以及根据要求拟定的数据 $R_{主}$，l_{s1}，采用式（7-58）反算 $R_{副}$，其中，$p=p_{主}=\dfrac{l_{s1}^2}{24R_{主}}$；采用式（7-57）反算副曲线缓和段长度 l_{s2}。

主、副曲线的半径、转角和缓和段长度均已设定的情况下，可按前述的方法进行测设元素及主点里程的计算。

2. 中间设置有缓和曲线的复曲线

中间设置有缓和曲线的复曲线是指复曲线的两圆曲线间有缓和曲线段衔接过渡的曲线形式。一般在实地地形条件限制下，选定的主、副曲线半径相差悬殊超过 1.5 倍时采用。在实际工程测量中，应尽量避免采用这种曲线，故在此不作介绍。

任务七　回头曲线的测设

山区低等级公路，当路线跨越山岭、深沟或绕过山嘴时，为了克服距离短、高差大、转弯大等困难，往往需要设置回头曲线。回头曲线一般由主曲线和两个副曲线组成。主曲线为一转角 α 接近、等于或大于180°的圆曲线；副曲线在路线的上、下线各设置一个，为一般圆曲线。在主、副曲线之间一般以直线连接。下面介绍两种主曲线的测设方法。

一、切基线法

如图7-31所示，路线的转角接近于180°，应设置回头曲线。设 DF，EG 分别为曲线的上线和下线，D，E 两点分别为副曲线的交点，主曲线的交点甚远，无法在现场得到。但在选线时，可确定出交点方向的定向点 F，G 点。在此情况下，如果能确定出曲线顶点(QZ)的切线 AB（AB 线在此称为“顶点切基线”），则问题就变得简单了。具体测设方法如下：

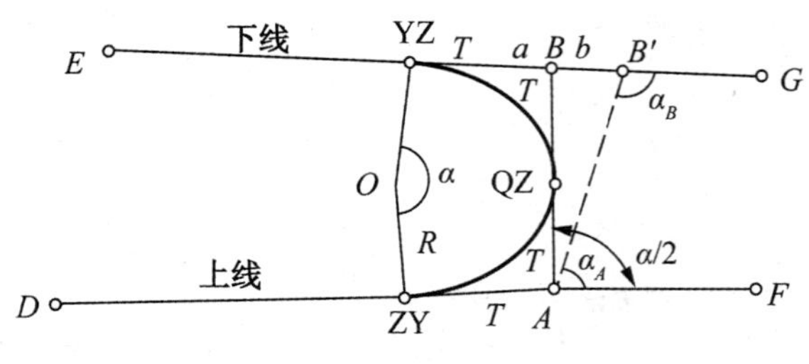

图7-31　顶点切基线

(1)根据现场的具体情况，在 DF，EG 两切线上选取顶点切基线 AB 的初定位置 AB'，其中，A 为定点，B' 为初定点。

(2)将仪器安置于初定点 B' 上，观测出角 α_B，并在 EG 线上 B 点的估计位置前后设置 a，b 两骑马桩。

(3)将仪器安置于 A 点，观测出角 α_A，则路线的转角 $\alpha=\alpha_A+\alpha_B$。后视定向点 F，反拨角值 $\alpha/2$，由此得到视线与骑马桩 a，b 连线的交点，即为 B 点的点位。

(4)量测出顶点切基线 AB 的长度 $\overline{AB}$，并取 $T=\overline{AB}/2$，从 A 点沿 AD，AB 方向分别量测出长度 T，便定出ZY点和QZ点；从 B 点沿 BE 方向量测出长度 T，便定出YZ点。

(5)计算主曲线的半径 $R=\dfrac{T}{\tan\frac{\alpha}{4}}$。再由半径 R 和转角 α 求出曲线的长度 L，并根据 A 点的里程，计算出曲线的主点里程。

主点测设完成后，可用前述的方法进行详细测设。

二、弦基线法

如图7-32所示，设 EF，GH 分别为曲线的上、下线，E，H 为两副曲线的交点，F，G 为定向点，4点均在选线时确定，如果能得到曲线起点(ZY)和终点(YZ)的连线 AB 的长度（AB 线称为“弦基线”），则问题亦可解决。具体测设方法如下：

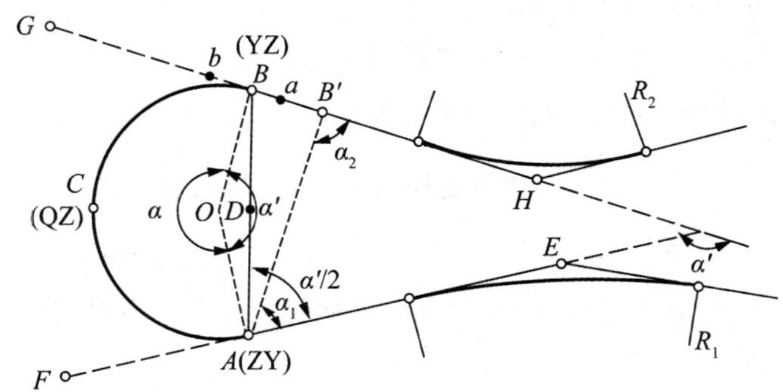

图 7-32　弦基线法

(1)根据现场的具体情况，在 EF，GH 两切线上选取弦基线 AB 的初定位置 AB'，其中，A(ZY)为定点，B'为初定点。

(2)将仪器安置于初定点 B'上，观测出角 α_2，并在 GH 线上 B 点的概略位置前后设置 a，b 两骑马桩。

(3)将仪器安置于 A 点，观测出角 α_1，则 $\alpha'=\alpha_1+\alpha_2$。以 AE 为起始方向，反拨角值 $\alpha'/2$，由此得到视线与骑马桩 a，b 连线的交点，即为 B(YZ)的点位。

(4)量测出弦基线 AB 的长度$\overline{AB}$，按式(7-24)计算曲线的半径 R。

(5)由图可知，主曲线所对应的圆心角为 $\alpha=360°-\alpha'$。根据 R 和 α 便可求得主曲线长度 L，并由 A 点的里程计算主点里程。

(6)曲线的中点(QZ)可按弦线支距法设置。

支距长：
$$DC=R\cdot\left(1+\cos\frac{\alpha'}{2}\right)=2R\cdot\cos^2\frac{\alpha'}{4} \tag{7-59}$$

测设时从 AB 的中点 D 向圆心作垂线，量测出 DC 的长度，即得曲线的中点 C(QZ)。

主点测设完成后，可用前述的方法进行详细测设。

职业能力训练

训练 1　圆曲线主点测设

1. 目的要求

掌握路线交点转角的测定方法，掌握圆曲线主点里程的计算方法，掌握圆曲线主点的测设过程。

2. 主要仪器工具

经纬仪 1 台、小目标架 3 根、皮尺 1 把、测伞 1 把。

3. 方法与步骤

(1)在平坦地区选取路线导线的三个交点(JD_1，JD_2，JD_3)，并在所选点上用木桩标定其位置。导线边长要大于 80 m，右角 β 小于 145°。

(2)在中间交点 JD_2 上安置经纬仪，用测回法测定该点与其他两交点 JD_1，JD_3 的夹角值 β，并计算转角 α。

(3)根据假定的圆曲线半径，计算曲线测设元素 L,T,E,D。

(4)根据假定的交点 JD_2 里程，计算圆曲线主点的里程。

(5)按规定方法测设圆曲线主点，并进行校核。

训练 2　切线支距法详细测设圆曲线

1. 目的要求

掌握切线支距法详细测设圆曲线的方法、数据的计算及测设过程。

2. 主要仪器工具

经纬仪 1 台、皮尺 1 把、小目标架 3 根、测钎 1 束、方向架 1 个、测伞 1 把。

3. 方法与步骤

(1)将经纬仪置于圆曲线起点(或终点)，标定出切线方向，也可以用花杆标定切线方向。

(2)根据各里程桩点的横坐标，用皮尺从曲线起点(或终点)沿切线方向量取 $x_1,x_2,x_3,\cdots$ 得垂足 $N_1,N_2,N_3,\cdots$ 并用测钎标记。

(3)在垂足 $N_1,N_2,N_3,\cdots$ 各点用方向架标定垂线，并沿此垂线方向分别量出 $y_1,y_2,y_3,\cdots$ 即定出曲线上 $P_1,P_2,P_3,\cdots$ 各桩点，并用测钎标记其位置。

(4)从曲线的起(终)点分别向曲线中点测设，测设完毕后，用丈量所定各点间弦长来校核其位置是否正确。

训练 3　偏角法详细测设圆曲线

1. 目的要求

掌握偏角法详细测设圆曲线的方法、数据的计算及测设过程。

2. 主要仪器工具

经纬仪 1 台、皮尺 1 把、小目标架 3 根、测钎 1 束、方向架 1 个、测伞 1 把。

3. 方法与步骤

(1)将经纬仪置于圆曲线起点 ZY，后视交点 JD_2 得切线方向，并配置度盘为 $0°00'00''$。

(2)转动照准部，按照偏角法计算表中的偏角值 δ，瞄准各方向量取各段的弦长 d 得各桩点，并用测钎标记其位置。

(3)最后应闭合于曲线终点 YZ 上，如两者不重合，其闭合差一般不得超过规定；否则应检查原因，进行改正或重测。

训练 4　切线支距法详细测设带缓和曲线的平曲线

1. 目的要求

熟悉切线支距法测设带有缓和曲线段的平曲线的方法和过程，熟悉计算曲线测设所需数据。

2. 主要仪器工具

经纬仪 1 台、钢尺或皮尺 1 把、十字方向架 1 个、小目标架 3 根、测钎 6 根、测伞 1 把。

3. 方法与步骤

(1)主点的计算与测设。

(2)分段(ZH—HY 段、HY—QZ 段、YH—QZ 段、HZ—YH 段)计算各桩的测设数据 x,y。

(3)根据计算的各段桩点测设数据 x,y,依次测设各桩点,用测钎标记其位置并校核。

训练 5 偏角法详细测设带缓和曲线的平曲线

1. 目的要求

熟悉偏角法测设带有缓和曲线段的平曲线的方法和过程,熟悉计算曲线测设所需数据。

2. 主要仪器工具

经纬仪 1 台、钢尺或皮尺 1 把、小目标架 3 根、测钎 6 根、测伞 1 把。

3. 方法与步骤

(1)主点的计算与测设。

(2)分段(ZH—HY 段、HY—QZ 段、YH—QZ 段、HZ—YH 段)计算各桩的测设数据 δ,d。

(3)根据计算的各段桩点测设数据 δ,d,依次测设各桩点,用测钎标记其位置并校核。

同步测试

一、填空题

1. 采用偏角法测设圆曲线时,其偏角应等于相应弧长所对圆心角的________倍。

2. 施工测量的基本工作有已知水平距离的放样、已知水平角的放样和________的放样三项。

3. 施工放样必须遵循____________________的原则进行。

4. 圆曲线交点用代号____________表示;圆曲线起点即直圆点用代号____________表示;圆曲线终点即圆直点用代号____________表示;圆曲线曲中点用代号____________表示。

二、单选题

1. 圆曲线的主点有直圆点、圆直点和(　　)。

A. 转点　　B. 交点　　C. 圆缓点　　D. 曲中点

2. 一圆曲线交点处转角为 90°,圆曲线设计半径 $R=50$ m,则该圆曲线弧长为(　　)m。

A. 50　　B. 157　　C. 78.5　　D. 314

3. 已知圆曲线主点圆直点桩号为 K6＋325.40,曲线长为 90 m,则曲中点桩号为(　　)。

A. K6＋280.4　　B. K6＋235.4　　C. K6＋370.4　　D. K6＋415.4

4. 采用偏角法测设圆曲线时，其偏角应等于相应弧长所对圆心角的(　　)。

A. 2 倍　　B. 1/2　　C. 2/3　　D. 1 倍

5. 一圆曲线交点处转角为 42°36′，圆曲线设计半径 R＝150 m，则该圆曲线切线长为(　　) m。

A. 78.23　　B. 58.48　　C. 111.53　　D. 11

6. 某圆曲线的切线长为 35 m，曲线长为 66 m，则其切曲差为(　　) m。

A. 29　　B. －29　　C. 2　　D. 4

7. 已知圆曲线交点桩号为 K6＋183.56，切线长为 53.05 m，曲线长为 111.54 m，则曲中点桩号为(　　)。

A. K6＋127.79　　B. K6＋125.08　　C. K6＋180.84　　D. K6＋292.38

8. 圆曲线的要素有切线长、曲线长、外矢距及(　　)。

A. 切曲差　　B. 半径　　C. 转折角　　D. 交点

9. 已知圆曲线交点桩号为 K37＋817.55，切曲差为 42.34 m，则曲中点桩号为(　　)。

A. K37＋796.38　　B. K37＋553.24　　C. K38＋039.52　　D. K38＋092.38

10. 一圆曲线交点处转角为 55°43′24″，圆曲线设计半径 R＝500 m，则该圆曲线外矢距为(　　) m。

A. 65.56　　B. 56.56　　C. －65.65　　D. －56.56

11. 测设圆曲线细部点主要有(　　)和偏角法。

A. 直角法　　B. 交会支距法　　C. 偏角支距法　　D. 切线支距法

12. 偏角法是通过弦切角和(　　)确定曲线上各点的实地位置。

A. 弧长　　B. 弦长　　C. 桩号　　D. 坐标

13. 切线支距法测设圆曲线一般是以(　　)为坐标原点。

A. 曲线的起点　　B. 曲线的终点

C. 曲线的起点或终点　　D. 曲线上任意一个点

14. 经纬仪正倒镜分中法用在(　　)放样中。

A. 水平距离　　B. 水平角　　C. 高程　　D. 高差

15. 已知某交点里程为 K3＋135.12，测得偏角为 $\alpha_{右}$＝40°20′，圆曲线半径为 R＝120 m，桩距 l_0＝20 m。求用偏角法测设圆曲线的第一个细部点(整桩号法)的测设数据：弦长 d_1＝(　　)；偏角 δ_1＝(　　)。

A. 28.88 m　　B. 8.95 m　　C. 2°08′12″　　D. 11°41′10″

三、多选题

1. 圆曲线的测设元素是指(　　)。

A. 切线长　　B. 曲线长　　C. 外矢距　　D. 切曲差

2. 圆曲线的主点有(　　)。

A. 圆曲线起点　　B. 终点　　C. 中点　　D. 交点

3. 圆曲线主点的测设可用(　　)来完成。

A. 经纬仪、钢尺　B. 全站仪　C. 水准仪　D. RS

4. 圆曲线测设常用的方法有(　　)。

A. 偏角法　B. 切线支距法　C. 弦线支距法　D. 弦线偏角法

5. 可用于测设已知坡度线的仪器有(　　)。

A. 经纬仪　B. 水准仪　C. 全站仪　D. 小平板仪

6. 放样点的平面位置常用的方法有(　　)。

A. 极坐标法　B. 全站仪坐标法　C. 交会法

D. 直角坐标法　E. GPS 坐标法

7. 测设已知水平角可用(　　)。

A. 水准仪　B. 经纬仪　C. GPS

D. 全站仪　E. GIS　F. RS

四、简答题

1. 什么叫道路中线测量中的转点？它与水准测量的转点有何不同？

2. 什么是路线的右角？什么是路线的转角？它们之间有何关系？如何区分左偏还是右偏？

3. 切线支距法详细测设圆曲线的原理是什么？

4. 偏角法详细测设圆曲线的原理是什么？

5. 何谓缓和曲线？设置缓和曲线有何作用？

五、计算题

1. 一测量员在路线交点 JD_3 上安置仪器，观测右角，测得后视读数为 42°18′24″，前视读数为 174°36′12″，则该弯道的转角是多少？是左转还是右转？若观测完毕后仪器度盘不动，分角线方向读数应是多少？

2. 已知路线交点 JD_5 的里程桩为 K12＋478.56，线路转角(右角)为 28°24′，圆曲线半径 R＝300 m，试计算圆曲线测设元素和各主点里程桩。

3. 已知路线交点的里程桩为 K4＋342.18，线路转角(左角)为 25°38′，圆曲线半径 R＝250 m，曲线整桩距为 20 m。若采用偏角法测设该曲线，试计算曲线上各细部点的里程、偏角及弦长。

4. 已知交点的里程桩号为 K19＋526.75，转角 $\alpha_{右}$＝38°18′，圆曲线半径 R＝300 m，缓和曲线长 l_s＝75 m，试计算该曲线的测设元素、主点里程。

项目八　路线纵、横断面测量

项目描述

路线测量一般分为初测和定测两个阶段。初测阶段的主要工作是控制测量和带状大比例尺地形图的测绘，定测阶段的主要工作是中线测量（见项目七）、路线纵断面测量、路线横断面测量。本项目主要介绍路线纵、横断面测量。

主要讲述路线的纵断面测量（基平测量、中平测量）的方法、纵断面图的绘制、横断面测量的方法和横断面图的绘制。

学习目标

1. 掌握路线基平测量和中平测量的方法。
2. 熟悉路线纵断面图的绘制。
3. 掌握横断面测量的方法。
4. 熟悉横断面图的绘制。

任务一　基平测量

路线纵断面测量又称“路线水准测量”，它的任务是首先沿路线布设水准点，施测水准点的高程，建立高程控制，然后依据控制点测定中线上各里程桩（中桩）的地面高程，绘制路线纵断面图，作为路线坡度设计、中桩填挖尺寸计算的依据。

路线纵断面测量分两步进行：首先在路线方向上设置水准点，施测水准点的高程，建立高程控制，称为“基平测量”；其次是根据各水准点高程，分段测定中线上各里程桩（中桩）的地面高程，称为“中平测量”。在基平测量中，路线起始水准点应与国家高等级水准点进行连测，以获得路线的绝对高程。若路线附近没有国家高等级水准点，也可以采用假定高程。

路线横断面测量的任务是测定中桩处垂直于中线方向的地面起伏状况，绘制横断面图，作为路基横断面设计、土石方数量计算和路基施工放样的依据。

一、路线水准点的设置

基平测量也称“路线高程控制测量”，其水准点的布设一般是在设置初测水准点的基础上进行。因此，应对初测水准点逐一进行检核，若其闭合差在$\pm 30\sqrt{L}$ mm（L为水准路线长度，单位为 km）以内时，可采用初测成果，同时，水准点要有足够的密度，并且位置要适当。当初测水准点遭到破坏、密度不够或位置不恰当时，应进行补测。

基平测量中的水准点分永久性水准点和临时性水准点。永久性水准点一般设置在路线起点和终点、大桥两岸、隧道两端，以及需要长期观测高程的重点工程附近，并且在路线上每隔一定的距离应设置一永久性水准点。永久性水准点一般应埋设标石，也可将金属标志嵌在基岩上等。临时性水准点的设置密度应根据地形复杂情况和工程需要而定，一般在平原地区每隔 1～2 km 布设一个临时性水准点，在山区每隔 0.5～1 km 布设一个。

水准点点位应选在地基稳固、易于连测以及施工时不易被破坏的地方，一般距路线中线 50～300 m。水准点设置完以后，要对水准点进行统一编号，一般以 BM_i 表示，其中 i 为水准点编号，并根据需要绘制“点之记”。

二、基平测量的方法

基平测量时，首先应将路线起始水准点与国家水准点进行连测，以获得路线的绝对高程。如果路线附近没有国家水准点，也可以采用假定高程。

水准点高程的测定，一般采用水准测量方法进行，在困难地段也可采用三角高程测量的方法实施。水准测量时，通常采用一台水准仪在两个相邻的水准点间作往返观测；也可用两台水准仪作同向单程观测。在基平测量中，应根据公路等级，按照三等或四等水准测量的技术规范实施，以求得各水准点的高程。

具体观测方法及要求可参阅水准测量的有关内容，在此不再叙述。

任务二　中平测量

一、中平测量的一般方法

中平测量又称“中桩抄平”，是以基平测量建立的高程控制点为基础，测定路线中线上各里程桩的地面高程，为绘制线路纵断面提供资料。根据所使用仪器的不同，中平测量可采用以下方法实施：

1. 水准仪法

中平测量可采用水准测量的方法进行，即采用一台水准仪实施单程测量。一般是以两相邻水准点为一测段，从一个水准点开始，用视线高法，逐个测定各中桩的地面高程，直至附合到下一个水准点上，相邻水准点构成一条附合水准路线。

如图 8-1 所示，将水准仪安置于Ⅰ，在水准点 BM_1 上竖立水准尺，读取水准尺读数，作为后视读数。首先读取转点 ZD_1 上水准尺的读数，作为前视读数。然后依次在各中桩上竖立水准尺，并读取水准尺读数，称为“中视读数”。在每一个测站上，应尽量多地观测中桩。再将仪器搬至Ⅱ,后视转点 ZD_1,重复上述方法,直至闭合于 BM_2。中视读数读至厘米,转点读数读至毫米。记录、计算见表 8-1。

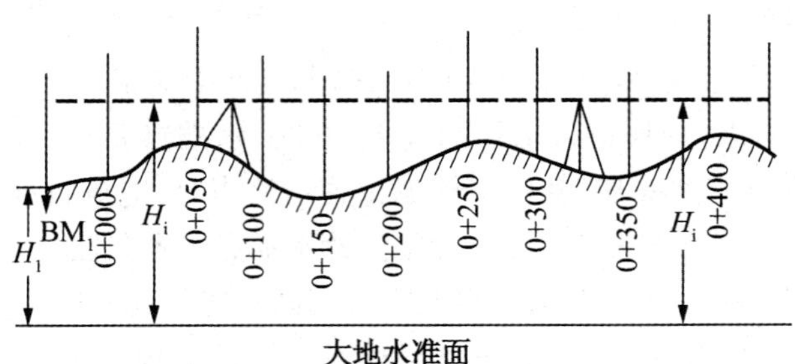

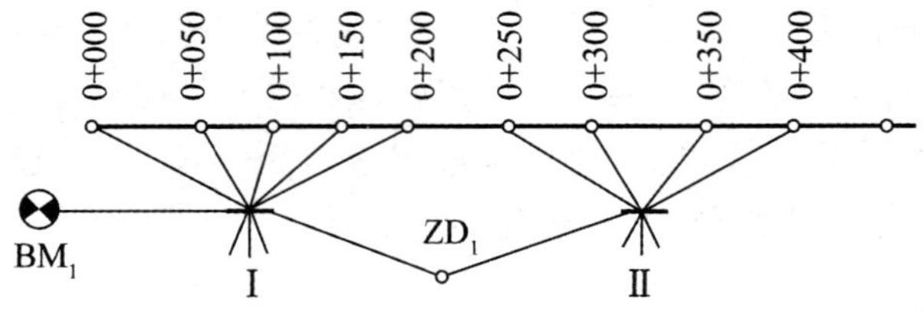

图 8-1 中平测量

表 8-1 中平测量记录手簿

测点	水准尺读数(m)			视线高(m)	高程(m)
	后视	中视	前视		
BM_1	3.356			49.221	45.865
0+000		2.89			46.33
0+050		1.45			47.77
0+100		2.92			46.30
0+150		3.98			45.24
0+200		3.05			46.17
ZD_1	1.902		2.205	48.918	47.016
0+250		0.96			47.96
0+300		2.17			46.75
0+350		2.70			46.21
0+400		0.76			48.16
ZD_2					
…					
BM_2					
…					

中桩及转点的高程按下式计算：

$$视线高程=后视点高程+后视读数$$
$$中桩高程=视线高程-中视读数$$
$$转点高程=视线高程-前视读数$$

例如：在表 8-1 中，测站Ⅰ的视线高程为：$H_i=45.865+3.356=49.221$ m

中桩 0+000 的高程为：49.221 m−2.89 m=46.331 m（保留两位小数，取 46.33）

转点 ZD_1 的高程为：49.221 m−2.205 m=47.016 m

测站Ⅱ的视线高程为：47.016 m+1.902 m=48.918 m

同理，依次观测并计算其他各测段的中桩高程。

中平测量只作单程观测。一测段结束后，应先计算中平测量测得的该测段两端水准点高差，并将其与基平所测该测段两端水准点高差进行比较，得到的二者之差，则称为"测段高差闭合差"。测段的高差闭合差应满足表 8-2 的要求，若不满足，必须重测。

表 8-2　中桩高程测量精度

公路等级	闭合差(mm)	两次测量之差(cm)
高速公路，一、二级公路	$\leqslant 30\sqrt{L}$	≤5
三级及三级以下公路	$\leqslant 50\sqrt{L}$	≤10

注：L 为高程测量的路线长度(km)。

2. 全站仪法

在地形起伏较大的地区，水准仪实施起来较为困难时，可以采用三角高程测量的方法进行中平测量。特别是随着全站仪的广泛使用，可以利用全站仪进行中平测量，其原理即为三角高程测量原理。

二、跨沟谷测量

中平测量遇到深沟或深谷时，由于高差较大，按一般方法进行中平测量，要增加许多测站和转点，为了避免因在沟谷内多次安置仪器而产生的误差，可采用如下方法施测。

1. 沟内、沟外分开测

当沟谷较宽且沟谷内中桩较多时，可采用沟内、沟外分开测。如图 8-2 所示，采用一般方法测至沟谷边缘，将仪器安置于测站 1，此时，应在沟谷的两岸各测设一转点 ZD_a 和 ZD_3，首先读取沟谷对岸转点 ZD_3 的前视读数，然后以转点 ZD_a 为后视点，按支水准路线形式测定沟谷内的中桩高程，同时，根据需要可增设转点 ZD_b 等。沟谷内结束后，将仪器安置于测站 4，以转点 ZD_3 为后视点，依次观测其他中桩。为了削减由于测站 1 前、后视距不等而产生的测量误差，可将测站 4 的后视距离适当加长。在利用上述方法测量时，因为沟谷内是以支水准路线形式进行的，故应另行记录。

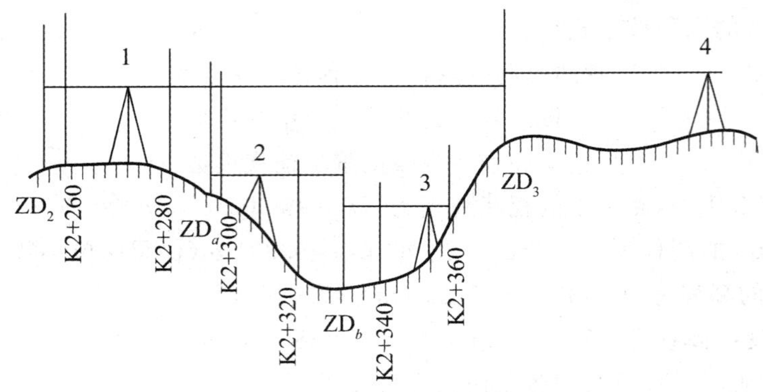

图 8-2　跨沟谷中平测量

2. 接尺法

当沟谷较窄且坡度较大，个别中桩不便测量时，可采用接尺法。即将两根水准尺接在一起，把水准尺接长使用，此时，读数应为望远镜内的水准尺读数加上接尺的数值，记录时要对接尺数据加以说明。

任务三　纵断面图的绘制

纵断面图是根据路线上中桩的里程和高程绘制出既表示中线方向的地面起伏，又反映路线坡度设计的图，是路线设计和施工的重要资料。

一、纵断面图的主要内容

图 8-3 所示是某道路工程的路线纵断面图。由图可知，纵断面图包括上、下两部分。图的上半部，从左至右绘有贯穿全图的两条线。细折线表示中线方向的地面线，根据里程和中平测量的中桩地面高程绘制；粗折线表示纵坡设计线。除此之外，在图的上部还注有以下资料：水准点编号、高程和位置；竖曲线示意图及其曲线参数；桥梁、涵洞的类型、孔径和里程桩号和设计水位；与其他路线交叉点的位置、里程桩号和有关说明等。

图的下半部，标注有如下有关测量和纵坡设计的资料，在图纸左边自下而上各栏填写直线与曲线、里程、地面高程、设计高程、坡度和坡长等。

1. 直线和曲线

是根据中线测量成果资料绘制的中线示意图。直线部分用直线表示，曲线部分用折线表示，上凸表示路线右转，下凹表示路线左转，并注明交点编号和曲线半径。

2. 里程

是按规定的里程比例尺标注的各中桩里程，通常只在百米桩和公里桩处标注里程。

3. 地面高程

是中桩的地面高程，在纵断面图上将各中桩的地面高程依次标出，并用细直线依次连接各相邻点，即得到地面线。

4.设计高程

是各里程桩处的路基设计高程。

5.坡度和坡长

是用斜线或水平线表示设计坡度的方向，在线的上方标注坡度数值（百分数），下方标注坡长。斜线从左至右向上倾斜表示上坡，向下倾斜表示下坡，水平线表示平坡。同时，不同的坡段以竖线分开。

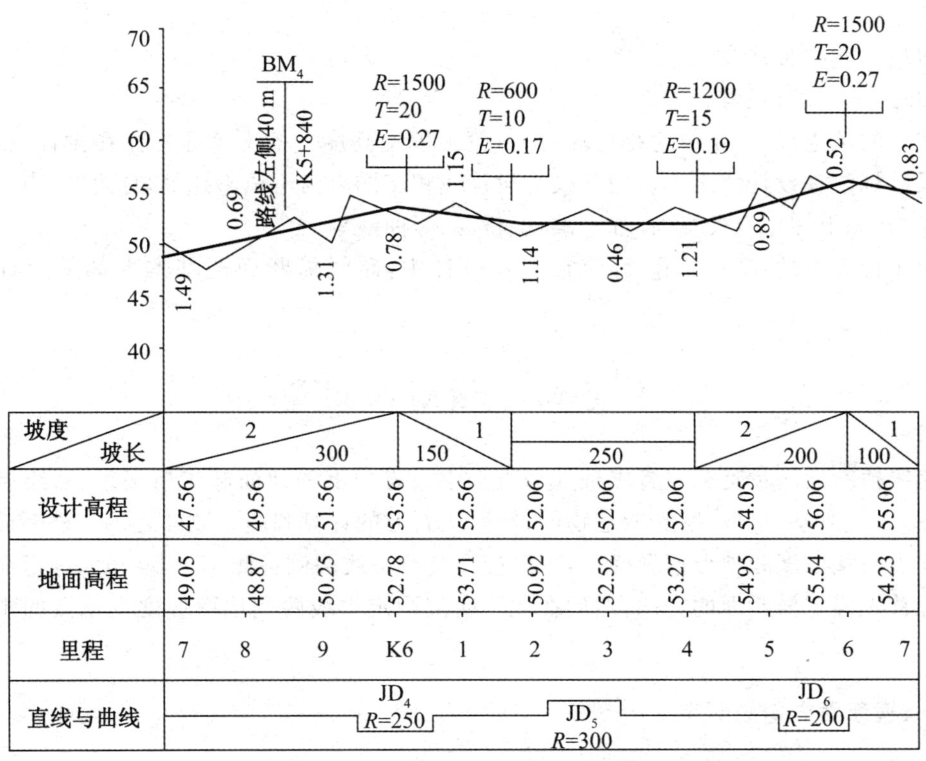

图 8-3 某道路工程的路线纵断面图（单位：m）

二、纵断面图的绘制

在绘制纵断面图时，首先应建立以里程为横坐标、高程为纵坐标的直角坐标系。为了明显地表示地势变化，纵断面图的竖直（高程）比例尺通常是水平（里程）比例尺的 10 倍。一般情况下，在平原微丘地区，水平比例尺和竖直比例尺取 1∶5000 和 1∶500；在山岭重丘区，水平比例尺和竖直比例尺取 1∶2000 和 1∶200。纵断面图一般绘制在透明毫米方格纸的背面，以防止修改时用橡皮把方格擦掉。纵断面图的绘制步骤如下：

（1）根据选定的高程和里程比例尺，绘制表格，并填写有关测量和纵坡设计的相关资料等。

（2）绘制地面线。根据各中桩的里程和地面高程，按比例尺依次绘出中桩的地面位置，并用细线依次连接相邻各点，这样就得到了用细折线表示的地面线。

（3）绘制设计坡度线。根据设计坡度和坡长，由一点的设计高程计算另一点的设计高程。如 A,B 两点之间的坡度为 i,A 点的设计高程为 H_A,A,B 两点之间的水平距离(坡长)为 D_{AB},则 B 点的设计高程 H_B 为:

$$H_B = H_A + iD_{AB}$$

式中:i——坡度。

(4)计算填挖尺寸。根据各中桩的地面高程和设计高程计算填挖尺寸,填挖尺寸一般用 h 表示,则:

$$h = H_{地} - H_{设}$$

式中:$H_{地}$——地面高程;

$H_{设}$——设计高程。

式中求得的填挖尺寸,正值为挖土深度,负值为填土高度。挖土尺寸标注在设计线之下,填土尺寸标注在设计线之上。地面线与设计线相交的点为不填不挖处,称为“零点”。

(5)在图上注记有关资料,如水准点、桥涵、竖曲线等。

由于计算机的广泛应用,目前在工程设计中,路线纵断面图基本上都采用计算机绘制。

任务四 横断面测量

路线横断面测量是测定各中桩处垂直于中线方向上的地面起伏情况,然后绘制成横断面图,以供路基、边坡、特殊构造物的设计,土石方的计算和施工放样之用。横断面测量的宽度由路基宽度和地形情况确定,一般应在公路中线两侧各测 15~50 m。进行横断面测量应首先确定横断面的方向,然后在此方向上测定中线两侧地面坡度变化点的距离和高差。

一、横断面方向的测定

由于公路中线是由直线段和曲线段构成的,而直线段和曲线段上的横断面方向的标定方法是不同的,具体如下:

1. 直线段上横断面方向的测定

在直线段上,路线横断面方向与路线中线垂直,可以用经纬仪或方向架(见图 8-4)直接定向。如图 8-5 所示,用方向架测定路线横断面方向,将方向架立于中线的中桩测点上,用方向架的一个方向 1-1′瞄准直线上的任一中桩,则方向架的另一个方向 2-2′瞄准的就是横断面方向,并用标杆标定。也可用经纬仪测设直角,定出横断面方向。

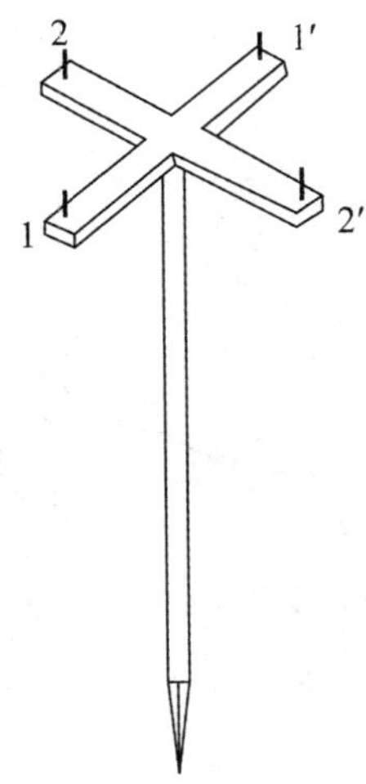

图 8-4　方向架

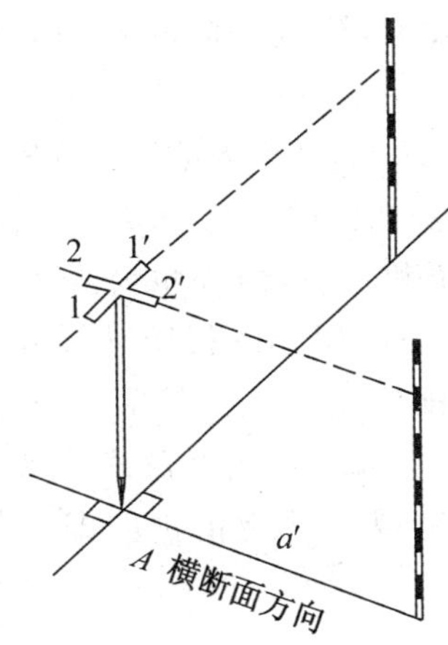

图 8-5　用方向架测定直线段上横断面方向

2. 圆曲线段上横断面方向的测定

在圆曲线段上，路线横断面方向应与测点处的切线方向相垂直，也就是横断面方向与过测点的半径方向一致，此时，横断面方向可用求心方向架测定(见图 8-6)，其中 3-3′定向杆是活动的。如图 8-7 所示，将求心方向架立于 ZY(YZ)点上，用 1-1′方向瞄准交点，则 2-2′方向即为 ZY(YZ)的横断面方向，转动定向杆 3-3′对准 P_1 点，制动定向杆。将求心方向架移到 P_1 点，用 2-2′对准 ZY(YZ)点，则定向杆 3-3′方向即为 P_1 点的横断面方向，并用标杆标定。在测定 P_2 点的横断面方向时，以 2-2′方向照准标杆，则 1-1′方向即 P_2 的切线方向。用 3-3′方向瞄准 P_2 点并固定之。将求心方向架搬至 P_2 点，用 2-2′方向瞄准 P_1 点，则 3-3′方向即为 P_2 点的横断面方向。同理，可测定圆曲线段上其他各点的横断面方向。

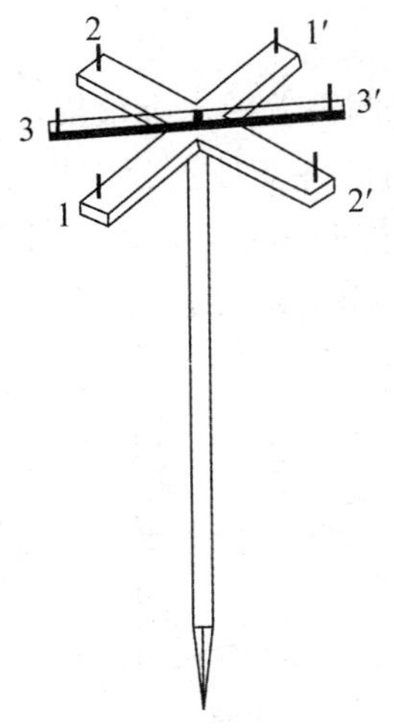

图 8-6　求心方向架

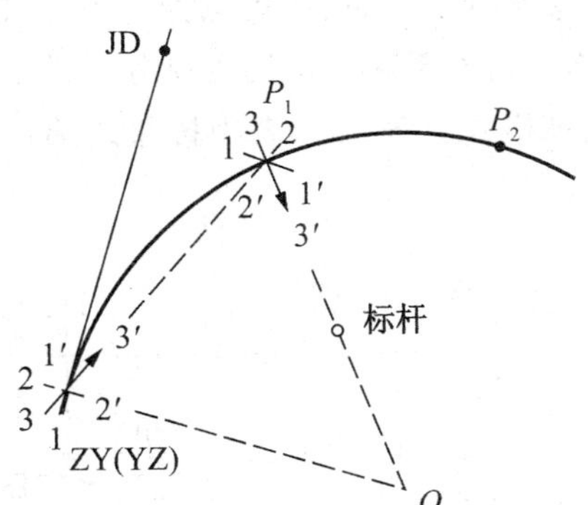

图 8-7　圆曲线段上横断面方向的测定

3.缓和曲线段上横断面方向的测定

在缓和曲线段上，测点处的横断面方向是通过该点指向曲率半径的方向，即垂直于该点切线的方向。如图 8-8 所示，P 点为欲测定横断面方向的测点，可利用缓和曲线的弦切角 β 公式和偏角 δ 公式分别求出 β 角和 δ 角，由外角公式求出角 b。将经纬仪安置于 P 点，用经纬仪照准缓和曲线的 ZH(HZ)点，同时配置度盘使其读数为 b(或 $360°-b$)，顺时针转动照准部，直至度盘读数为 90°(或 270°)，此时，望远镜视准轴所指方向即为横断面方向。

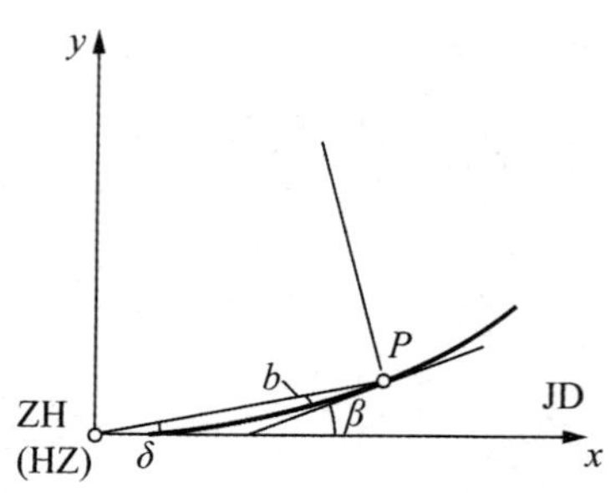

图 8-8　缓和曲线段上横断面方向的测定

二、横断面的测量方法

中桩的地面高程在纵断面测量中已测出，此时，只要测出横断面上各变坡点相对于中桩的平距和高差，就可以绘制横断面图。横断面测量中的距离和高差读数取位至 0.1 m，其精度应符合表 8-3 的限差规定。

表 8-3　横断面测量的限差规定

公路等级	距离(m)	高程(m)
高速公路，一、二级公路	$\pm(L/100+0.1)$	$\pm(h/100+L/200+0.1)$
三级及三级以下公路	$\pm(L/50+0.1)$	$\pm(h/50+L/100+0.1)$

注：表中 L 为测点至路线中桩的水平距离，h 为测点和路线中桩的高差。

横断面测量方法有多种，应根据实际需要进行选择。下面介绍几种常用的方法：

1.水准仪皮尺法

在横断面较宽的平坦地区，可采用皮尺量平距、水准仪测高差的水准仪皮尺法。如图 8-9 所示，安置水准仪后，以中桩点为后视点，以横断面方向的各变坡点为前视点，测量高差，水准尺读数精确至厘米。用皮尺分别量出各变坡点至中桩的水平距离，水平距离精确至分米。记录格式见表 8-4，表中按路线前进方向分左、右侧记录，以分式表示前视读数和水平距离。

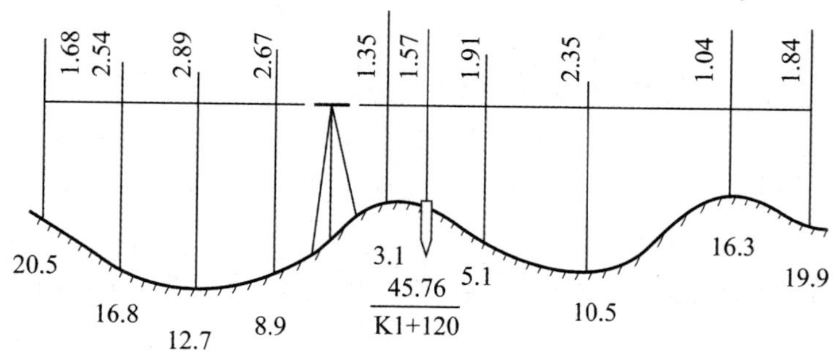

图 8-9　水准仪皮尺法

表 8-4　　水准仪皮尺法横断面测量记录表

前视读数(左侧) 水平距离	后视读数 中桩桩号	(右侧)前视读数 水平距离
$\frac{1.68}{20.5}$ $\frac{2.54}{16.8}$ $\frac{2.89}{12.7}$ $\frac{2.76}{8.9}$ $\frac{1.35}{3.1}$	$\frac{1.57}{K1+120}$	$\frac{1.91}{5.1}$ $\frac{2.35}{10.5}$ $\frac{1.04}{16.3}$ $\frac{1.84}{19.9}$

2. 经纬仪视距法

在地形复杂的地区,可采用经纬仪视距法。此法是将经纬仪安置在中桩上,利用视距测量的方法直接测出横断面上各地形变化点相对于中桩的水平距离和高差。

3. 全站仪法

随着全站仪应用的普及,其观测速度快、精度高、功能强大的特点十分明显。在有条件的情况下,可用全站仪进行横断面测量,以提高工作效率。在测各中桩点高程的同时,在路线中桩两侧的垂直方向上选择适当的变坡点,立棱镜测其平面坐标和高程。

三、横断面图的绘制

横断面图是根据测得的中桩至变坡点的平距和高差,在透明毫米方格纸的背面绘制而成。一般采取现场边测边绘的方法,这样既可省去记录,又可实地核对检查,避免错误。若用全站仪测量、自动记录,则可在室内通过计算机绘制横断面图,大大提高工效。

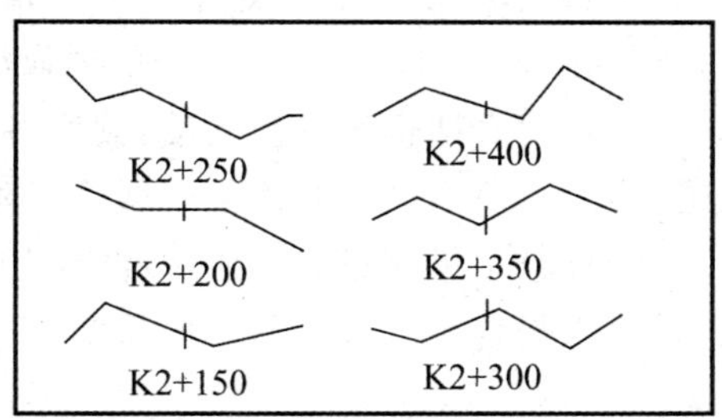

图 8-10　横断面图

绘制横断面图时,水平比例尺和垂直比例尺一般是一致的,通常采用 1∶200 或 1∶100 的比例尺。如图 8-10 所示,在绘制时,首先标定中桩位置,并注明桩号,然后由中桩开始,根据变坡点的平距和高差,在左、右两侧以平距为横轴,高差为纵轴,逐一将变坡点展绘在图纸上,最后再用细线连接相邻点,即绘出横断面的地面线。通常一幅图上可以绘制多个断面图,一般由图纸的左下角,自下而上,从左至右,依次按桩号绘制横断面图。

目前,横断面图的绘制大多采用计算机,选用合适的软件进行绘制。

职业能力训练

训练 1　基平测量

1. 目的要求

掌握基平测量的方法及成果计算方法。

2. 主要仪器工具

水准仪 1 台、水准尺 2 根、尺垫 2 个、斧子 1 把、测钎 3 束、钢尺 1 只、测伞 1 把。

3. 方法与步骤

(1)根据场地情况,拟定基平测量路线,设置水准点。

(2)设定起始水准点,并与附近国家水准点进行连测确定其高程。若条件有限,可参考选取一个与实地高程接近的数值作为其假定高程。

(3)按路线行进方向进行水准测量。可采用一台水准仪往返观测,也可采用两台作同向单程观测。

(4)计算基平测量出的两水准点间的高差及高程。当高差不符值在限差之内时,取平均值;若超限,应重测。

训练 2 中平测量

1. 目的要求

掌握中平测量的方法及成果计算方法。

2. 主要仪器工具

水准仪 1 台、水准尺 2 根、尺垫 2 个、斧子 1 把、测钎 3 束、钢尺 1 只、测伞 1 把。

3. 方法与步骤

(1)根据场地情况,拟定中平测量路线,设定起始水准点 BM_1 和终止水准点 BM_2。

(2)按 20 m 的桩距设置中桩,插设测钎并标注桩号。

(3)选取合适位置安置仪器,读取各桩号的水准尺读数,记录并计算各桩号高程。依次进行,测出所有中桩并测至路线终点附近的水准点 BM_2。

(4)计算中平测量出的两水准点间的高差,并与已知两点 BM_1,BM_2 间的高差进行比较,看是否符合要求;若不符,应重测。

训练 3 横断面测量(水准仪皮尺法)

1. 目的要求

掌握横断面测量的方法及成果计算方法。

2. 主要仪器工具

水准仪 1 台、水准尺 2 根、花杆 5 根、测伞 1 把。

3. 方法与步骤

(1)按 20 m 的桩距设置中桩,插设测钎并标注桩号。

(2)确定各中桩的横断面方向。直线段上一般用方向架确定,曲线段上一般用求心方向架测定。

(3)横断面测量。安置水准仪后,以中桩点为后视点,以横断面方向的各变坡点为前视点,读数并记录。用皮尺分别量出各变坡点至中桩的水平距离并记录数据。

同步测试

一、填空题

1. 路线测量一般分__________和__________两个阶段。

2. 纵断面图绘制时，应建立以__________为横坐标，以__________为纵坐标的直角坐标系。

3. 路线纵断面测量分两步进行：__________、__________。

二、单选题

1. 道路纵断面测量一般采用(　　)方法。

A. 高差法　　B. 三角高程　　C. 天文测量　　D. 间视水准法

2. 控制点较远，量距有困难时，采用(　　)放样。

A. 距离交会　　B. 极坐标法　　C. 偏角法　　D. 角度交会

3. 路线中平测量是测定(　　)的高程。

A. 水准点　　B. 线路中桩　　C. 转点　　D. 交点

4. 某交点到路线起点的距离为 987.69 m，则它的桩号应为(　　)。

A. K0+987.69　　B. 0K+987.69　　C. +987.69　　D. K987.69

5. 交点用代号(　　)表示。

A. JD　　B. ZY　　C. YZ　　D. QZ

三、简答题

1. 什么是基平测量？什么是中平测量？

2. 中平测量遇到沟谷时，如何进行施测？

3. 试述绘制纵断面图的主要步骤。

四、计算题

根据中平测量记录完成表 8-5 中的计算。

表 8-5　　中平测量记录表

测点	水准尺读数(m)			视线高(m)	高程(m)	备注
	后视	中视	前视			
BM_{10}	1.572				48.752	
K10+000		2.56				
K10+020		0.95				
K10+040		2.64				

续表

测点	水准尺读数(m)			视线高(m)	高程(m)	备注
	后视	中视	前视			
K10+060		3.87				
K10+080		2.94				
ZD_1	1.102		2.391			
K10+100		2.78				
K10+120		1.52				
K10+140		0.68				
K10+160		3.69				
ZD_2			2.86			
…						
BM_{11}						

项目九　施工测量

项目描述

本项目的学习任务包括水平距离测设、水平角度测设、高程点测设以及点的平面位置测设等施工测量的基本方法，以及道路施工、桥梁施工、隧道施工等专业施工测量的方法与技术。

学习目标

1. 熟悉施工放样的基本工作。
2. 掌握道路施工测量的方法。
3. 掌握桥梁控制测量的具体方法；掌握桥梁轴线测设和具体的施工测量的方法。
4. 熟悉隧道控制测量的基本方法；掌握隧道施工中各项测量工作的具体方法。

任务一　施工测量的基本工作

施工测量的基本任务是确定设计点的空间位置。因而，施工测量的基本工作是距离测设、角度测设和高程测设。

一、基本知识

1. 测设已知长度的水平距离

测设已知长度的水平距离是从一个已知点出发，沿已知方向，在实地丈量出给定的水平距离，在已知方向上标定出该端点。

(1)钢尺测设法

当测设精度要求不高时，可从起始点开始，沿给定的方向和长度值，用钢尺量距，定出水平距离的终点。为了校核，再用上述方法测设一次，若两次的差值在限差范围内，取其平均位置作为最后的终点。

当测设精度要求较高时，应使用经过检定的钢尺，用经纬仪定线，根据给定的设计水平距离 D，经过尺长改正、温度改正和倾斜改正后，计算出地面上应测设的距离 L。

(2)光电测距仪器测设法

用测距仪和全站仪测设水平距离时，由于可以直接测得水平距离，并且可以预先设置改正值，因此水平距离的测设，特别是长距离的测设，大部分采用光电测距仪器。测设时，在已知点上安置全站仪，反射棱镜在已知方向上移动，测出反射棱镜所在位置至已知点的水平距离，并计算出与已知水平距离的差值，在已知方向线上前后移动棱镜，直到测设出的距离与已知距离的差值在限差范围内。此时，反射棱镜所在的位置即为所测设水平距离的位置。

2. 测设已知角值的水平角

已知角值的水平角度实际上是从一个已知方向出发放样出另外一个水平方向，使得它与已知方向的夹角等于已知的水平角。如图 9-1 所示，A 和 B 点为实地上的两个已知点，AB 方向为已知方向。现在欲测设出水平角$\angle BAP$，使它等于已知角值 β。具体操作如下：

(1)将经纬仪安置在 A 点上，用盘左位置照准 B 点，使水平度盘读数为零。

(2)顺时针转动照准部，使水平度盘读数恰好等于 β，在视线方向标定出 P_1 点。

(3)用盘右位置照准 B 点，用同样的方法标定出 P_2 点。取 P_1 和 P_2 点的中点 P'，则$\angle BAP'$就是要测设的角 β。

当要求测设角度的精度较高时，可将上述方法测设的 P'点作为过渡点，如图 9-2 所示。然后用适当的仪器和测回数精确测量$\angle BAP'$的大小，测得其角值为 β'，则设计角 β 与精测角 β'之差为 $\Delta\beta=\beta-\beta'$（$\Delta\beta$ 以秒为单位），并概量 AP'距离 S。则过渡点 P'的改正数为：

$$K=\frac{\Delta\beta}{\rho}\cdot S \tag{9-1}$$

式中：$\rho=206265''$。

由过渡点 P'，按 K 的改正方向作垂线，量 $P'P=K$，角度$\angle BAP$ 即为所求。

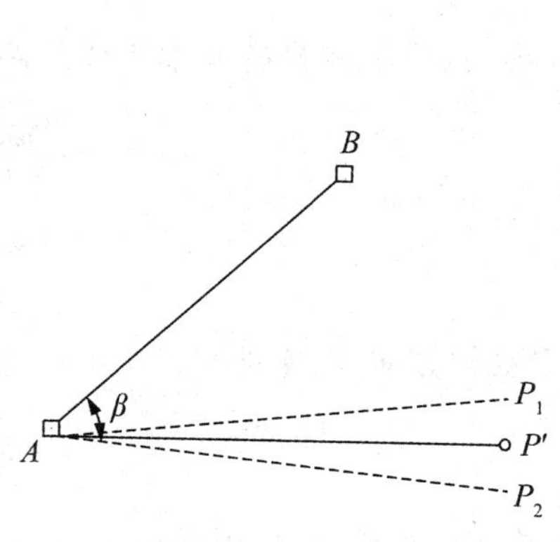

图 9-1　已知水平角的测设

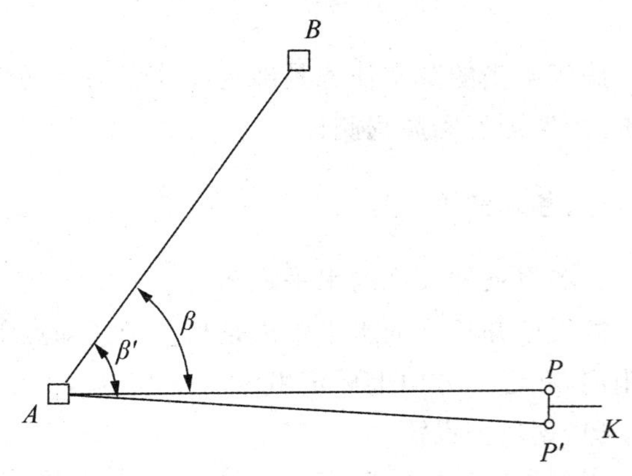

图 9-2　归化法测设已知水平角

3. 已知高程点的测设

如图 9-3 所示，要测设点 B 的设计高程为 $H_{设}$，而附近有一水准点 BM 的高程为 H_{BM}，欲将设计高程 $H_{设}$ 测设到点 B 上。施测时，可在 B 点上钉一木桩，在 BM 点和 B 点间安置水准仪，读出立在 BM 点上的水准尺的读数 a，则水准仪视线高程 $H_i=H_{BM}+a$。根据视线高程和地坪设计高程可算出 B 点水准尺上应有读数 $b_{应}$ 为：

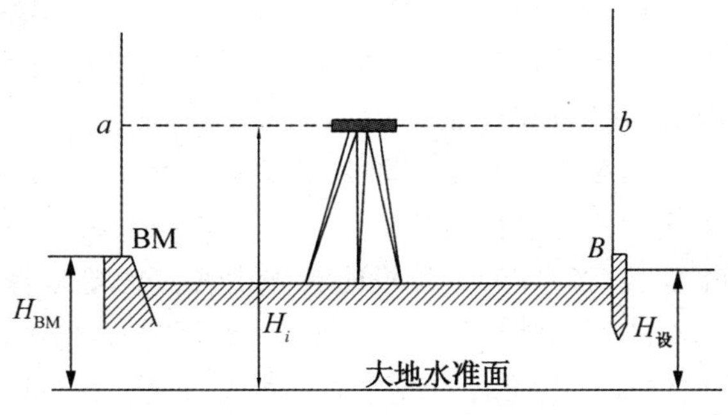

图 9-3　地面点的高程测设

$$b_{应}=H_i-H_{设} \tag{9-2}$$

将 $H_i=H_{BM}+a$ 代入式(9-2)则有：

$$b_{应}=(H_{BM}+a)-H_{设} \tag{9-3}$$

根据以上算式求出 $b_{应}$ 后，指挥 B 点立尺进行上下移动，当水准尺的读数为 $b_{应}$ 时尺底面高度即为欲标设的高度。

二、点的平面位置测设

测设平面位置点位的方法很多，应根据施工现场的条件、点位分布、地形情况、施工精度和仪器设备选定相应的方法。

1. 极坐标法

极坐标法放样是根据一个与已知方向的固定夹角和距离测设平面点。如图 9-4 所示，首先根据控制点 A，B 的坐标及 P 点的设计坐标按下式计算测设数据水平角及水平距离 D_{AP}。

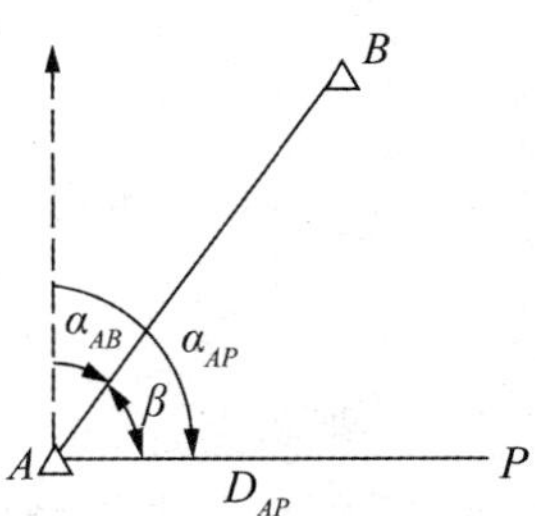

图 9-4　极坐标法放样

$$\left.\begin{aligned}\alpha_{AB}&=\arctan\frac{y_B-y_A}{x_B-x_A}\\ \alpha_{AP}&=\arctan\frac{y_P-y_A}{x_P-x_A}\end{aligned}\right\} \tag{9-4}$$

$$\beta=\alpha_{AP}-\alpha_{AB} \tag{9-5}$$

$$D_{AP}=\frac{y_P-y_A}{\sin\alpha_{AP}}=\frac{x_P-x_A}{\cos\alpha_{AP}}=\sqrt{\Delta x_{AP}^2+\Delta y_{AP}^2} \tag{9-6}$$

然后将经纬仪安置在 A 点，测设 β 角以定出 AP 方向，再沿该方向测设距离 D_{AP}，即可定出 P 点在地面上的位置。

2. 使用全站仪测设法

全站仪都具有“坐标放样”程序功能，并且在工程施工现场大多采用全站仪进行施测。操作方法如下：

(1)将全站仪精确安置在 A 点上，并进行测站设置和定向。

(2)将需要测设点的点号和坐标输入全站仪内存，按照全站仪的提示，旋转照准部，直到旋转的角度等于 β 角，该方向即为 AP 方向。

(3)沿 AP 方向前后利用反射棱镜测设出水平距离 D_{AP}，该点即为 P 点。

待点测设完成后，通过利用全站仪实测各点的坐标，来检查放样的正确性。

3. 角度交会法

角度交会法是在两个或多个控制点上安置经纬仪，通过测设两个或多个已知角度交会出待定点平面位置的方法。如图 9-5(a)所示，1，2，3 为控制点，P 为待测设点，其设计坐标为(X_P, Y_P)。测设时首先由各点的坐标计算出测设数据 α_1，β_1 和 α_2，β_2。然后在 1，2，3 三个控制点上安置经纬仪，测设出 α_1，β_1，α_2，β_2 角度，得到 $1P$，$2P$，$3P$ 三条方向线，在各方向 P 点前后各钉两个小木桩，桩顶上钉钉，分别用细绳相连，就可交会出 P 点。若观测有误差，则三条方向线不交于一点，而形成示误三角形。如果三角形最大边长不超过 5 cm，则取三角形的重心作为 P 点的最终位置。如图 9-5(b)所示，如果只有两个方向，应重复交会，以作检核。

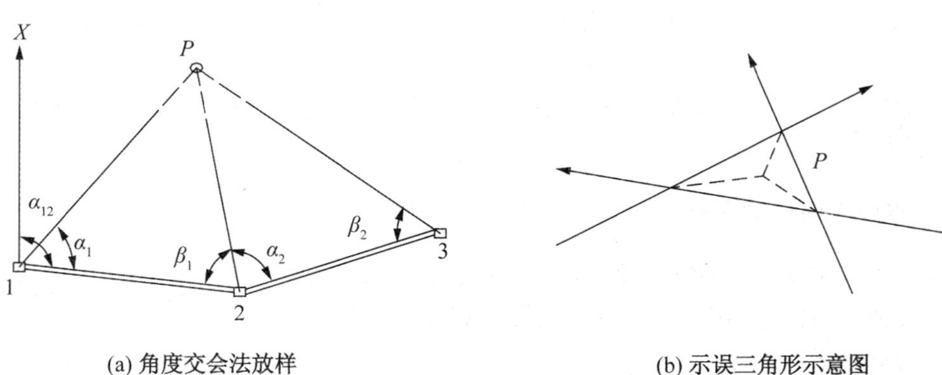

(a) 角度交会法放样　　(b) 示误三角形示意图

图 9-5　角度交会法测设点位

4. 距离交会法

距离交会法是测设两段已知距离交会出点的平面位置。该方法适用于场地平坦、量距方便且控制点离测设点不超过一整尺的长度。

如图 9-6 所示，P 点为待测点。测设前根据 P 点的设计坐标及控制点 A，B 的已知坐标计算出测设距离 D_1，D_2。测设时分别用两把钢尺的零点对准 A，B 点，同时拉紧、拉平钢尺，以 D_1 和 D_2 为半径在地面上画弧，两弧的交点即为待测点的位置。该方法的优点是不需要仪器，但精度较低，施工测设细部点时常采用此法。

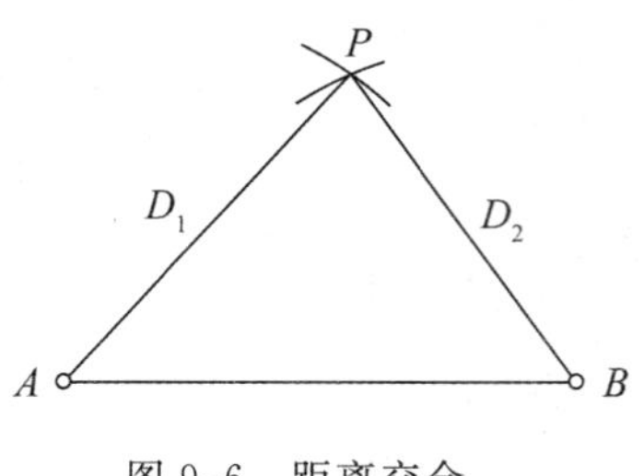

图 9-6　距离交会

三、已知坡度线的测设

在道路施工中，测设指定的坡度线应用是非常广泛的。如图 9-7 所示，要求由 A 点沿山坡测设一条 2%的下降坡度线，可先计算出坡度线的倾斜角为：

$$\alpha=-0.002\times\frac{180^\circ}{3.14159}=-1^\circ08'45''$$

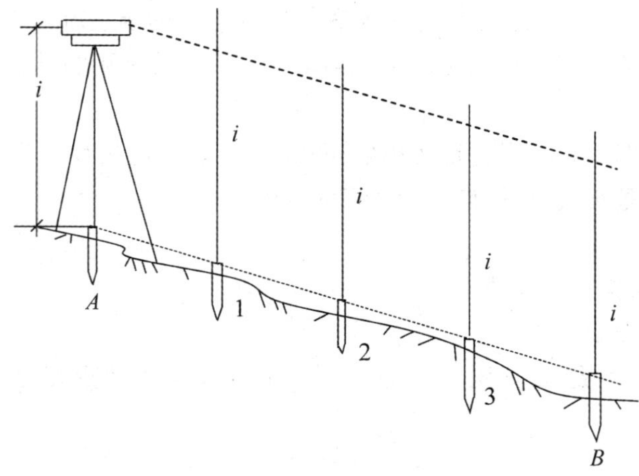

图 9-7　已知直线坡度的测设

然后将经纬仪安置于 A 点，量取仪器高 i，设置倾斜角 α，此时经纬仪视线轴为要测设的坡度线。在视线方向上，按一定间距钉出 1，2，3 及 B 点，使各点桩顶立尺或标杆的读数恰为 i 时，则各桩顶即为设计的坡度线。

任务二　道路施工测量

一、开工前的测量工作

1.熟悉图纸和现场情况

进行施工前首先要熟悉设计图纸和施工现场的情况。设计图纸主要有路线平面图、纵横断面图、标准横断面图和附属构筑物图等。通过阅读图纸，在了解设计意图及对测量的精度要求的基础上，应掌握道路中线位置(包括交点桩、转点桩的位置和曲线情况等)和各种附属构筑物的位置等，并找出各种施测数据和它们之间的相互关系。同时还要认真校核各部尺寸关系，以便发现问题及时处理，避免给工程造成不必要的损失。勘察施工现场时，除了解工程及地形的一般情况外，应在实地找出各交点桩、转点桩、里程桩和水准点的位置，必要时应实测校核，以便及时发现被碰动破坏的桩点，并避免用错点位。

2.道路中线的恢复

在路线勘测到开始施工这段时间里，往往有一部分里程桩会被碰动或丢失。为了保证道路中线位置准确可靠，因此在施工之前应根据设计文件进行恢复工作，并对原来的中线进行复核，将丢失和碰动过的 JD 桩、里程桩等恢复和校正好。恢复中线所采用的测量方法与路线中线测量方法基本相同，前面项目中也有详细的讲解，但必要时还应增设一些水准点以满足施工的需要。

二、路基边桩的测设

路基形式基本上可分为路堤和路堑两种。路基边桩的测设就是将每一个横断面的路基边坡线与地面的交点用木桩标定出来。通常使用图解法和解析法。

1.图解法

直接在横断面图上量取中桩至边桩的距离，最后在实地用皮尺沿横断面方向测定其位置。当填挖方不是很大时，图解法较为简单实用。

2.解析法

(1)平坦地段路基边桩的测设

①路堤边桩的测设

填方路基称为“路堤”。如图 9-8 所示，路堤边桩至中桩的距离为：

$$D=\frac{B}{2}+mh \tag{9-7}$$

式中：B——路基设计宽度；

$1:m$——路基边坡坡度；

h——填土高度或挖土高度。

②路堑边桩的测设

挖方路基称为“路堑”。如图 9-9 所示，路堑边桩至中桩的距离为：

$$D=\frac{B}{2}+S+mh \tag{9-8}$$

式中：S——路堑边沟宽度。

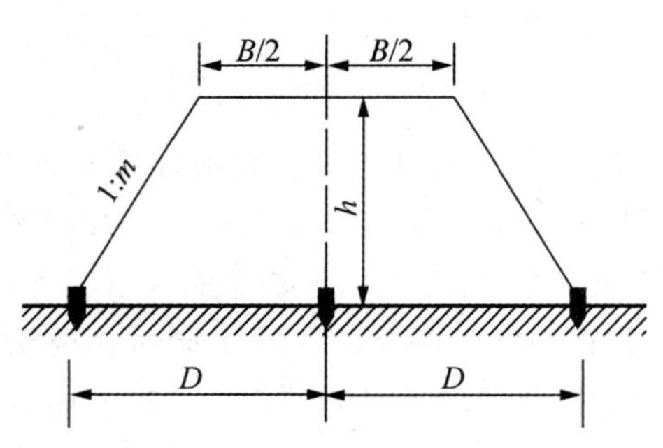

图 9-8　平坦地段路堤边桩测设

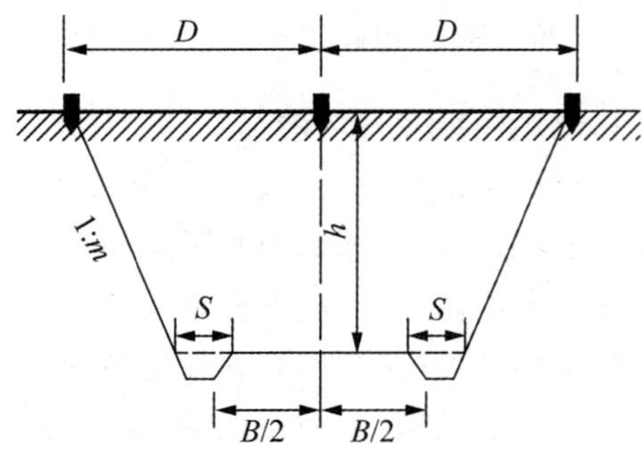

图 9-9　平坦地段路堑边桩测设

(2)倾斜地段路基边桩的测设

在倾斜地段，边桩至中桩的距离随地面坡度的变化而变化，如图 9-10 所示，路堤边桩至中桩的距离为：

斜坡上侧
$$D_{上}=\frac{B}{2}+m\times(h_{中}-h_{上}) \tag{9-9}$$

斜坡下侧
$$D_{下}=\frac{B}{2}+m\times(h_{中}+h_{下}) \tag{9-10}$$

如图 9-11 所示，路堑边桩至中桩的距离为：

斜坡上侧 $$D_{上}=\frac{B}{2}+S+m\times(h_{中}+h_{上}) \tag{9-11}$$

斜坡下侧 $$D_{下}=\frac{B}{2}+S+m\times(h_{中}-h_{下}) \tag{9-12}$$

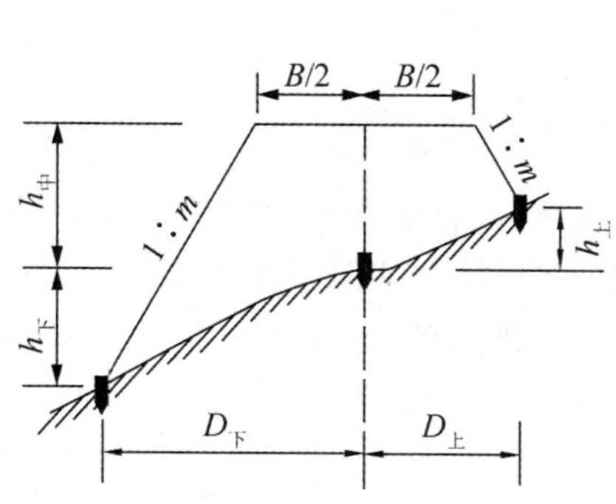

图 9-10 倾斜地段路堤边桩测设

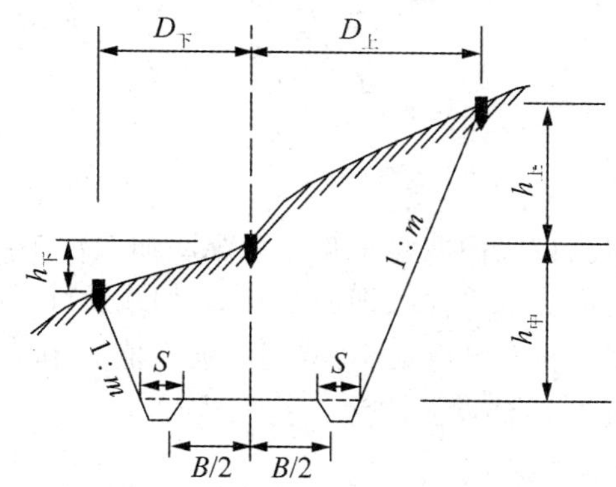

图 9-11 倾斜地段路堑边桩测设

式中，B、S 和 m 为设计值；$h_{中}$ 为中桩处填挖高度；$h_{上}$ 和 $h_{下}$ 为斜坡上、下侧边桩与中桩的高差，在边桩未定出之前为未知数。在实际工作中采用逐渐趋近法测设边桩。先根据地面实际情况，并参考路基横断面图，估计边桩的位置，然后测出该估计位置与中桩的高差，代入上面的式中计算 $D_{上}$ 和 $D_{下}$，并依此在实地定出其位置，多次重复上述工作，直至相符为止。

三、路面高程桩的测设

当路基工程完成后，为控制路面高程，多在路肩上测设平行中线的路面高程桩，间距多取 10～30 m，用它既控制路面高程又控制中线位置，俗称“施工边桩”。其位置根据中线施工控制桩测定（若已有平行中线的施工控制桩时，均一桩两用，不再另行测设）。桩位测定后，可在桩的侧面测设出该桩的路面中心设计高程线（可钉高程钉或画红铅笔线作为标志）。其测设程序如下：

(1)后视水准点或中线上的里程桩，根据其已知高程和读数，求出视线高程。

(2)前视边桩，根据读数求出其桩顶高程。

(3)计算边桩与其所在断面的设计高程之差，并注在桩的侧面上。如边桩低于设计高程，前面应冠以“＋”，表示需要填高；如边桩高于设计高程，则应冠以“－”，表示需要挖深。但它所表示的填挖量，是以边桩桩顶为准的，因为在施工过程中是利用边桩来检查的。

四、竖曲线的测设

为了行车的平稳和视距的要求，在路线纵坡变更处应以圆曲线连接起来，这种曲线叫“竖曲线”。竖曲线有凹形和凸形两种，如图 9-12 所示。

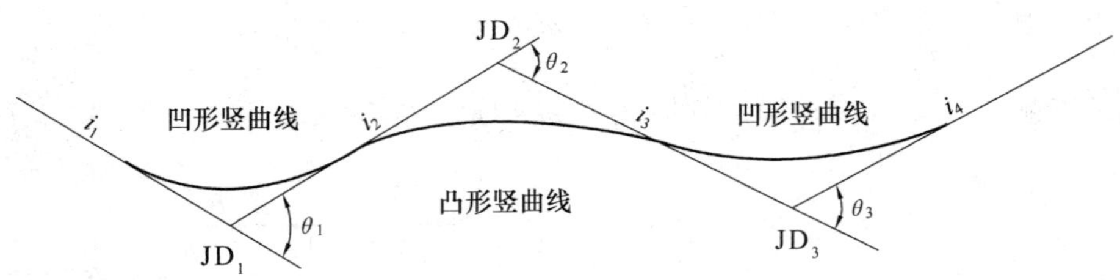

图 9-12　竖曲线

测设竖曲线是根据路线纵断面设计中给定的半径 R 和变坡点前后的两坡度 i_1 和 i_2 进行的。测设参数即曲线长 L、切线长 T 和外矢距 E，其计算公式同平面圆曲线。但由于竖向转折角 θ 值很小，故用两坡度值 i_j 和 i_k 的绝对值之和代替，即 $\theta_j=|i_j|+|i_k|$，则曲线长 L 的计算公式为：

$$L=R\theta_j=R(|i_j|+|i_k|) \tag{9-13}$$

由于 θ_j 值很小，切线长可用曲线长的一半代替；外矢距 E 可用中央纵距 M 代替，则切线长和外矢距的计算公式为：

$$T=\frac{1}{2}L=\frac{1}{2}R(|i_j|+|i_k|) \tag{9-14}$$

$$E=M=C^2/8R \tag{9-15}$$

式中，C 为圆曲线对应的弦长，其他符号意义同前。

根据式(9-14)计算 T 值，由设计的变坡点里程及 T 值，即可求出圆曲线起点 ZY 到终点 YZ 的里程，并可据以测设于地面，如图 9-13 所示。

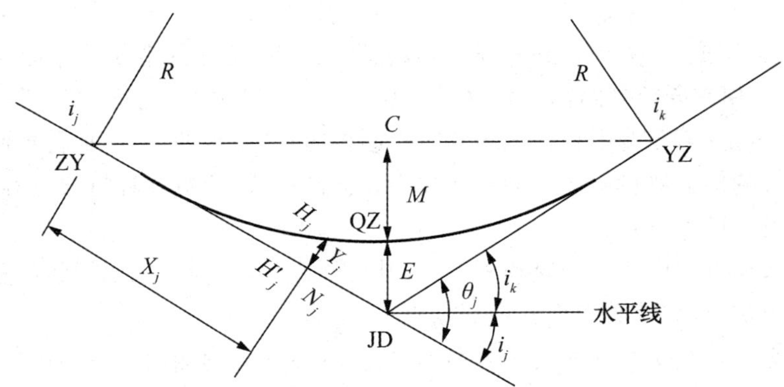

图 9-13　竖曲线的测设元素

用切线支距法原理，以起点或终点为坐标原点，沿切线方向为 X 轴，切线上的支距为 Y 轴。测设辅点时，X 轴坐标为设计值，一般每隔 10 m 选一个辅点，当 X_j 为已知时，对应的支距 Y_j 的计算公式为：

$$Y_j=\frac{X_j^2}{2R} \tag{9-16}$$

式中，Y_j 在凹形竖曲线中为“+”，在凸形竖曲线中为“−”。

将各点的支距(亦称“标高改正数”)Y_j 求出后，与坡道各点的对应高程 H'_j 相加取代数和，即得到竖曲线上各点的设计高程 H_j，其计算公式为：

$$H_j = H'_j + Y_j \tag{9-17}$$

竖曲线上各辅点的设计高程求出之后，用水准仪将其高程测设出来，即为竖曲线各辅点的位置。

任务三　桥梁施工测量

桥梁因结构较复杂，施工测量中精度要求一般均较高，在跨度较大或有中水作业的桥梁工程中尤其如此。桥梁施工测量的内容与方法因桥梁跨度、河道情况等不同而有所差异。

一、能直接测量的小型桥梁施工测量

假设图 9-14 所示的两跨 T 形桥架设在无水河滩或水面较窄的河面上，其施工测量可直接在河面上进行。

1. 桥梁中心线和控制桩的测设

根据桥位桩号，在路中线上准确地测设出桥台和桥墩的中心桩①②③，并在河道两岸测设桥位控制桩 K_1，K'_1，K_2，K'_2。然后分别安置经纬仪于①②③点上，测设桥台和桥墩控制桩①′，①′₁，①″，①″₁，…，③″，③″₁（为防止丢失或施工障碍，每侧至少两个控制桩）。测设距离尤其在测设跨度时，应用测距仪或检定过的钢尺，丈量精度应高于1/5000，以保证上部结构安装时能正确就位。

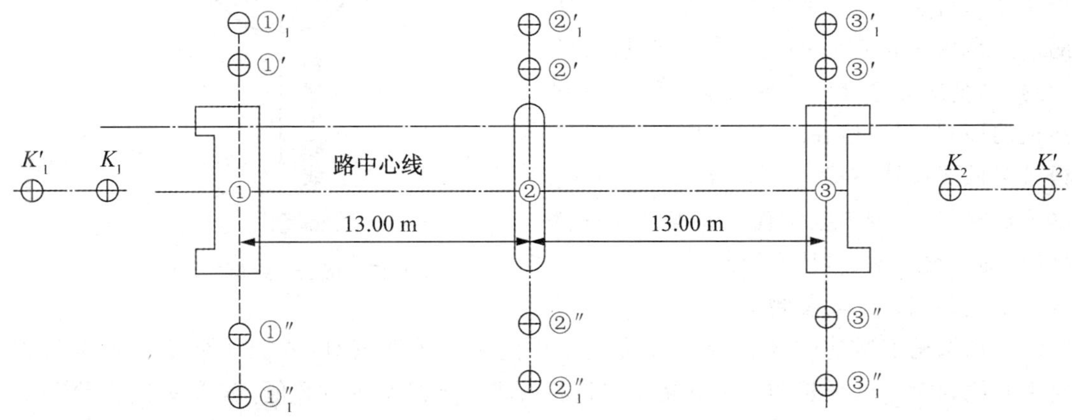

图 9-14　可以直接测量的小型测量

2. 基础施工测量

根据桥台和桥墩的中心线测设基坑开挖边界线。基坑上口尺寸应根据坑深、坡度、土质情况及施工方法确定。施测方法与路堑放线基本相同。基坑挖至一定深度后，应根据水准点高程在壁上测设距基底设计面为一定高差（如 1.0 m）的水平桩，作为控制挖基及基础施工中掌握高程的依据。基础完工后，应根据桥位控制桩 K_1，K_2 和墩、台控制桩①′，①′₁，①″，①″₁，…，③″，③″₁，用经纬仪在基础面上测设出桥台、桥墩中心线和道路中

心线，并弹墨线作为砌筑桥台、桥墩的依据。

3. 墩、台顶部的施工测量

桥墩、桥台砌筑至一定高度时，应根据水准点的墩身、台身每侧测设一条距顶部为一定高差(如 1.0 m)的水平线，以控制砌筑高度。墩帽、台帽施工时，应根据水准点用水准仪控制其高程(误差应在−10 mm 以内)，根据中线桩用经纬仪控制两个方向的中线位置(偏差应在±10 mm以内)，墩台间距(即跨度)要复测，精度应高于 1/5000。

测出墩、台上两个方向的中心线并经校对合格后，即可根据墩台中心线在墩、台上定出 T 形梁支座钢垫板的位置，如图 9-15 所示。测设时先根据桥墩中心线②′②″定出两排钢垫板中心线 $B'B''$，$C'C''$，再根据路中线 K_1K_2 和 $B'B''$，$C'C''$线，定出路中线上的两块钢垫板的中心位置 B_1 和 C_1，然后根据设计图上的相应尺寸用钢尺分别自 B_1 和 C_1 点沿 $B'B''$和 $C'C''$方向量出 T 形梁间距，即得到 B_2，B_3，B_4，B_5 和 C_2，C_3，C_4，C_5 等垫板中心位置。桥台上钢垫板位置可依同法测出。最后用检定过的钢尺校对钢垫板的间距，精度应高于 1/5000；用水准仪校对钢垫板的高程，误差应在−5 mm 以内(即钢垫板可略低于设计高程，安装 T 形梁时可加垫薄钢板找平)。钢垫板位置及高程经校对合格后，即可浇筑墩、台顶面混凝土。

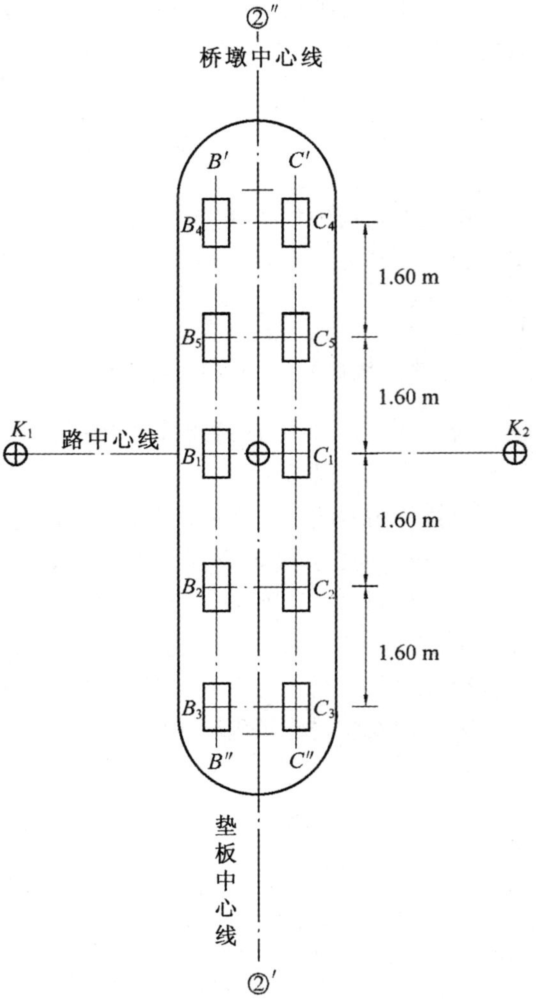

图 9-15　墩、台顶部的施工测量

4. 上部结构的安装测量

上部结构安装前应对墩、台上支座钢垫板的位置重新校对一次，并对 T 形梁两端弹出中心线。对梁的全长和支座间距也应进行检查并记录量得的数值，作为竣工测量资料。

T 形梁就位时，其支座中心线应对准钢垫板中心线，初步就位后，用水准仪检查梁两端的高程，误差范围为±5 mm。中线位置及高程经检查合格后，应及时打好保险垛并焊牢，以防 T 形梁移动。

T 形梁和防护栏全部安装后，即可用水准仪在护栏上测出桥面中心高程线，作为铺设桥面铺装层起拱的依据。

二、间接测量的中型桥梁施工测量

中型桥梁一般因河道宽阔，施工测量中的两个主要问题是桥长常采取布设桥梁三角网的方法间接丈量，而水中桥墩的位置则多用方向交会法测设。

1. 桥梁三角网测量

如图 9-16 所示，AB 是桥位中心线，为了丈量河宽并测设墩、台位置，可布设三角形 ABC 和 ABE 组成桥梁三角网。当河流的一岸地势较平坦便于量距时，桥梁三角网应取图 9-16(a)的形式，用光电测距仪或用钢尺精确丈量基线边 AC 和 AE 的长度，并用经纬仪精确测出两三角形的内角，根据正弦定理即可算出 AB 间的距离。当在一岸不能选出两条便于丈量的基线时，可采用图 9-16(b)的形式，称为“大地四边形”。

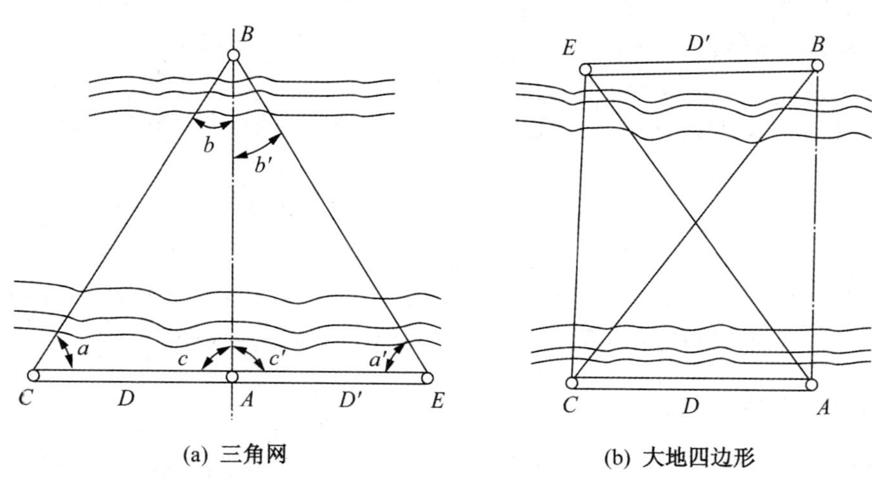

图 9-16 桥梁施工三角网布设

为了保证 AB 距离的精度高于 1/5000，基线边长不能小于 AB 的 70%，并用光电测距仪往返丈量，其精度应高于 1/10000。三角形各内角可用 DJ_6 型光学经纬仪观测两个测回，三角形角度闭合差范围为±30″。

2. 角度交会法测设桥墩位置

如图 9-17 所示，首先计算出桥位控制桩 A，B 的间距，按设计尺寸分别自 A 点和 B 点量出相应的距离，即可测设出两岸桥台①和④的位置。

水中桥墩所在的位置河水较深，无法直接测量，也不便于采用电磁波测距仪时，则可采用角度交会法测设桥墩。测设时将两台经纬仪分别安置在 C 点和 E 点，以 A 点为后视，分别测设 α_2 角（即∠②CA）和 α'_2角（即∠②EA），则两视线方向与桥中心线的交点即为桥墩②的位置。交会角 α_2 和 α'_2采用三角函数进行计算，具体推导过程及步骤从略，计算公式见下式：

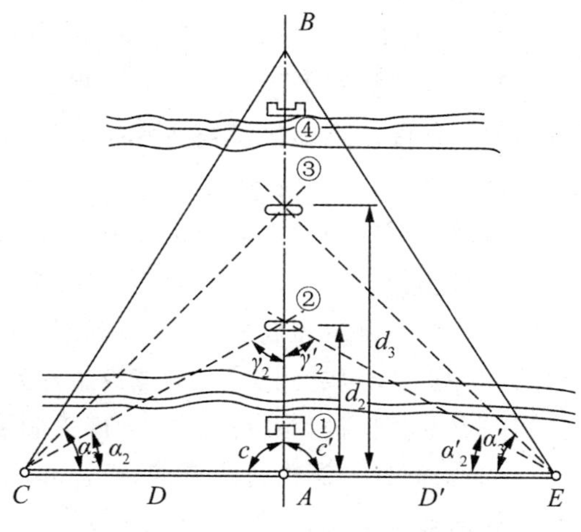

图 9-17 角度交会法测设桥墩

$$\left.\begin{aligned}\alpha_2&=\arctan\left(\frac{d_2-D}{d_2+D}\cot\frac{c}{2}\right)+\frac{1}{2}(180^\circ-c)\\ \alpha_2'&=\arctan\left(\frac{d_2-D'}{d_2+D'}\cot\frac{c'}{2}\right)+\frac{1}{2}(180^\circ-c')\end{aligned}\right\}\tag{9-18}$$

桥墩交会角 α_2，α_2' 和 α_3，α_3' 算出后，即可用两台经纬仪同时以测回法测设交会角，则两视线的交点即为桥墩的中心位置。为校核所得交点是否准确，还应在 A 点安置经纬仪，看交点是否在桥中心线上。若偏离尺寸在允许范围之内，可将交会点投影到桥中心线上，以减少误差影响。

桥墩施工中，每砌筑一定高度，均须重新交会定点，以保证墩位施工质量。结构安装前，应将桥墩中心位置测设于墩顶，并在其上安置经纬仪，实测出 γ_2 和 γ_2'，根据实测的 α_2，γ_2 和 α_2'，γ_2' 计算出 d_2 与相应的设计数值比较，并测出偏离桥中线的距离，作为竣工资料。

任务四　隧道施工测量

在隧道施工过程中，根据洞内布设的地下导线点，经坐标推算而确定隧道中心线方向上的有关点位，以准确知道较长隧道开挖方向和便于日常施工放样。

一、隧道施工控制测量

隧道施工控制测量包括洞外控制测量、洞外和洞内的联系测量，以及洞内的控制测量等工作。

1. 隧道洞外控制测量

隧道洞外控制测量主要是在洞外建立平面和高程控制网，按照规范要求的精度和测量设计方案施测，测定各控制点的坐标，作为引测进洞和测设洞内中线及高程的依据。

洞外平面控制测量结合隧道的长度、平面形状、线路通过地区的地形和环境等条件进行，通常可采用精密导线、三角网和 GPS 控制网等形式。

洞外高程控制测量常采用水准测量方法。水准测量的等级取决于隧道长度、隧道地段的地形条件。当山势较为陡峻，采用水准测量方法较难实施时，可采用光电测距三角高程测量的方法。

2. 隧道洞外和洞内的联系测量

(1)进洞测量

洞外控制测量完成后，根据控制点和隧道内待测设的线路中线点的坐标，反算出隧道洞门、洞内中线点的测设数据，按极坐标方法或其他方法测设出进洞的开挖方向，并放样出洞门点及其护桩，指导进洞及洞内控制建立之前的开挖。

(2)由洞外向洞内传递方向、坐标和高程

隧道施工中，为了加快施工进度，要用斜井、横洞或竖井来增加隧道开挖工作面。为了保证各相向开挖面能正确贯通，必须将洞外控制网的平面及高程系统传递到洞内的导线点和水准点上，使洞内、外形成统一的坐标系统。

①方向、坐标传递

通过斜井、横洞布设导线(联系导线),可由洞外向洞内传递方向和坐标,如图 9-18 所示。联系导线是支导线,其测角误差和测边误差直接影响洞内控制测量及隧道的贯通精度,必须多次精密测定,确保准确无误。当经由竖井进行联系测量时,由于不能直接布设联系导线,可采用联系三角形法或光学垂准仪投点、陀螺经纬仪定向的方法来传递坐标和方向。

②高程传递

由斜井或横洞传递高程时,可采用水准测量方法或光电测距三角高程测量方法进行。由竖井传递高程时,可采用悬挂钢尺的方法,如图 9-19 所示。也可将光电测距仪安置在井口盖板上的特制支架上,使照准头向下直接瞄准井底的反光镜,用光电测距仪代替钢尺测量竖井的深度。

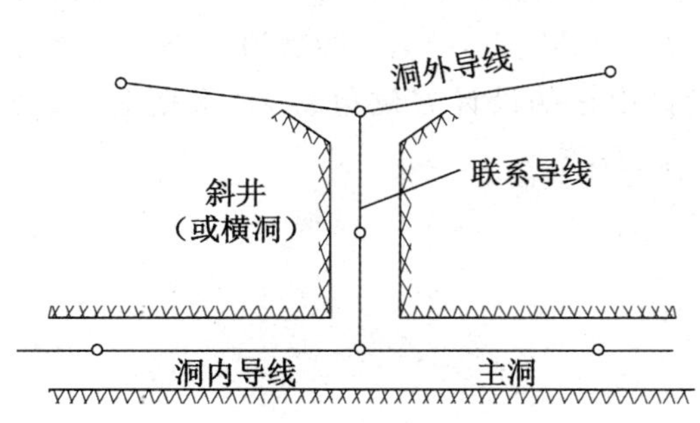

图 9-18 联系导线

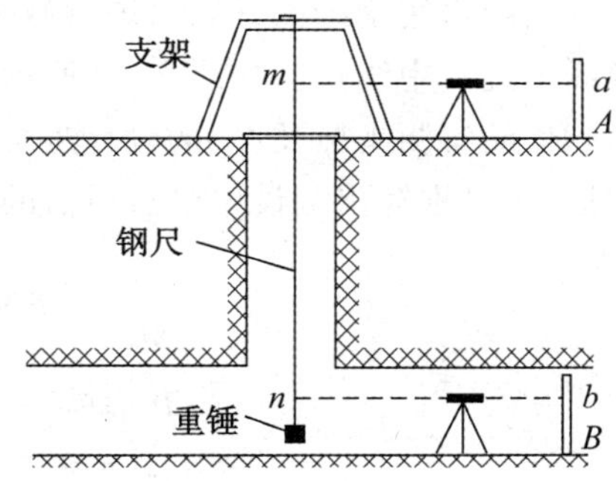

图 9-19 悬挂钢尺传递高程

(3)隧道洞内控制测量

隧道洞内控制测量主要是在洞内建立一个与洞外控制相统一的平面和高程控制网,作为确定掘进方向和隧道施工放样的依据,以确保隧道在规定的精度范围内贯通。

洞内控制测量起始于洞口处的洞外控制点,随着隧道的开挖而向前延伸,起始点坐标、高程及起始边方位角由地面控制测量或联系测量确定。

①洞内平面控制测量

洞内平面控制测量常采用中线或导线两种形式。

a. 中线形式:中线形式就是以定测或稍高于定测时的精度,在洞内按中线测量的方法测设隧道中线,把中线控制点作为导线点,直接进行施工放样。

b. 导线形式:洞内导线通常是支导线,而且不可能一次测完,只有掘进一段距离后才可以增设一个新点。设立新点前必须对与之相关的既有导线点进行检查,在对既有导线点确认的基础上测量新点。洞内导线一般分级布设,先布设精度较低的施工导线,然后再布设精度较高的基本控制导线、主要导线。在开挖面每向前推进 25～30 m 时,设施工导线点,用以进行放样且指导开挖。当掘进长度达 100～300 m 以后,为了检查隧道的方向是否与设计相符合,并提高导线精度,选择一部分施工导线点布设边长较长、精度较高的基本控制导线。当隧道掘进大于 2 km 时,可选择一部分基本导线点布设主要导线,主要导线的边长一般为 150～800 m。对精度要求较高的大型贯通,可在导线中加测陀螺边以

提高方位的精度。陀螺边一般加在洞口起始点到贯通点距离的 2/3 处。

②洞内高程控制测量

洞内高程控制测量可采用水准测量或光电测距三角高程测量的方法。洞内高程控制点可选在导线点上，也可根据情况埋设在洞顶、洞底或洞壁上，但必须稳固且便于观测。高程控制路线随开挖面的进展而向前延伸，一般可先布设较低精度的临时性水准点，其后再布设较高精度的永久性水准点。永久性水准点最好按组设置，每组应不少于两个点，每组之间的距离一般为 200～400 m。采用水准测量时，应往返观测，视线长度不宜大于 50 m。采用光电测距三角高程测量时，应进行对向观测，注意洞内的除尘、通风排烟和水气的影响。洞内高程控制点作为施工高程的依据，必须定期复测。

二、隧道中线测设

当隧道用全断面开挖法进行施工时，通常采用中线法。其方法是首先用经纬仪根据导线点设置中线点。如图 9-20 所示，图中 P_8，P_9 为导线点，C_1，C_2 为隧道中心线点，已知 P_8，P_9 的实测坐标及 C_1 的设计坐标和隧道设计中线的设计方位角 $\alpha_{C_1C_2}$，根据上述已知数据，则可推算出测设中线点所需的相关数据 β_9，D，β_{C_1}：

$$\left.\begin{aligned}
\alpha_{P_9C_1}&=\arctan\frac{Y_{C_1}-Y_{P_9}}{X_{C_1}-X_{P_9}}\\
\beta_9&=\alpha_{P_9C_1}-\alpha_{P_8P_9}\\
\beta_{C_1}&=\alpha_{C_1C_2}-\alpha_{C_1P_9}\\
D&=\sqrt{(Y_{C_1}-Y_{P_9})^2+(X_{C_1}-X_{P_9})^2}
\end{aligned}\right\}\tag{9-19}$$

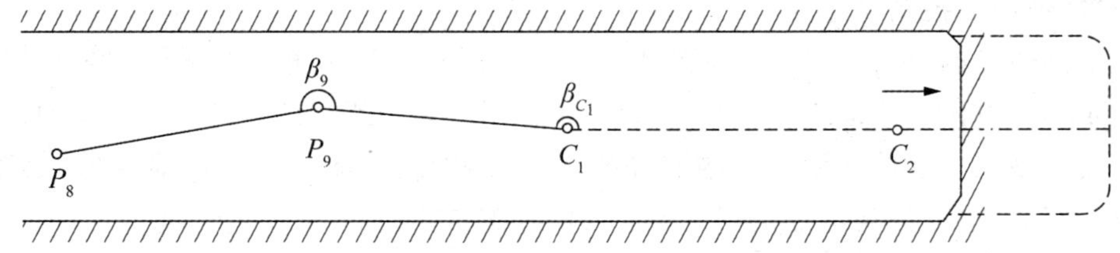

图 9-20　隧道中线测设

在测设数据计算完成后，将经纬仪安置于点 P_9 上，后视 P_8 点，拨角 β_9，同时在视线方向量出距离 D，即可得到 C_1 点，并在 C_1 点上埋设与导线点相同的标志。标定开挖方向时将仪器置于 C_1 点上，后视导线点 P_9，拨角 β_{C_1}，即可得到隧道的中心线方向。随着开挖面向前不断推进，C_1 点距开挖面越来越远，这时便需要将中线点向前延伸，埋设新的中线点 C_2。C_2 点的测设方法与 C_1 点相同。C_2 点确定后，将仪器置于 C_2 点，后视 C_1 点，用正倒镜的方法继续标定出中线方向，指导开挖。C_1，C_2 之间的距离在直线段不宜超过 100 m，在曲线段不宜超过 50 m。

当中线点向前延伸时，在直线上宜采用正倒镜延长直线法，曲线上则需要采用偏角法或极坐标法来测定中线点。用这两种方法检测延伸的中线点时，其点位横向较差不得大于 5 mm，超限时应以相邻点来逐点检测至不超限的点位，并向前重新订正中线。

随着激光测量仪器的普及，中线法指导开挖时，可在中线 C_1，C_2 等点上设置激光指向仪，以更方便、更直观地指导隧道的掘进工作。

三、隧道坡度测设

为了控制隧道坡度和高程的正确性，通常在隧道岩壁上每隔 5～10 m 标出比洞底地坪高出 1 m 的抄平线，又称“腰线”。腰线与洞底地坪的设计高程线是平行的。施工人员根据腰线可以很快地放样出坡度和各部位高程，如图 9-21 所示。

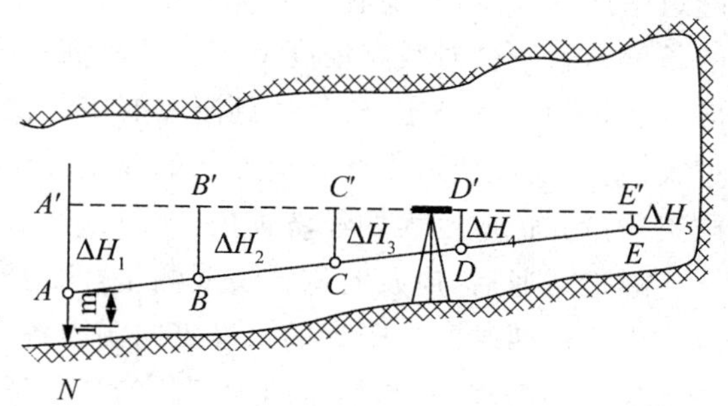

图 9-21　腰线测设

首先，根据洞外水准点的高程和洞口底板的设计高程，用高程放样的方法，在洞口点处测设 N 点，该点是洞口底板的设计标高。然后从洞口开始，向洞内测设腰线。具体测设方法如下：

(1)根据洞外水准点放样洞口底板的高程，得到 N 点。

(2)在洞内适当地点安置水准仪，以 N 点桩顶高程为腰线测设的起算高程，在 N 点上立水准标尺，并用水准仪在水准尺上读取读数。

(3)从洞口点 N 开始，在隧道岩壁侧墙上每隔 5 m 用红漆标定出视线高的点 B'，C'，D'和 E'。

(4)按照隧道设计坡度，根据设计的腰线距离洞底地坪的高度(如 1.0 m)，从 A'，B'，C'，D'和 E'处计算下量值 ΔH_1，ΔH_2，ΔH_3，ΔH_4 和 ΔH_5，即可得到腰线上的 A，B，C，D 和 E 点。

当开挖面推进一段距离后，按照上述方法继续测设新的腰线。

四、隧道开挖断面测设

开挖断面的放样是在中线和腰线基础上进行的，包括两侧边墙、拱顶、底板(仰拱)的放样。通常根据设计图纸给出断面的宽度、拱脚和拱顶的标高、拱曲线半径等放样数据，采用断面支距法测设断面轮廓。

拱部断面的轮廓线放样时，自拱顶外线高程起，沿线路中线向下每隔 0.5 m 向左、右两侧量其设计支距，然后将各支距端点连接起来，即为拱部断面的轮廓线。

墙部放样时，曲墙地段自起拱线高程起，沿线路中线向下每隔 0.5 m 向左、右两侧按设计尺寸量支距。直墙地段间隔可大些，每隔 1 m 支距定点。

如隧道底部设有仰拱时，可由线路中线起，向左、右每隔 0.5 m 由路基高程向下量出设计的开挖深度。

五、贯通误差的测定

采用两个或多个相向或同向的掘进工作面分段掘进隧道，使其按设计要求在预定地点彼此连通，称为“隧道贯通”。在施工中，两个相向开挖的工作面的施工中线不能理想地衔接而产生错开，错开值即为“贯通误差”。

贯通误差在线路中线方向的投影长度为纵向贯通误差，在垂直于中线方向的投影长度为横向贯通误差，在高程方向(竖向)的投影长度为高程贯通误差。纵向贯通误差影响隧道中线的长度，只要它不低于线路中线测量的精度($\leqslant L/2000$，L 为隧道两开挖洞口间的长度)，就不会对线路坡度造成有害影响。高程贯通误差影响隧道的纵坡，一般应用水准仪测量的方法测定，较易达到限差要求。横向贯通的精度至关重要，倘若横向贯通误差过大，就会引起隧道中线几何形状的改变，严重者会使衬砌部分侵入到建筑限界内，影响施工质量并造成巨大的经济损失。

隧道贯通后，应及时进行贯通测量，测定实际的横向、纵向和高程贯通误差。

由隧道两端洞口附近的水准点向洞内各自进行水准测量，分别测出贯通面附近的同一水准点的高程，其高程差即为实际的高程贯通误差。

洞内平面控制应用中线法的隧道，贯通之后，应从相向测量的两个方向各自向贯通面延伸中线，并各钉设一临时桩 A 和 B，如图 9-22 所示。量出两临时桩 A，B 之间的距离，即得隧道的实际横向贯通误差。A，B 两临时桩的里程之差，即为隧道的实际纵向贯通误差。

应用导线作为洞内平面控制测量的隧道，可在实际贯通点附近设置一临时桩点 P，如图 9-23 所示。分别由贯通面两侧的导线测出其坐标，由进口一侧测得的 P 点坐标为 (x_J, y_J)，由出口一侧测得的 P 坐标为 (x_C, y_C)，则实际贯通误差为：

$$f=\sqrt{(x_C-x_J)^2+(y_C-y_J)^2} \tag{9-20}$$

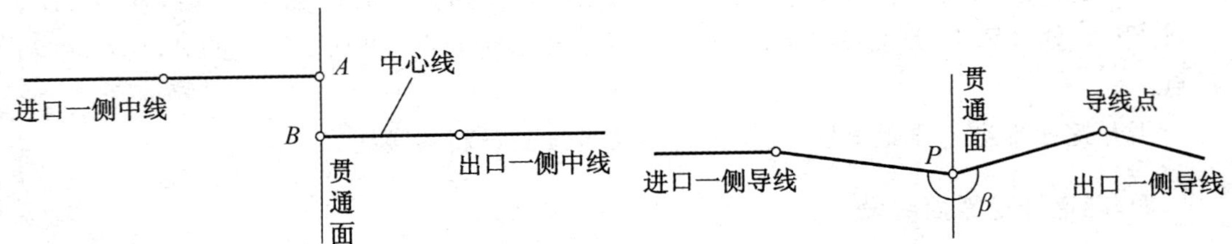

图 9-22 中线控制的贯通误差

图 9-23 导线控制的贯通误差

如果是直线隧道，通常是以线路中线方向作 x 轴，此时横向、纵向贯通误差分别为：

$$\left.\begin{aligned} f_{横} &= y_C - y_J \\ f_{纵} &= x_C - x_J \end{aligned}\right\} \tag{9-21}$$

对于曲线隧道，其贯通面方向是指贯通面所在曲线处的法线方向。如图 9-24 所示，$\alpha_{贯}$ 为贯通面方向的坐标方位角，α_f 为实际贯通误差方向的坐标方位角，β 为贯通面方向与实际贯通误差 f 的夹角，见下式计算：

$$\left.\begin{aligned} \alpha_f &= \arctan\frac{y_C-y_J}{x_C-x_J} \\ \beta &= \alpha_f - \alpha_{贯} \end{aligned}\right\} \tag{9-22}$$

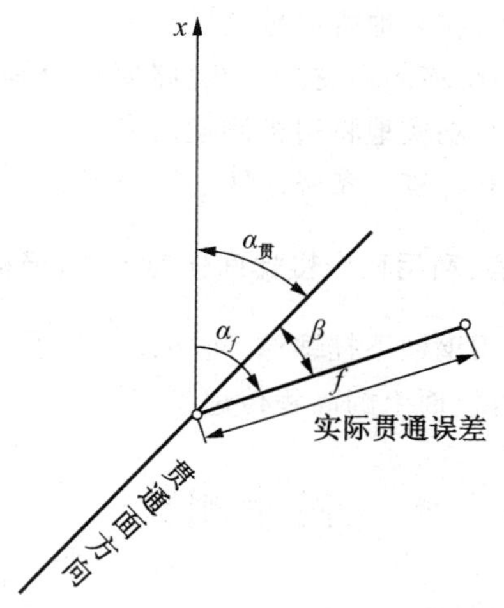

图 9-24　曲线隧道贯通误差

则横向、纵向贯通误差分别为：

$$\left.\begin{aligned} f_{横} &= f \cdot \cos\beta \\ f_{纵} &= f \cdot \sin\beta \end{aligned}\right\} \tag{9-23}$$

若贯通误差在容许范围之内，就可以认为测量工作已达到预期的测量目的。然而，由于贯通误差将导致隧道断面扩大及影响衬砌工作的进行，因此要采用适当的方法将贯通误差加以调整，从而获得一个对行车没有不良影响的隧道中线，作为扩大断面、修筑衬砌以及铺设路基的依据。调整贯通误差，原则上不应在隧道未衬砌地段上进行，一般不应再变动已衬砌地段的中线。所有未衬砌地段的工程，在中线调整之后，均应以调整后的中线指导施工。

职业能力训练

训练 1　选择一开阔场地，在教师的安排下，事先准备测设数据，分别完成以下操作训练：

1. 分别用钢尺和全站仪测设一条长 59.18 m 的直线。

2. 选定两个固定点，一个作为测站，一个作为定向点，用 DJ_6 型经纬仪按顺时针方向测设出 35°41′36″的一个水平角。

3. 在场地上钉一木桩，设桩顶高程为 1900 m，在距离 20 m 的地方测设高程为 1900.54 m 的一个高程点位。

4. 在选定的场地上标定出 A，B，C 三个点，并测量出其坐标。同时给定 P 点设计坐标(X_P，Y_P)。分别用极坐标法、全站仪坐标放样法、角度交会法和距离交会法在实地测设出 P 点。测设数据自己独立计算，并体会各种方法的优缺点。

训练 2　分别选择平坦地段和倾斜地段两个场地完成下面的工作：

1. 在平坦地段上测绘一个横断面，按二级道路要求分别按路堤和路堑形式设计两个道路横断面图。设计完成后，在实地将边桩测设出来。

2. 在倾斜地段上测绘一个横断面，按二级道路要求分别按路堤和路堑形式设计两个道路横断面图。设计完成后，在实地将边桩测设出来。

3. 在教师的安排下，独立计算一条竖曲线的测设元素。

训练 3　选择一栋楼房，利用两个楼梯间作为竖井，模拟坐标传递和高程传递。

1. 在教师的指导下，利用钢丝下挂锤球，将楼顶坐标投到一层。

2. 利用水准测量方法将楼面上的高程传递到一层。

同步测试

一、填空题

1. 利用高程为 7.531 m 的水准点，测设高程为 7.831 m 的室内±0.000 标高。设尺立在水准点上时，水准仪的读数为 1.672 m，该尺的读数为________时，尺子底部就在±0.000高程的位置。

2. 测设的基本工作是________、________、________。

3. 向 *AB* 西侧放样已知水平角 60 度，当经纬仪瞄准 *AB* 时读数为 30 度，则经纬仪转动到读数为________度时为待测设方向。

二、单选题

1. 建筑物沉降观测常用的方法是(　　)。

A. 距离测量　　B. 水准测量　　C. 角度测量　　D. 坐标测量

2. 关于钢尺精密量距，下列说法正确的是(　　)。

A. 需要 4 个人　　B. 钢尺需经过检定

C. 不用进行温度改正　　D. 不用进行尺长改正

3. 场地附近有一水准点 *A*，其高程为 138.316 m，欲测设高程为 139.000 m 的室内地坪±0，水准仪在水准点 *A* 所立水准尺上的读数为 1.038 m，则前视读数应该为(　　) m。

A. 0.355　　B. 0.353

C. 0.358　　D. 0.354

4. 放样点的平面位置时，至少应有(　　)个以上能通视的控制点。

A. 1　　B. 2　　C. 3　　D. 4

5. 测设已知高程点时，附近至少应有(　　)个水准点。

A. 1　　B. 2　　C. 3　　D. 4

6. 建筑施工中，一般把建筑物的室内地坪用(　　)表示。

A. 绝对高程　　B. ±0.000　　C. ±1000　　D. ±1.000

7. 钢尺精确测设方法所用钢尺(　　)经过检定，用(　　)定线。

A. 必须　目估　　B. 不用　目估
C. 必须　经纬仪　　D. 不必　经纬仪

8. (　　)不是测设的基本工作。
A. 踏勘选点建立标志　　B. 距离测设
C. 角度测设　　D. 高程测设

9. (　　)是施工测量的主要内容。
A. 测角　　B. 量边
C. 踏勘选点　　D. 建立施工控制网

10. 当施工现场的平面控制点之间布设成与坐标轴线平行或者垂直的建筑方格网时，常用(　　)来测设点的平面位置。
A. 距离交会法　　B. 直角坐标法　　C. 角度交会法　　D. 极坐标法

11. 在施工阶段，测量的主要任务是(　　)。
A. 测设　　B. 测定　　C. 测图　　D. 测角

12. 建筑物的平面位置的放样方法不能用(　　)。
A. 直角坐标法　　B. 极坐标法　　C. 水准测量法　　D. 前方交会法

13. 施工放样时，所有的控制点(　　)。
A. 必须相互通视　　B. 必须相对稳定
C. 必须相对较近　　D. 必须同一坐标体系

14. 施工放样的精度与(　　)无关。
A. 建筑物的大小　　B. 建筑物的结构
C. 建筑物的材料　　D. 施工图比例尺大小

三、多选题

1. 施工控制网按性质可分为两类，即(　　)和(　　)。
A. 角度控制网　　B. 距离控制网　　C. 大地控制网
D. 平面控制网　　E. 高程控制网

2. 施工测量的主要内容有(　　)。
A. 建立施工控制网
B. 依据设计图纸要求进行建筑物放样
C. 每道工序完成后，通过测量检查各部位的实际平面位置及高程是否符合设计要求
D. 变形观测　　E. 碎部测量

3. 下列工作中需要进行施工测量的是(　　)。
A. 场地平整　　B. 建筑物定位　　C. 基础施工
D. 墙体施工　　E. 构件安装　　F. 踏勘选点

4. 一般情况下，下列说法正确的是(　　)。
A. 施工控制网的精度高于测图控制网
B. 施工放样的精度低于测图精度

C. 施工放样的精度高于测图精度

D. 高层建筑放样的精度高于低层建筑

5. 施工测量的精度高低，主要取决于(　　)。

A. 建筑物的抗震等级

B. 建筑物的大小

C. 建筑物的性质

D. 建筑物的用途

E. 建筑物的材料

F. 建筑物的施工方法

四、简答题

1. 测设平面点位的基本方法有哪些?

2. 测设已知水平角、水平距离和高程与测定水平角、水平距离和高程有什么区别和联系?

3. 测设点的平面位置有哪些方法? 各适用于什么场所? 进行测设时各需要哪些测设数据?

4. 道路边桩如何进行测设? 请重点阐述在倾斜路段上进行路堤和路堑边桩的施工放样程序及测设数据的计算方法。

5. 桥梁的中心轴线是怎样测定的?

参考文献

[1]中华人民共和国建设部. GB 50026—2007 工程测量规范[S]. 北京:中国计划出版社,2007.

[2]国家质量监督检验检疫总局. GB/T 18316—2008 数字测绘成果质量检查与验收[S]. 北京:中国标准出版社,2008.

[3]中华人民共和国铁道部. TB 10054—97 全球定位系统(GPS)铁路测量规程[S]. 北京:中国铁道出版社,1997.

[4]国家测绘局. CH/T 1004—2005 测绘技术设计规定[S]. 北京:测绘出版社, 2005.

[5]赵树青. 工程测量[M]. 郑州:黄河水利出版社,2008.

[6]周建郑. 工程测量[M]. 郑州:黄河水利出版社,2010.